"十三五"职业教育系列教材

装 配 钳 工

主　编　高永伟　沈震江
副主编　吴宏霞　滕朝晖
参　编　陆丽红（企业）　王金芳　董扬德　杨亚军
　　　　张玉芳　陈春凤
主　审　徐巨峰

U0255911

机械工业出版社

本书根据职业技术院校教学和企业员工培训的需求编写，对装配钳工所涉及的四大技术做了详实的介绍，包括装配钳工概述、装配钳工基本操作、典型机构装配、典型机床装配，并通过 17 个项目、68 个任务循序渐进、图文并茂地描述了装配钳工所涉及的工作内容与技术要求。书中引用了大量的生产实例，紧密结合生产实际，能够使读者充分掌握装配钳工的相关知识与技能，具有较高的参考价值。

本书可作为现场装配钳工的实用参考书，无论是对于高职院校的机械系、机电系学生，还是对于技工院校或职业高中的机电类专业学生，都是一本很好的教科书或参考阅读书。

为便于教学，本书配套有电子课件，选择本书作为教材的教师可来电（010-88379197）索取，或登录 www.cmpedu.com 网站免费下载。

图书在版编目（CIP）数据

装配钳工/高永伟，沈震江主编. —北京：机械工业出版社，2017.3（2023.1 重印）
"十三五"职业教育系列教材
ISBN 978-7-111-56235-1

Ⅰ.①装…　Ⅱ.①高…②沈…　Ⅲ.①安装钳工-高等职业教育-教材　Ⅳ.①TG946

中国版本图书馆 CIP 数据核字（2017）第 042937 号

机械工业出版社（北京市百万庄大街 22 号　邮政编码 100037）
策划编辑：齐志刚　责任编辑：齐志刚
责任校对：张晓蓉　封面设计：张　静
责任印制：郜　敏
北京盛通商印快线网络科技有限公司印刷
2023 年 1 月第 1 版第 3 次印刷
184mm×260mm · 20.25 印张 · 493 千字
标准书号：ISBN 978-7-111-56235-1
定价：45.00 元

电话服务
客服电话：010-88361066
　　　　　010-88379833
　　　　　010-68326294
封底无防伪标均为盗版

网络服务
机 工 官 网：www.cmpbook.com
机 工 官 博：weibo.com/cmp1952
金 书 网：www.golden-book.com
机工教育服务网：www.cmpedu.com

前 言

职业名称装配钳工，其国家职业代码为 6-05-02-01。装配钳工是对从事操作机械设备或使用工装、工具进行机械设备零件、组件或成品组合装配与调试的职业人员的统称。

装配钳工是目前机械行业的主要职业工种，随着科学技术的进步和机电一体化技术的发展，生产领域中的机械装配已开始被越来越多的自动化设备所替代，但装配钳工由于其特定的职业内容与工作技术，目前在许多生产领域还发挥着重要的作用。根据职业院校教学和企业职工培训的需求，我们组织力量编写了本书。

在我国 2050 战略实施过程中，装配制造业将成为重要的支撑。因此，装配钳工技术的保持和发展是人才培养的需要。本书旨在成为装配钳工技术普及读本，为培养技术技能型人才服务。

本书对装配钳工所涉及的四大技术做了说明，分为四大模块，分别是装配钳工概述、装配钳工基本操作、典型机构装配、典型机床装配，并通过 17 个项目、68 个任务较全面地描述了装配钳工所涉及的工作内容与技术要求。

本书为理实一体化课程，建议教学课时为 560 课时（可分两个学期完成），各模块的参考教学课时分配见下表，其中实践课时可根据职业院校各自的教学需求和实训条件进行调整后实施。

《装配钳工》教学计划及课时分配（参考）

教学内容	课时分配	
	授课	实践或自学
模块一　装配钳工概述	11	24
项目一　装配钳工基础知识	6	14
项目二　装配钳工常用工量具	5	10
模块二　装配钳工基本操作	49	152
项目一　划线	6	10
项目二　錾削	4	15
项目三　锯削	3	9
项目四　锉削	7	26
项目五　孔加工	8	18
项目六　刮削	8	42
项目七　研磨	7	16
项目八　矫正与弯形	4	10
项目九　铆接与粘接	2	6

（续）

教学内容	课时分配	
	授课	实践或自学
模块三　典型机构装配	40	116
项目一　装配的基础知识	12	32
项目二　固定连接的装配	8	16
项目三　机械传动机构的装配与调整	14	44
项目四　轴承和轴组的装配	6	24
模块四　典型机床装配	20	108
项目一　CA6140 型卧式车床的装配	8	24
项目二　典型数控机床机械部件的装配	12	84
机动	10	30
合计	130	430
总计		560

　　本书由杭州萧山技师学院高永伟担任主编并编写模块一中的项目一及附录，沈震江担任主编并编写模块一中的项目二、模块二中的项目一，吴宏霞担任副主编并编写模块四中的项目一；临安技工学校滕朝晖担任副主编并编写模块三中的项目四，杨亚军编写模块三中的项目三；杭州萧山技师学院王金芳编写模块二中的项目二至项目五，张玉芳编写模块二中的项目八和项目九；杭州前进齿轮箱集团有限公司陆丽红编写模块三中的项目一、项目二和模块四中的项目二；杭州第一技师学院董扬德编写模块二中的项目六和项目七；杭州萧山技师学院徐巨峰担任全书主审，陈春凤负责全书的编排及部分图表制作。

　　对为本书提供照片和插图的有关公司的各位同仁致以深切的感谢。本书的编写还得到了杭州萧山技师学院院长许红平教授的大力支持，在此表示感谢！

　　欢迎选用本书的师生和广大读者提出宝贵意见，以便下次修订时调整与改进，谢谢！

高永伟

目　录

模块一

装配钳工概述

通过本模块的学习，读者将对装配钳工有基本的认识和了解。具体内容包括：装配钳工基础知识，涵盖安全生产、装配钳工工作场地的布局与作业环境要求、钳工工作台与常用夹具、常用钻床与电动设备、安全文明生产与设备保养；装配钳工常用工量具，涵盖装配钳工常用工具的选用、装配钳工常用测量与检验工具的使用与维护保养。

机械是机器和机构的总称。各种机构都是用来传递与变换运动和力的可动装置。机器是根据使用要求设计的执行机械运动的装置，可用来改变和传递能量、物料和信息。随着各种技术的快速发展，未来的机械将会更加智能化，在机械生产加工和使用过程中，仍然离不开各类技术工人的配合劳动，其中装配钳工在机械生产环节中承担重要工作。

 学习目标

◎学习和掌握装配钳工的定义、主要工作内容和钳工的基本操作内容。

◎了解装配钳工工作场地的要求与工作环境的要求。

◎了解装配钳工训练所需工具和设备。

◎学习装配钳工安全文明生产的要求。

装配钳工负责把零件按机械设备的装配技术要求进行（组）部件装配和总装配，并经过调整、检验和试车等，使之成为合格的机械设备或机械产品；装配钳工是操作机械设备或使用工装、工具，进行机械设备零件、组装或成品组合装配与调试的人员。

装配钳工的主要工作任务是按设计人员提供的产品装配图名称、型号、规格、专用工具、标准件等，做好装配前准备；熟悉各种机械传动原理、液压传动原理、气动原理、公差配合、锯削、钻孔、攻螺纹、焊接、平磨、铣削等装配工艺；严格按照装配工艺进行产品的装配，及时向设计人员反馈装配中的问题，对影响装配质量、进度的重大问题及时向生产经理汇报，装配好后通知设计、检验人员进行装配认可，在线调试，搬运到现场要确保装配质量。

装配钳工各项操作技能有划线、錾削、锯削、锉削、钻孔、扩孔、锪孔、铰孔、攻螺纹、套螺纹、矫正和弯形、铆接、刮削、研磨、机器装配调试、设备维修、测量和简单的热处理等。

项目一 装配钳工基础知识

一名合格的装配钳工需要在入门阶段就学习并养成良好的职业习惯，培养良好的职业道德、团队精神、敬业精神。成为一名普通工人还是技术能手，在很大程度上取决于你是否习惯于以专业的眼光看待问题和解决问题。因此，学习和掌握装配钳工基础知识与技能将有助于接下来的学习。

学习目标

◎学习了解安全生产及文明生产的基本要求。
◎了解装配钳工工作场地的布局及环境要求。
◎了解钳工工作台及常用夹具。
◎掌握设备保养的基本要求。
◎掌握钳工常用量具的选用方法。

任务1　安全生产

安全生产，人人有责。对于一名技工而言，学会安全地工作是件非常重要的事情。因此，从入门阶段就需要熟记安全生产的基本规范要求。

 技能目标

◎了解车间内的安全和不安全的工作过程。
◎学会排除车间内的安全隐患。
◎使自己和同伴们都以安全的方式工作。

一、工作场所的安全问题

装配钳工工作场所的安全问题可以归纳为可以预防工人受伤的措施和可以预防机器设备损坏的措施两大类。

1. 保护身体，规范着装

（1）保护眼睛　在机加工生产车间，必须要养成戴防护眼镜的良好习惯，选择佩戴舒

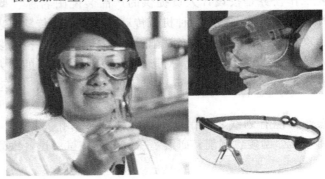

图 1-1　保护眼睛

适、随时都能佩戴的眼镜，如图1-1所示。护目装备通常有平面防护眼镜、塑料遮尘镜、防护面罩等。

（2）保护听力 机械车间的噪声大，过大的噪声会造成听力的永久性损伤，要养成戴防护耳塞的习惯，如图1-2所示。

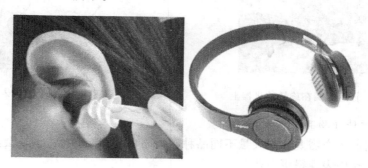

图1-2 保护听力

（3）穿好工作服 宽松的衣服在操作机床时会带来安全隐患，长袖、领带、敞开的衬衣都是非常危险的，因为衣服容易被机械的运动部件所缠绕，如图1-3所示。另外，由于切削金属材料时所产生的切屑温度很高，高温切屑粘附在涤纶、人造丝、尼龙等人造纤维上时，可以熔透衣裤、灼伤皮肤。而棉质的工作服能起到保护作用，高温切屑飞溅到这种工作服上时会立即脱落。因此，在工作时必须穿合格的由天然纤维制作的工作服，而且不能有外露的口袋和丝巾。

图1-3 衣服过于宽松被机械运动所缠绕

（4）保护脚部 运动鞋尽管穿起来很舒服，但是它不适合在工厂车间走动。穿好工作鞋（防护鞋）能有效防止坠物砸伤脚。当地面有切屑、切削液、润滑油时，工作鞋起防滑作用，还能防止疲劳。一些大型车间为了更安全还要求员工穿钢制包头鞋。另外，对防静电、绝缘等有要求的一些特殊场合还需要按要求穿电工工作鞋。

（5）不佩戴首饰 首饰等饰物或挂件容易被挂在运动着的机器上或粘在切屑上而引起危险。另外，首饰一般都传热导电，所以，从安全的角度考虑，在进行机械加工时不要佩戴任何首饰。

（6）不留长发 长发缠绕引起的人身事故每年都有发生，需引起高度的重视。因为机械加工时产生的气流或静电极容易将长发缠绕在旋转的机器上，如图1-4所示。所以，如果头发长度超过50mm，进入车间必须戴帽子或安全帽（见图1-5）。

图1-4 长发缠绕在旋转的机器上

图1-5 戴安全帽进入车间

2. 车间内材料（物品）的搬运

工厂车间内的生产需要用到大量不同品种和规格的材料（物品），学会其搬运方法与技巧将有助于在工作中表现得更专业。

（1）重物的搬运 重物的搬运尽可能地使用机械设备来代替人力进行。通常一名技工只有在不得已的情况下，才会选择用人力解决搬运问题。车间常用的搬运设备有起重机、（液压）推车、平板千斤顶、小型悬臂吊等，如图1-6所示。

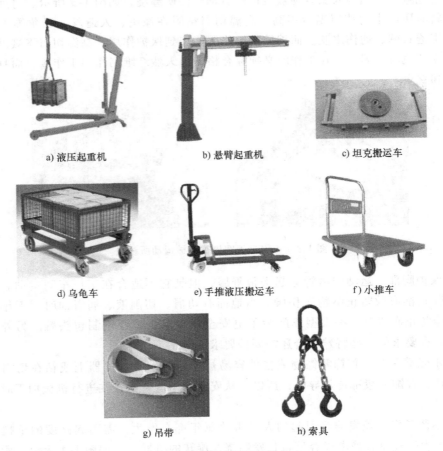

a) 液压起重机   b) 悬臂起重机   c) 坦克搬运车

d) 乌龟车   e) 手推液压搬运车   f) 小推车

g) 吊带   h) 索具

图1-6 常用的搬运设备

个人搬运重物需注意搬物的姿势。在不得不用人力搬运时，最好寻求他人的帮助。掌握直背屈膝的搬运方法，如图 1-7 所示，从而保护你的腰不因为受力不当而损伤。

（2）抬搬重物时的安全操作规程

1）采取膝盖弯曲后背挺直的蹲姿。

2）握紧工件（重物）。

3）举起工件（重物）时，伸直双腿并保持后背挺直，这个姿势利用的是腿部肌肉的力量，需防止背部受伤。

车间内物品质量超过 20kg 或长度超过 2.4m 时，人力搬运就有危险了，此时最好采用单人起重机非平衡的吊运方式操作和两人利用吊带套住棒料中间并控制平衡起吊搬运操作两种方式。

a) 错误的姿势　　　　b) 正确的姿势

图 1-7　搬运重物的姿势

提示

应当注意：由于惯性作用，起重机移动重物时常常不会准确地突然停住，需要控制好移动速度。

二、任务实施

【任务要求】

1）观看学习《机械安全》教学视频，进行预防性知识的学习。

2）查阅资料，分清哪些是安全可靠的机械防护用品——眼镜、服装、鞋帽等。

【实施方案】组织学生观看《机械安全》教学视频，分组学习讨论。

三、小结

在本任务中，要理解安全生产的重要性，对于学生或初学者，学习如何安全地工作是头等大事。安全的工作方式是最有效、最正确的工作方式。因此，需要熟练掌握安全操作规程和事故预防措施，养成良好的安全习惯。

【思考题】

1）黄色镜片的眼镜适合车间生产使用吗？那灰色和绿色呢？

2）说出两点操作机床时应穿天然纤维服装而不是人工纤维服装的原因。

3）工作鞋在保证安全上有哪几方面的作用？

4）为什么听力对机械技师来说如此重要？

5）哪些方面的原因使得长发容易被运动机床缠绕？

6）进入生产车间为何要戴防护眼镜？如何挑选防护眼镜？

7）要成为一名安全文明生产的技术工人，应具备哪些条件？

8）说出三种工厂里可以找到的保护眼睛的用具。

9）列出四种在车间内必须遵守的衣着方面的安全防护措施。

10）进入工厂前长发必须怎样处理？在离开工厂前，为什么要清理鞋底？

11）列出举（搬）重物时应遵守的步骤。

任务 2　装配钳工工作场地的布局与作业环境要求

前面学习了装配钳工的入门基础，对装配钳工入门所需的防护知识、着装以及作业搬运等内容进行了学习，通过学习掌握装配钳工入门的基础知识与技能，以便在接下来的学习过程中，能利用所学知识安全地进行防护，减少事故的发生。

技能目标

◎了解装配钳工工作场地的典型布局形式。

◎了解作业现场的环境要求。

本任务着重学习装配钳工典型工作场地的布局与作业环境要求，通过学习，要清楚地知道工作场地的基本布局与要求，了解作业环境的要求。

一、基础知识

1. 装配钳工工作场地的要求

装配钳工的工作场地是供一人或多人进行钳工操作的地点。对装配钳工工作场地的要求有以下几个方面：

（1）主要设备的布局应合理　钳工工作台应放在光线适宜、工作方便的地方。面对面使用钳工工作台时，应在两个工作台中间安置安全网。砂轮机和钻床应设置在场地边缘，以保证安全。

（2）正确摆放毛坯和工件　毛坯和工件要分别摆放整齐、平稳，并尽量放在工件搁架上，以免磕碰。

（3）合理摆放工具、夹具和量具　常用工具、夹具和量具应放在工作位置附近，便于随时取用，不应任意堆放，以免损坏。工具、夹具和量具用后应及时清理、维护和保养并且妥善放置。

（4）工作场地应保持清洁　工作完毕后要对设备进行清理、润滑、保养，并及时清扫场地，按"7S"（具体内容可参考附录F）要求进行。

2. 钳工装配的组织形式

装配钳工的工作场地布局直接影响产品装配质量和效率，一般需要考虑产品的实际装配工序和流程。按照装配过程中装配对象是否移动，钳工装配的组织形式可分为固定式装配和移动式装配两类。

（1）固定式装配　在一个工作位置上完成全部装配工序，往往由一组装配钳工完成全部装配作业，手工操作比例大，要求装配钳工的水平高，技术全面。固定式装配生产率较低，装配周期较长，大多用于单件、中小批生产的产品以及大型机械的装配，如图1-8所示。

（2）移动式装配　把装配工作划分成许多工序，产品的基准件用传送装置支承，依次移动到一系列装配工位上，

图 1-8　固定式装配

由各工序的装配工分别在各工位上完成。按照传送装置移动的节奏形式不同，有自由节奏装配和强制节奏装配。前者在各个装配工位上工作的时间不均衡，所以各工位生产节奏不一致，工位间应有一定数量的半成品贮存以资调节；后者的装配工序划分较细，各装配工位上的工作时间一致，能进行均衡生产。移动式装配生产率高，适用于大批量生产的机械产品，如图 1-9 所示。

图 1-9 移动式装配

职业院校和培训机构在进行装配钳工培养训练时，通常将场地设计成基础训练区和综合训练区，如图 1-10 和图 1-11 所示。在基础训练区安放的钳工常用设备有钳工工作台、台虎钳、小型砂轮机、台式钻床等。在综合训练区配有装配用平板和相应的工具和辅具等。

图 1-10 基础训练区

图 1-11 综合训练区

3. 作业环境要求

为保证机械产品的装配质量，有时要求装配场所具备一定的环境条件，如装配高精度轴承或高精度机床（如三坐标测量机等）的环境温度必须保持在 (20 ± 1)℃ 且恒温；对于装配精度要求稍低的产品，装配环境温度要求可相应降低，如按季节变化规定为：夏季 (23 ± 1)℃，冬季 (17 ± 1)℃，既可保证装配精度，又可节约能源。装配环境湿度一般要求为 $45\% \sim 65\%$。有些特别精密产品的装配对空气净化程度有特殊要求，如精密主轴的装配，要求每升空气中含大于 $0.5\mu m$ 尘埃的平均数不得多于 3 个。

装配场所的采光应满足装配中识别最小尺寸的需要，通常大车间采用 150W 或 400W 的金卤灯，其他可采用节能型荧光灯。保持良好的通风，还应按照不同情况采取防振、防噪声和电磁屏蔽等特殊措施。装配重型或大型零部件时，为了精确吊装就位，应设置有超慢速的起重设备。

二、任务实施

装配钳工工作场地是装配钳工生产或实习的场所，熟悉装配钳工工作场地，了解场地内的主要设施、设备，理解钳工安全文明生产基本要求，是每个钳工入门学习的必修课。

【实施方案】熟悉工作现场及了解相关要求

【操作步骤】

操作一 参观钳工实训车间

参观钳工实训车间，认识主要钳工设施，如台虎钳、钳台、砂轮机、台钻等。有条件的可组织学生到机械厂生产现场参观学习。

操作二 检查钳工工位高度

检查各自钳工工位高度是否合适。检查的方法是，人在台虎钳前站立，握拳、弯曲手臂，使拳头轻抵下颚，手肘下端应刚好在钳口上面（见图 1-12）。否则需要调整钳台高度或在地面垫脚踏板。

操作三 学习钳工安全文明生产要求

逐条学习钳工安全文明生产基本要求，对照场地、设备进行检查。按照安全文明生产要求在钳台上摆放工具、量具等物品。

钳工除了在生产实践中严格按 JB/T 9168.13—1998《切削加工通用工艺守则 钳工》执行外，还应注意钳工安全文明生产基本要求：

1）工作前按要求穿戴好防护用品（如穿工作服、戴工作帽）。

图 1-12 检查钳工工位高度

2）不准擅自使用不熟悉的机床、工具和量具，严禁戴手套操作机床。

3）使用电动工具时要有绝缘防护和安全接地措施；使用砂轮机时要戴好防护眼镜。

4）用刷子清理切屑，不要用棉纱擦或用嘴吹，更不允许用手直接去清除切屑。

5）工具、量具要排列整齐、安放平稳、保证安全、便于取放。在钳台上工作时，为了取用方便，右手取用的工具、量具放在右边，左手取用的工具、量具放在左边，严禁乱堆乱放。

6）量具不能与工具或工件混放在一起，应放在量具盒内或专用格架上。

7）工具、量具用完后要清理干净，整齐地放入工具箱内，不应任意堆放，以防损坏和取用不便。

三、小结

在本任务中，要了解钳工工作场地的布局和装配组织形式，通过参观学习，掌握实际生产现场的工作环境以及作业基本要求；通过学习相关守则，了解安全文明生产的基本要求，为接下来的学习和实训打下良好的基础。

【思考题】

1）装配工作场地对毛坯和工件的摆放要求是什么？

2）设备二级保养的基本内容有哪些？

3）职业素养包含哪些基本内容？

4）钳工设备的布置要求有哪些？

5）如何检查钳工工位的高度？

6）钳工作业环境有哪些具体要求？

任务3　钳工工作台与常用夹具

钳工在工作中常用到钳工工作台以及一些夹具。工作台通常是基本技能训练和小型部件装配的地方，钳工装配通常需要用到一些常用的夹具、辅具等。

 技能目标

◎了解钳工工作台及常用夹具。

一、基础知识

1. 钳工工作台

钳工工作台简称钳台或钳桌，常用硬质木材或钢材制成，要求坚实、平稳。台面高度为 800 ~ 900mm，台面上安装台虎钳和防护网或工量具架，如图 1-13 所示。

2. 台虎钳

台虎钳是夹持工件的主要工具，有固定式台虎钳和回转式台虎钳两种。台虎钳规格用钳口的宽度表示，常用的为 100mm、125mm、150mm。图 1-14 所示为回转式台虎钳。台虎钳的主体由铸铁制成，分固定钳身和活动钳身两个部分。转动手柄，依靠丝杠与固定钳身内的螺母组成的螺旋副带动活动钳身靠近或离开固定钳身，实现对工件的夹紧或放松。转盘座用螺栓紧固在钳台上。对于回转式台虎钳，松开锁止螺钉，可实现钳身的回转。

图 1-13　钳工工作台

在钳台上安装台虎钳时，应使固定钳身的钳口露出钳台边缘，以利于夹持长的工件。转盘座应该用螺栓紧固在钳台上。

3. 方箱

方箱是用铸铁制造的空心立方体或长方体，用于划线或作为测量的工具（见图 1-15）。方箱是按 JB/T 3411.56—1999 标准制造的，材料为 HT200，用于零部件平行度、垂直度的检验和划线。万能方箱用于检验或划精密工件的任意角度线，精度分为 1、2、3 三个等级。

9

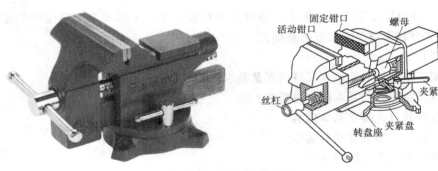

图 1-14 回转式台虎钳

固定钳口　螺母　活动钳口　丝杠　夹紧手柄　转盘座　夹紧盘

4. 弯板

弯板主要用于零部件的检测和机械加工中的装夹（见图 1-16）。弯板还可用于检验工件的 90°角，维修设备时检验零部件相关表面的相互垂直度，还常用于钳工划线，并可用于检验、安装、机床机械的垂直面检查，并能在铸铁平板上检查工件的垂直度，适用于高精度机械和仪器检验以及机床之间垂直度的检查。

图 1-15 方箱

图 1-16 弯板

5. 平板

平板是检验机械零件平面度、平行度、直线度等几何公差的测量基准，也可用于一般零件及精密零件的划线、铆焊研磨工艺、加工及测量、装配等，如图 1-17 所示。

平板的材质目前有铸铁和大理石等。铸铁平板的精度稳定，耐磨性好。大理石平板多用于精密测量。平板安装应调至水平，负荷均布于各支点上，使用时应避免振动。

图 1-17 平板

二、任务实施

【操作步骤】

操作一　台虎钳的使用

1）台虎钳使用前要根据工件的加工要求调整好在钳台上的位置。

2）台虎钳使用时要根据工件的加工要求尽量装夹在钳口的中间位置，锯削时工件装夹在钳口左侧位置，以便于加工。

3）粗加工时工件在钳口位置尽量装夹得低些，以避免加工时出现振动和较大的噪声。

操作二　台虎钳的安全要求

1）工作时，夹紧工件要松紧恰当，只能用手扳紧手柄，不得借助其他工具进行施加力。

2）进行强力作业时，应尽可能使作用力朝向固定钳身。

3）不允许在活动钳身和光滑平面上进行敲击作业。

4）对丝杠、螺母等活动表面应经常清洗、上润滑油，以防生锈。

操作三　台虎钳的拆装

1）了解台虎钳的结构和工作原理。

2）确定台虎钳的拆卸顺序。

3）把拆下的各个工件清洗干净并进行防锈处理，对丝杠、螺母等活动表面进行润滑。

4）按正确顺序装好台虎钳。

拆装工艺如下：

1）拆卸台虎钳的顺序：①活动钳身；②开口销；③挡圈；④弹簧；⑤丝杠；⑥手柄；⑦螺母；⑧钳口。

2）装配台虎钳的顺序：①钳口；②螺母；③手柄；④丝杠；⑤弹簧；⑥挡圈；⑦开口销；⑧活动钳身。

提示

当你听说有人受伤时，无论多么小的伤口，你都应在第一时间提供帮助，报告受伤情况并且确保得到治疗，以免伤口感染。

三、小结

在本任务中，要掌握钳工工作台及台虎钳等的基本形式、规格和用途，通过动手操作，初步掌握小型机械产品的拆装要求。

【思考题】

1）简述平板的材质与作用。

2）简述方箱的材料、作用及精度。

3）对台虎钳有哪些安全要求？

任务 4　常用钻床与电动设备

装配钳工常用设备有钻床、砂轮机、手持电（气）动工具等，用于完成装配过程中所需的钻孔加工和刃磨等工作。

 技能目标

◎了解钻床的种类和台钻的结构，能正确使用和调整。

◎了解砂轮机的种类和台式砂轮机的结构，能正确使用和调整。

◎会使用常用手持电（气）动工具，并掌握安全操作规程。

一、基础知识

1. 钻床

钻床是指主要用钻头在工件上加工孔的机床。通常钻头旋转为主运动，钻头轴向移动为进给运动。钻床的结构简单，加工精度相对较低，可钻通孔、不通孔，更换特殊刀具，可进行扩孔、锪孔、铰孔或攻螺纹等加工。装配钳工常用的钻床根据其结构和适用范围的不同，可分为摇臂钻床、立式钻床（简称立钻）和台式钻床（简称台钻）三种，如图1-18所示。下面重点介绍钳工常用的台式钻床。

a) 摇臂钻床　　　　　　　　b) 立式钻床　　　　　　　c) 台式钻床

图1-18　钻床的种类

台式钻床是一种可放在钳工工作台上使用的小型钻床，占用场地少，多为手动进给，使用方便。其最大钻孔直径为12～15mm，常用来加工小型工件的小孔等。Z4012型台式钻床是钳工常用的一种钻床，如图1-19所示，其结构为：电动机的旋转动力分别由装在电动机、主轴上的两个塔轮和V带传给主轴（在防护罩内），再由主轴带动装在装夹头上的钻头旋转。床身套在立柱上，可做上下移动，也可绕立柱轴心转到任意位置，调整到所需要的位置后可用床身锁紧手柄锁紧；保险环用以防止床身的意外下滑。通过转动工作台升降手柄可使工作台在立柱上做上下移动，也可绕立柱轴心

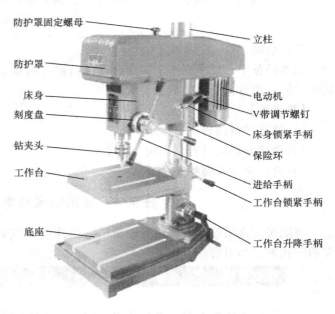

图1-19　Z4012型台式钻床

转动到任意位置。调整到位后可用工作台锁紧手柄锁紧。

台式钻床主轴的进给运动（即钻头向下的直线运动）只能用进给手柄手动进给，而且一般都有带标示和控制钻孔深度的装置，如刻度盘或标尺等，钻孔后，主轴在弹簧的作用下能自动复位。

较小的工件可放在工作台上钻孔；较大的工件，应把工作台转开，直接放在底座上钻孔，可用机用平口钳或压板等装夹。

2. 砂轮机

砂轮机是用来刃磨各种刀具、工具的常用设备，主要用来刃磨錾子、钻头和刮刀等刃具或其他工具，也可用来磨去工件或材料的飞翅、锐边等。砂轮机也是较容易发生安全事故的设备，其质脆易碎、转速高、使用频繁，如使用不当，容易发生砂轮碎裂而造成人身事故。另外，砂轮机托架的安装位置是否合理及符合安全要求；砂轮机的使用方法是否正确及符合安全操作规程，这些问题都直接关系到每一位操作工人的人身安全。因此，使用砂轮机要严格按照操作规程进行工作，以防止出现安全事故。

如图1-20所示，砂轮机按外形不同可分为立式砂轮机（见图1-20a）和台式砂轮机（见图1-20b）两种，按功能不同可分为带除尘器砂轮机（见图1-20c）和不带除尘器砂轮机（见图1-20a、b）两种。

a) 立式砂轮机　　　　　　　b) 台式砂轮机　　　　　　　c) 带除尘器砂轮机

图1-20　砂轮机

砂轮机主要由基座、砂轮、电动机（或其他动力源）、托架、防护罩和给水器等组成。台式砂轮机的结构如图1-21所示。

3. 手持电动工具

手持电动工具包括电钻、角向磨光机和电磨头等。手持电动工具以结构简单、重量轻、体积小、携带方便、使用灵活以及操作容易等特点受到使用者的喜爱。手持电动工具已经在生产和生活中被大量使用，能正确使用典型手持电动工具并掌握它们的安全操作规程是非常重要的。

（1）电钻　电钻是一种手持式电动工具，其结构如图1-22所示。电钻的规格是以最大钻孔直径来表示的。采用单相220V电压的电钻规格有6mm、10mm、13mm、19mm四种。

（2）角向磨光机和电磨头　角向磨光机和电磨头属于磨削工具，如图1-23所示，适用于在工具、夹具、模具的装配调整中对各种形状复杂的工件进行修磨或抛光。

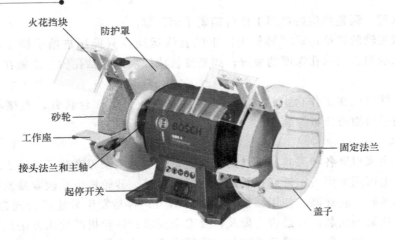

火花挡块　防护罩

砂轮

工作座

接头法兰和主轴

起停开关

固定法兰

盖子

图 1-21　台式砂轮机的结构

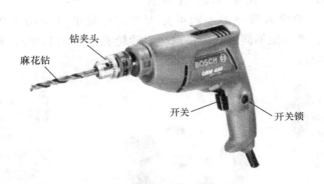

麻花钻　钻夹头

开关　开关锁

图 1-22　电钻的结构

a) 角向磨光机　　　　　　　　　　　b) 电磨头

图 1-23　角向磨光机和电磨头

4. 气动扳手

气动扳手也称棘轮扳手，是一种以最小的消耗提供高转矩输出的工具。它通过持续的动力源让具有一定质量的物体加速旋转，然后瞬间撞向输出力轴，从而可以获得比较大的力矩输出。

压缩空气是最常见的动力源，不过也有使用电动或液压装置的，近年来电池的使用也是备受欢迎。

气动扳手被广泛应用在许多行业，如汽车修理、重型设备维修、产品装配（通常称为脉冲工具和专为精确的转矩输出）、重大建设项目、安装钢丝螺套，以及其他任何地方的高转矩输出需要。

气动扳手一般分为两类，一类是常规性的，也就是普通的冲击扳手，一类是脉冲气动扳手。两者的区别是，前者不能固定转矩，而后者可以。气动转矩扳手就属于后者。图1-24所示为不同结构类型的气动扳手。

图1-24　气动扳手

二、任务实施

当砂轮磨损或需要使用不同材质的砂轮时就需要进行更换。更换砂轮必须严格按照要求仔细安装。砂轮的安装结构图如图1-25所示。

【操作步骤】

操作一　砂轮的检查

砂轮在使用前必须目测检查和敲击检查有无破裂和损伤。

1）目测检查。所有砂轮必须目测检查，其上如有破损则不准使用。

2）敲击检查。检查方法是将砂轮通过中心孔悬

图1-25　砂轮的安装结构图

挂，用小木锤敲击，敲击点在砂轮任一侧面上，距砂轮外圆面20~50mm处。敲打后将砂轮旋转45°再重复进行一次。若砂轮无裂纹则发出清脆的声音，允许使用；如发出闷声或哑声，则为有裂纹，不准使用。

操作二　砂轮的安装

1）安装砂轮前必须核对砂轮机主轴的转速，不准超过砂轮允许的最高工作速度。

2）砂轮必须平稳地装到砂轮主轴或砂轮卡盘上，并保持适当的间隙。

3）为防止装砂轮的螺母在砂轮机起动和旋转过程中因惯性松脱，使砂轮飞出造成事故，砂轮机的主轴左右两端螺纹各有不同，在使用者右侧的为右旋螺纹，左侧的为左旋螺纹。在更换砂轮时应注意螺母的旋转方向。

4）砂轮与砂轮卡盘压紧面之间必须衬以如纸板、橡胶等柔性材料制的软垫，其厚度为1~2mm，直径比压紧面直径大2mm。

5）砂轮、砂轮机主轴、衬垫和砂轮卡盘安装时，相互配合面和压紧面应保持清洁，无任何附着物。

6）安装时应注意压紧螺母或螺钉的松紧程度，压紧到足以带动砂轮并且不产生滑动的程度为宜，防止压力过大造成砂轮的破损。有条件时应采用测力扳手。

7）安装完毕应试转3min以上，必须正常才可使用。砂轮机振动、砂轮跳动和偏摇程度不大方可使用。

操作三 砂轮机的安全操作规程

在使用砂轮机时，必须正确操作，严格按照安全操作规程进行，以防止出现砂轮碎裂等安全事故的发生。

1）使用砂轮机时，开动前应首先认真检查砂轮片与防护罩之间有无杂物。砂轮片是否有撞击痕迹或破损。确认无任何问题时再起动砂轮机，观察砂轮的旋转方向是否正确，砂轮的旋转是否平稳，有无异常现象。待砂轮正常运转后，再进行磨削。

2）时常检查托架是否完好和牢固，调整托架与砂轮之间的距离，控制在3mm之内（见图1-26），并小于被磨工件最小外形尺寸的1/2，距离过大则可能造成磨削件轧入砂轮与托架之间而发生事故。

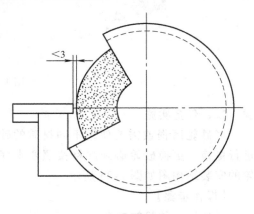

3）磨削时，操作者的站立位置和姿势必须规范。操作者应站在砂轮侧面或斜侧面位置，以防砂轮碎裂飞出伤人。严禁人面对砂轮操作，应避免用砂轮侧面进行刃磨。

4）忌在砂轮机上磨铝、铜等非铁金属和木料。当砂轮磨损超过极限时（砂轮外径大约比心轴直径大50mm）就应更换新砂轮。

图1-26 托架与砂轮之间的距离

5）使用时，手切忌碰到砂轮片上，以免磨伤手。不能将工件或刀具与砂轮猛撞或施加过大的压力，以防砂轮碎裂。如发现砂轮表面跳动严重时，应及时用砂轮修整器进行修整。

6）长度小于50mm的较小工件磨削时，应用手虎钳或其他工具牢固夹住，不得用手直接握持工件，防止工件脱落在防护罩内卡破砂轮。

7）操作时必须戴防护眼镜，防止火花溅入眼睛。不允许戴手套操作，避免被卷入发生危险。不允许二人同时使用同一片砂轮，严禁围堆操作。

8）砂轮机在使用时，其声音应始终正常，如发生尖叫声、嚓嚓声或其他噪声时，应立即停止使用，关掉开关，切断电源，并通知专业人员检查修理后，方可继续使用。

9）合理选择砂轮。刃磨工具、钢刀具和清理工件飞翅时，应使用白色氧化铝砂轮；刃磨硬质合金刀具则应使用绿色碳化硅砂轮。磨削淬火钢时应及时蘸水冷却，防止烧焦退火；磨削硬质合金时不可蘸水冷却，防止硬质合金碎裂。

10）使用完毕后，立即切断电源，清理现场，养成良好的工作习惯。

提示

在磨削时，首次接触砂轮要轻，当感觉整个面都接触了，才可以慢慢施加压力。只有这样才能磨出纹路整齐的平面。注意及时蘸水，防止出现焦痕。刚接触工件要轻，双手拿稳，不可抖动，再慢慢施加压力左右移动。磨到工件两端时要特别小心，不要突然滑落，造成事故。

三、拓展训练

1. 使用电钻钻孔

【任务要求】用电钻在工件厚度方向上钻削几个 ϕ5mm 的孔。工件为 60mm × 60mm × 3mm 的废料，材料为 Q235。

【操作步骤】

1）将工件水平固定在地面或工作台上，下面垫上木块。

2）在要钻的位置打上样冲眼。

3）装上 ϕ5mm 的钻头，空转 1min，确认运转正常。

4）将钻头对准样冲眼后，垂直工件开机钻孔。双手要拿稳电钻，不可晃动，慢慢施加压力至钻通。

2. 角向磨光机和电磨头

【任务要求】用角向磨光机和电磨头在工件边上磨去 1mm 的厚度。工件为 60mm × 60mm × 10mm 的废料，材料为 Q235。

【操作步骤】

1）在工件上划好距边缘 1mm 的线后，固定在台虎钳上。

2）选择合适的砂轮片和磨头，牢固装夹在角向磨光机和电磨头上。

3）空转 1min，确认运转正常。

4）将工件上 1mm 的余量磨去。要求磨削平面平整光滑。

四、小结

在本任务中，要了解台式钻床、砂轮机的结构和工作原理，熟悉转速、床身高度的调整方法，熟悉砂轮的检查和安装方法，掌握台式钻床、砂轮机和手持电动工具的安全操作规程，能较熟练地操作台式钻床钻孔，学会在砂轮机上正确刃磨麻花钻以及对砂轮机进行日常保养，能较熟练地操作电动工具。

【思考题】

1）简述钻床的种类及用途。

2）砂轮与托架的安全距离是多少？

3）砂轮使用前的检查内容有哪些？

任务5　安全文明生产与设备保养

安全生产，人人有责。从业人员必须认真执行"安全第一，预防为主"的方针，严格遵守安全操作规程和各种安全生产规章制度。设备是学校（企业）的重要财产，为做好文明生产，防止掠夺性使用设备，加强设备维护保养，延长设备使用时间，提升学校（企业）形象，必须学好安全文明生产的知识和学会设备保养。

技能目标

◎了解安全文明生产的基本要求。

◎明确"7S"管理内容，掌握方法。

◎了解设备保养的等级，掌握二级保养的程序和方法。

◎做到设备保养的"三好""四会"。

图 1-27　工具定置摆放

一、基础知识

为确保装配车间现场人员和作业符合要求，实现优质、高效、低耗、安全生产，装配车间所有管理员、装配钳工必须严格遵守安全文明生产管理制度，并定期检查与考核。

1. 安全文明生产

1）严格按照"7S"管理要求执行。

① 现场整理。效率和安全始于整理。把要与不要的人、事、物分开。对于生产现场不需要的杂物、脏物坚决从生产现场清除掉。

② 现场整顿。

a. 物品定置。有物必有位，生产现场物品各有其位，分区存放，位置明确；有位必分类，生产现场物品按照工艺和检验状态，逐一分类；分类必标识，状态标识齐全、醒目、美观、规范。

b. 工件定置。根据生产流程，确定零部件存放区域，分类摆放整齐，零部件绝对不能掉在地上，不能越区，不能混放，不能占用通道。

c. 工位器具定置。确定工位器具的存放位置和物流要求。

d. 工具箱定置。工具箱内各种物品要摆放整齐，如图 1-27 所示。

③ 现场清扫与清洁。车间场地必须保持清洁整齐，每天下班前必须清理场地，打扫卫生；装配工作台面及货架要随时清扫、保持清洁整齐，附近不得有杂物及灰尘。

④ 素养。必须养成良好的工作习惯，量具、工具用后要归位，不得随意摆放。每名装配钳工持证上岗，仪容整洁；工作有序，保持肃静，不得在工作时谈天说地，大声喧哗。

⑤ 安全。

a. 发现隐患要及时解决，做好记录，不能解决的要上报领导，同时采取控制措施。发生事故要立即组织抢救，保护现场，及时报告。遇到生产中的异常情况，应及时处理，出现危险紧急情况时，要先处理后报告，严禁违章指挥。

b. 工作期间不得在生产区域内出现明火或吸烟，不准穿拖鞋，不准赤膊、赤脚。

2）严格按照生产部门所下达的《生产任务单》合理安排各项生产任务事宜。装配钳工必须无条件服从主管的生产安排和生产调动。

① 装配钳工上岗前应进行培训，使其熟悉装配作业的技能、技巧；熟悉各零部件合格与不合格的正确区分。

② 装配钳工应严格按照工艺规程、操作规程进行装配作业。装配时若发现零部件不合格，要及时向生产部门和质检员反映，否则出现批量质量事故将追究其责任。

③ 各项产品装配过程中所需原材料、人员、工装设备、监控测量装置等，必须妥善安排，以避免停工待料。

④ 装配过程中，各工序产量、存量、进度、物料、人力等均应予以适当控制。

⑤ 各种工装设备及工具应定期检查、保养，确保遵守使用规定。

3）非生产人员未经允许，不得进入生产场地。

4）下班时必须切断电源、水源和火源。

2. 设备保养

设备保养是对设备在使用过程中或使用后的保全和养护，使设备保持正常的工作状态。设备保养分为日常保养、一级保养和二级保养。

（1）日常保养 日常保养是每日每班的保养，以操作工为主，包括认真检查，加注润滑油，使设备保持整齐、清洁、润滑良好和安全。上班中若发生故障要及时排除并认真做好交接班记录。

（2）一级保养 一级保养以维修工为主，操作工辅助，按计划对设备进行部分的拆卸、检查、清洗，疏通油路、管道等，调整设备部分精度，紧固各部位等并做好记录。

（3）二级保养 二级保养以维修工为主，列入设备检修计划，对设备进行部分分解检查和修理，更换或修复磨损件，清洗、换油、检查修理电气部分，恢复设备精度，满足加工零件的最低要求，并做好详细记录。

3. 实行三级保养时的"三好""四会"

（1）"三好"

1）管好。自觉遵守定人定机制度，不乱动别人的设备，管好工具、附件，放置整齐等。

2）用好。设备不带故障运行，不超负荷使用，要根据每个设备的性能合理使用，遵守操作规程和设备维护保养制度，防止事故发生。

3）修好。按计划检修时间停机检修，试车运行。

（2）"四会"

1）会使用。熟悉设备结构，掌握设备技术性能和操作方法，正确使用设备。

2）会保养。正确按润滑要求加油、换油，清扫设备，按规定进行设备的"三级保养"工作。

3）会检查。了解设备精度标准，会检查与精度有关的检验项目并能进行相应的调整，会检查安全防护和保险装置等。

4）会排除故障。能根据不正常的声音、温度和运转情况判断异常状况的部位和原因，及时采取措施排除故障，分析故障原因、吸取教训并做出预防措施。

> **提示**
>
> 在进入车间工作之前，每个人都应该了解以下防火方法：要把油布放到适当的金属容器中；确保采取正确的步骤点燃炉火（如果有需要时）；知道车间内每个灭火器存放的位置；知道周围离自己最近的报警器的位置及使用方法；使用焊枪时，要确保火星远离易燃物品。

二、小结

安全文明生产与设备保养是装配钳工最基本的要求，装配钳工要明确安全文明生产和日常保养、一级保养、二级保养的要求，保养设备要做到"三好""四会"。

【思考题】

1）设备二级保养的基本内容有哪些？

2）职业素养包含哪些基本内容？

3）现场整顿的内容有哪些？

4）"三好""四会"的内容有哪些？

项目二 装配钳工常用工量具

装配钳工选用常用工量具是机械装配中的一道重要工序。装配钳工常用工量具种类很多，作为一名合格的装配钳工应正确选择装配钳工常用工量具，并在加工、拆装及测量中合理使用。

 学习目标

◎了解并正确选择和使用装配钳工常用工具。

◎学会装配钳工常用测量与检验工具的使用与维护保养。

任务1　装配钳工常用工具的选用

装配钳工常用工具的选用包括常用加工工具和常用装配工具的选用，是装配钳工进行装配的一项重要内容。能否正确合理选择常用工具，能否按照常用工具安全技术要求进行操作，直接影响装配效率和装配质量。

 技能目标

◎认识装配钳工常用工具的种类和应用场合

◎能正确选择和使用装配钳工常用工具

一、基础知识

1. 常用加工工具

装配钳工常用加工工具很多，主要是在装配前对零件进行一些加工、修复或去飞边的工作时使用。

（1）划线工具　钳工常用划线工具很多，主要有划线平板、万能分度头、划针盘、高度游标卡尺、直角尺、游标万能角度尺、钢直尺、划针、划规、样冲、锤子、V形铁、方箱、角铁、千斤顶等。

1）划线平板。它是划线加工中的主要基准工具，如图1-28所示，在划线中用作基准面，用来安放工件和划线工具，并在工作面上完成划线过程的基准工具。

2）万能分度头。它是铣床加工时等分工件圆周的机床附件，如图1-29所示，钳工使用时主要是用来对小型轴类、圆盘类工件进行等分圆周以划出各种角度线及找圆心。

3）划针盘。它主要用于毛坯件的立体划线和找正工件位置，如图1-30所示，尺寸从钢直尺上读取，划线精度很低。

4）高度游标卡尺。它主要用于机械加工中测量工件的高度尺寸、形状和位置公差，有时也用于精密划线，如图1-31所示。

图 1-28 划线平板

图 1-29 万能分度头

5）直角尺。它作为划垂直线或平行线的导向工具，如图 1-32 所示，用于找正工件在划线平板上的垂直位置，检查两垂直面的垂直度或单个平面的平面度。

6）游标万能角度尺（Ⅰ型）。它是利用游标读数原理来直接测量工件的角度或进行划线的一种角度量具，如图 1-33 所示。

图 1-30 划针盘

图 1-31 高度游标卡尺

图 1-32 直角尺

图 1-33 游标万能角度尺

7）钢直尺。它是一种简单的测量工具和划直线的导向工具，如图 1-34 所示。

8）划针。它是用来在工件表面划线的工具，如图 1-35 所示，常与钢直尺、直角尺或划线样板等导向工具一起使用。

9）划规。它是用来划圆和圆弧线、等分线段、等分角度、量取尺寸的工具，如图 1-36 所示。

10）样冲。它是划线后用于打样冲眼的工具，划好的线段和钻孔中心都需要打样冲眼，以防加工中被擦去所划线条，如图 1-37 所示。

图 1-34 钢直尺

图 1-35 划针

图 1-36 划规

图 1-37 样冲

11）V 形铁。它是一种 V 字形用于轴类工件划线时做定位和支承的辅助工具，如图 1-38所示，主要用来支承工件的圆柱面，使圆柱的轴线平行于划线平板工作面，便于划线工具的找正或划线。

12）方箱。它是机械制造中零部件检测划线等的基础设备，如图 1-39 所示，用于夹持、支承尺寸较小而加工表面较多的工件。

13）千斤顶。它是用来支持毛坯或不规则工件进行划线的工具，如图 1-40 所示，它可较方便地调整工件各处的高度，以便确定工件划线的基准，划线时一般为三个一组。

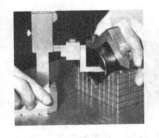
图 1-38　V 形铁

图 1-39　方箱

图 1-40　千斤顶

（2）錾削工具　钳工常用錾削工具就是锤子（见图 1-41）和錾子，錾子主要有扁錾、尖錾（见图 1-42）和油槽錾三种。

图 1-41　锤子

图 1-42　扁錾和尖錾

（3）锯削工具　钳工常用锯削工具就是锯弓，由锯弓（见图 1-43）和锯条（见图 1-44）组成。

图 1-43　锯弓

图 1-44　锯条

（4）锉削工具　钳工常用锉削工具很多，主要有钳工锉（见图 1-45）、异形锉（见图 1-46）和整形锉（见图 1-47）三种。

图 1-45　钳工锉

图 1-46　异形锉

图 1-47　整形锉

（5）孔加工刀具、夹具　孔加工刀具、夹具主要有直柄标准麻花钻和锥柄标准麻花钻（见图 1-48），钻夹头和钻套（见图 1-49），加工螺纹的丝锥（见图 1-50）、圆板牙（见图 1-51）、铰杠（见图 1-52）和板牙架（见图 1-53），平口钳（见图 1-54），压板（见图 1-55），以及专用夹具（见图 1-56）等。

图 1-48　直柄标准麻花钻和锥柄标准麻花钻

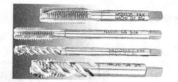

图 1-49　钻夹头和钻套　　　　图 1-50　丝锥　　　　图 1-51　圆板牙

图 1-52　铰杠　　　　　　　　　　图 1-53　板牙架

图 1-54　平口钳　　　　　图 1-55　压板　　　　　图 1-56　专用夹具

（6）刮削工具　刮削工具主要有刮刀（见图 1-57）、校准工具（见图 1-58）、涂示剂及磨石等。

图 1-57　平面刮刀和曲面刮刀

图 1-58　校准工具

（7）研磨工具　钳工常用研磨工具有槽平板（见图 1-59）、光滑平板、研磨环（见图 1-60）、研磨棒（见图 1-61）、研磨塞、靠铁等，研磨剂一般采用磨料和研磨液。

（8）手工矫正与弯曲工具　钳工常用手工矫正与弯曲工具有平板和铁砧（见图 1-62）、锤子、抽条（见图 1-63）和螺旋压力机（见图 1-64）等。

图 1-59　有槽平板

图 1-60　研磨环

图 1-61　研磨棒

图 1-62　铁砧

图 1-63　抽条

图 1-64　螺旋压力机

（9）手工铆接工具　钳工常用手工铆接工具除锤子外，还有压紧冲头（见图 1-65）、罩模（见图 1-66）、顶模（见图 1-67）等。

图 1-65　压紧冲头

图 1-66　罩模

图 1-67　顶模

提示

　　本任务中对钳工常用工具仅做简单介绍，主要了解常用工具的分类，具体内容会在模块二"钳工基本操作"中详细介绍。

　　2. 常用装配工具

　　机械结构复杂多样，形状各异，因而装拆和调整工具也有各种不同的形式。装配时应根据具体情况合理选用。

　　（1）螺钉旋具　螺钉旋具结构形状和装配操作方式多种多样，按其头部形状一般有一字槽螺钉旋具和十字槽螺钉旋具两种，如图 1-68 所示。

　　（2）扳手　扳手是用来装拆六角形螺钉、正方形螺钉及各种螺母的工具，常由工具钢、合金钢或

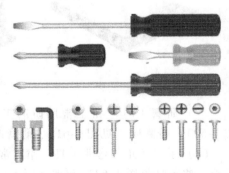
图 1-68　常用的螺钉旋具及螺钉

可锻铸铁制成。常用的扳手类型分为通用扳手、专用扳手和特种扳手三类。

1）通用扳手（即活扳手）。它由活扳唇、呆扳唇、蜗轮及手柄组成，其钳口的尺寸能在一定范围内调节，如图1-69所示。

图1-69 通用扳手

2）专用扳手。它只能扳动一种规格的螺母或螺钉，用于解决在空间狭小的地方和室外作业时不容易操作的难处，应用较广泛，如图1-70所示。其常用类型有呆扳手、整体扳手、钳形扳手、套筒扳手、内六角扳手。

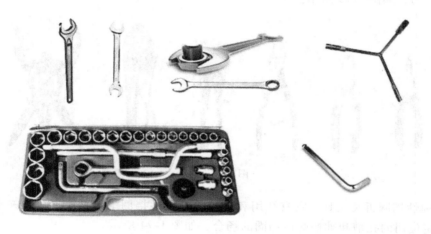

图1-70 专用扳手

3）特种扳手。它是根据某些特殊要求而制造的扳手，以及通过反复摆动手柄即可逐渐拧紧螺母或螺钉的棘轮扳手，如图1-71所示。

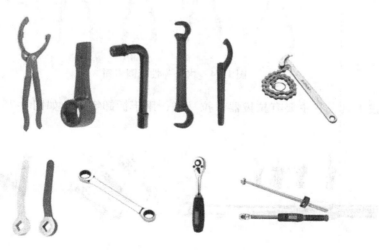

图1-71 特种扳手

4）气动扳手。它主要是一种以最小的消耗提供高转矩输出的工具，如图1-72所示。

图 1-72　气动扳手

（3）钳子　装配时常用尖嘴钳、钢丝钳、鲤鱼钳、斜口钳、大力钳、活塞环钳等来进行夹持和剪切，如图 1-73 所示。

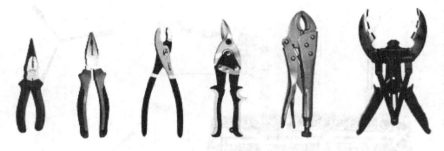

图 1-73　钳子

（4）弹性挡圈拆装工具　它有孔用和轴用内外弹性挡圈卡钳两种类型，主要用于拆装零件轴向定位用的孔槽和轴槽弹性挡圈的场合，如图 1-74 所示。

图 1-74　内外弹性挡圈卡钳

（5）拉拔工具　它主要有拉拔器、拉马等，用于拆卸零件，如图 1-75 所示。

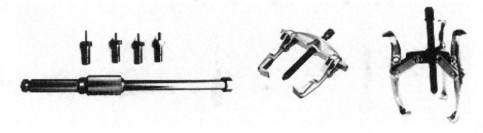

图 1-75　拉拔器和拉马

（6）敲击工具　装配时常用锤子、铜棒（见图 1-76）等敲击工具进行拆装和调整。

（7）滚动轴承拆装工具　滚动轴承拆装工具除了拉拔器、拉马外，主要还有各种安装环、冲击套筒和防反弹锤等，用于滚动轴承的拆装，如图 1-77 所示。

图 1-76　铜棒　　　　　　　　　　　图 1-77　滚动轴承拆装工具

（8）撬棍　撬棍分为六棱棍、圆棍和扁撬，主要用于撬动旋转件或撬开接合面，也可以用于撬起机床调整水平度，如图 1-78 所示。

（9）润滑油枪　装配钳工常用机油枪和润滑脂枪两种润滑油枪，用于给机械设备加注润滑油。

1）机油枪。机油枪有手动式机油枪、气动式机油枪和电子定量式机油枪等类型，用于给机械设备加注机油，如图 1-79 所示。

图 1-78　撬棍　　　　　　　　　　　图 1-79　机油枪

2）润滑脂枪。润滑脂枪有气动润滑脂枪、手动润滑脂枪、脚踏润滑脂枪、电动润滑脂枪等类型，主要用于给机械设备加注润滑脂，如图 1-80 所示。

图 1-80　润滑脂枪

提示

应当注意：装配时要严格按照钳工常用工具的安全技术要求进行操作，要确保工具的使用性能，不得随意改变常用工具的使用性质和使用对象。

二、小结

装配钳工常使用到各种各样的工具，正确合理地选择和使用是装配钳工所必需的基本功，同时还要严格遵守常用工具的安全操作规程。

【思考题】

1）钳工常用划线工具有哪些？

2）什么是V形铁？V形铁在钳工划线时有什么作用？

3）简述高度游标卡尺的应用场合。

4）常用装配工具有哪些？

5）弹性挡圈拆装工具有哪几种类型？各适用于何种场合？

任务2　装配钳工常用测量与检验工具的使用与维护保养

测量与检验是生产加工和装配精度的保证。装配钳工不仅要熟练选用常用测量与检验工具，还要明确装配钳工常用测量与检验工具的种类、应用场合，掌握常用测量与检验工具的使用方法和维护保养方法，使装配精度达到装配技术要求。

 技能目标

◎明确装配钳工常用测量与检验工具的种类、应用场合。

◎掌握常用测量与检验工具的使用方法和维护保养方法。

一、基础知识

在机械零件加工、设备检修、装配、调试和维护工作中，装配钳工经常要用到各种量具和量仪，如果不能正确使用这些测量与检验工具，将会影响装配效率和装配质量。为此，装配钳工必须掌握量具和量仪的种类、应用场合和使用方法。

1．钳工常用生产加工量具

在机械加工中，钳工都需要使用量具对工件的尺寸、形状、位置等进行检查。钳工常用生产加工量具有通用量具（如游标卡尺、螺旋千分尺、百分表、游标万能角度尺、直角尺）、标准量具（如量块）和专用量具（如塞规、卡规）等类型。

（1）通用量具　通用量具是指那些测量范围和测量对象较广的量具，一般可直接得出精确的实际测量值，其制造技术和要求较复杂，一般是成系列、规范化的，并由专业的企业生产制造。

1）卡尺。卡尺按其结构可分为游标卡尺、数显卡尺、带表卡尺，按其用途可分为深度卡尺、高度卡尺、齿厚卡尺。

① 游标卡尺。游标卡尺是一种中等精度的量具，可以直接量出工件的内径、外径、长度、宽度、深度和孔距等，如图1-81所示。

图1-81　游标卡尺

② 数显卡尺。其特点是读数直观准确，使用方便而且功能多样。当数显卡尺测得某一

尺寸时，数字显示部分就清晰地显示出测量结果，如图 1-82 所示。使用米制英制转换键，可用米制和英制两种长度单位分别进行测量。

③ 带表卡尺。它是运用齿条传动齿轮带动指针显示数值，尺身上有大致的标尺，结合指示表读数，比游标卡尺读数更快捷准确，如图 1-83 所示。

图 1-82　数显卡尺

图 1-83　带表卡尺

④ 深度卡尺。它用来测量台阶的高度、孔深和槽深，可分为游标深度卡尺和带表深度卡尺，如图 1-84 所示。

图 1-84　游标深度卡尺和带表深度卡尺

⑤ 高度卡尺。它用来测量零件的高度和划线，可分为游标高度卡尺和带表高度卡尺，如图 1-85 所示。

⑥ 齿厚卡尺。它用来测量齿轮（或蜗杆）的弦齿厚或弦齿高，可分为游标齿厚卡尺和数显齿厚卡尺，如图 1-86 所示。

2）千分尺。千分尺是一种测量长度的精密量具，其测量精度比卡尺高，应用广泛。

① 外径千分尺。它是专门用于测量外尺寸的精密量具，由固定的尺架、测砧、测微螺杆、固定套管、微分筒、测力装置、锁紧装置等组成，如图 1-87 所示。

图 1-85　游标高度卡尺和带表高度卡尺

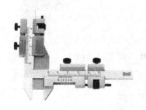

图 1-86　游标齿厚卡尺和数显齿厚卡尺

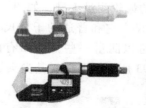

图 1-87　普通千分尺、数显千分尺及其应用实例

② 内径千分尺。它用于内尺寸的精密测量，有普通式、数显式、管状式、三点式和手枪式等多种类型，如图 1-88 所示。

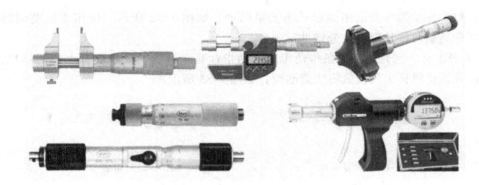

图 1-88　各种类型的内径千分尺

③ 深度千分尺。它是应用螺旋副转动原理将回转运动变为直线运动的一种量具，由微分筒、固定套管、测量杆、基座、测力装置、锁紧装置等组成，用于机械零件加工中的深度、台阶等尺寸的测量，如图 1-89 所示。

图 1-89　深度千分尺、数显深度千分尺及其应用实例

④ 高度千分尺。高度千分尺也称高度规，专门用于台阶高度、孔深和槽深的精密测量，如图 1-90 所示。

⑤ 壁厚千分尺。其固定测砧为球面，有普通式、数显式和深弓架式等类型，适用于测量管壁厚度的场合，如图 1-91 所示。

⑥ 公法线千分尺。它用于测量齿轮公法线的长度，是一种通用的齿轮测量工具，如图 1-92 所示。

⑦ 尖头千分尺。它和普通的千分尺一样，对零后就可以测量，可以测量一些如两面有凹圆面的特殊工件，如图 1-93 所示，要注意其尖头易磨损。

图 1-90　高度千分尺

图 1-91　各种类型的壁厚千分尺

图 1-92 公法线千分尺和数显公法线千分尺

图 1-93 尖头千分尺和数显尖头千分尺

⑧ 螺纹千分尺。它具有 60° 锥形和 V 形测头，用于测量螺纹中径，如图 1-94 所示。

图 1-94 螺纹千分尺和数显螺纹千分尺

⑨ 杠杆千分尺。其指示表配合活动测砧用于圆度和平行度的精密测量，使用三针测量法可测量精密螺纹的中径，如图 1-95 所示。

图 1-95 杠杆千分尺和数显杠杆千分尺

3）直角尺。它有宽座式直角尺和刀口形直角尺两种，用于检测工件的垂直度及工件相对位置的垂直度，有时也用于划线，如图 1-96 所示。

4）游标万能角度尺。它是利用游标读数原理来直接测量工件的角度或进行划线的一种角度量具，如图 1-97 所示。它适用于机械加工中的内、外角度测量，其中，Ⅰ型游标万能角度尺可测量或划线 0°～320° 的任何角度，Ⅱ型游标万能角度尺可测量或划线 0°～360° 的任何角度。

图 1-96 直角尺

5）百分表。百分表有杠杆式百分表和钟面式百分表两种，是用来测量工件的尺寸、形状、位置误差和检验机床精度的指示表，如图 1-98 所示，它用磁性表座夹持测量，广泛用于机械加工行业。

6）塞尺。塞尺是由许多层厚薄不一的薄钢片组成的，按照塞尺的组别制成一把一把的塞尺，每把塞尺中的每片具有两个平行的测量平面，且都有厚度标记，以供组合使用，如图 1-99 所示。

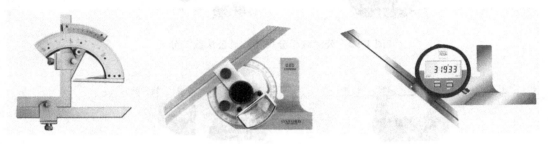

图 1-97　游标万能角度尺

图 1-98　百分表和磁性表座

7）正弦规。正弦规常结合百分表和量块来进行测量，是用于准确检验零件及量规角度和锥度的量具，如图 1-100 所示，它是利用三角函数的正弦关系来度量的，故又称为正弦尺。

（2）标准量具　标准量具是用作测量或检定标准的量具，如量块、多面棱体、表面粗糙度比较样块等。

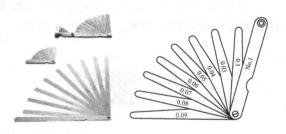

图 1-99　塞尺

1）量块。量块是长度尺寸的比较样块，一般结合百分表进行测量，测量面的尺寸精度高，表面粗糙度值小，研合力好，尺寸稳定，如图 1-101 所示。

图 1-100　正弦规

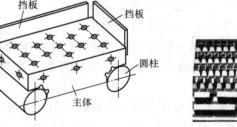

图 1-101　量块

提示

应当注意：为了减小量块组的长度累积误差，选取的量块数量要尽量少，通常不超过四块。选取量块时，从消去所需要尺寸最小的尾数开始，逐一选取。

2）多面棱体。多面棱体是一种高精度的标准量具，它主要用于检定光学分度头、分度台、测角仪等圆分度仪器的分度误差，在高精度的机械加工或测量中也可以作为角度的定位基准，如图1-102所示。

3）表面粗糙度比较样块。表面粗糙度比较样块是以比较法来检查机械零件加工表面粗糙度的一种工作量具，如图1-103所示。通过目测或使用放大镜与被测加工件进行比较，判断表面粗糙度的级别。

图 1-102　多面棱体

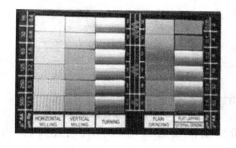

图 1-103　表面粗糙度比较样块

（3）专用量具　专用量具也称非标量具，是指专门为检测工件某一技术参数而设计制造的量具，如塞规、卡规、内外沟槽卡尺、钢丝绳卡尺、步距规等测量器具。

1）塞规。塞规是用来检验工件内径尺寸的量具，常用的有圆孔塞规和螺纹塞规，如图1-104所示。圆孔塞规做成圆柱体形状，两端分别为通端和止端，用来检查孔的直径。

图 1-104　塞规

2）卡规。卡规是用来检验轴类工件外圆尺寸的专用量具，如图1-105所示。

3）内外沟槽卡尺。内外沟槽卡尺是用来测量孔内较狭窄沟槽尺寸的专用量具，如图1-106所示。

4）钢丝绳卡尺。钢丝绳卡尺是用来测量钢丝绳直径的专用量具，钳口的宽度能跨越钢丝绳两个相邻的股，如图1-107所示。

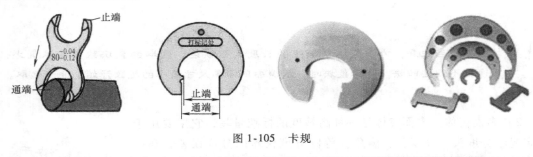

图 1-105　卡规

图 1-106　内外沟槽卡尺

图 1-107　钢丝绳卡尺

5）步距规。步距规也称为节距规、阶梯规，如图 1-108 所示。它由精密的量块直线排列组成，永久固定于一个坚固的框架中，框架表面进行喷塑或镀层保护处理，可用于检测机床工作台移动精度和校准三坐标测量机，便于调整机床以补偿误差，提高设备的定位精度。

图 1-108　步距规

2. 装配钳工常用装配量具和量仪

装配钳工在设备检修、装配、调试和维护工作中，经常要用到各种量具和量仪，常用的有平尺、方尺和直角尺、检验棒、检验桥板、水平仪、光学平直仪、经纬仪等。

（1）平尺　平尺主要用作导轨的刮研和测量的基准，有桥形平尺、平行平尺、角形平尺等类型，如图 1-109 所示。

图 1-109　平尺

（2）方尺和直角尺 方尺和直角尺常用来检验机床部件的垂直度，如图 1-110 所示。

图 1-110 方尺和直角尺

（3）检验棒 检验棒用于检验各种机床的几何精度，如图 1-111 所示，它采用优质碳素工具钢制造而成，加工中经过多次热处理，工作面经精密磨削而成。

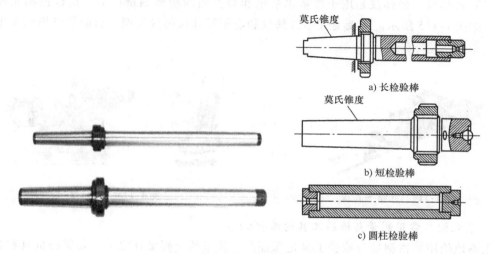

图 1-111 检验棒

（4）检验桥板 检验桥板是用于测量机床两导轨面的平行度（导轨扭曲）、旋转轴线与导轨面的平行度及零部件与导轨面的平行度的主要工具，如图 1-112 所示，它一般与水平仪、百分表结合使用进行检测。

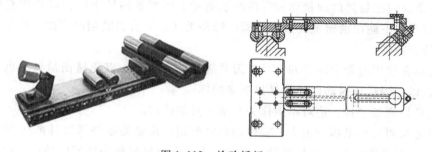

图 1-112 检验桥板

（5）水平仪 水平仪主要有条式水平仪、框式水平仪和光学合像水平仪等类型，如图 1-113所示。水平仪是测量角度变化的一种常用量具，主要用于测量机件相互位置的水平位置和设备安装时的平面度、直线度和垂直度，也可测量零件的微小倾角。

图 1-113 水平仪

（6）光学平直仪　光学平直仪又称自准直仪，如图 1-114 所示，是一种光学测角仪器。它是利用光学自准直原理来观测目标位置的变化，广泛应用于直线度和平面度的测量。

（7）经纬仪　经纬仪是用于测量水平角和竖直角的精密测量仪器，是根据测角原理设计的，如图 1-115 所示。主要有光学经纬仪和电子经纬仪两种类型，目前最常用的是电子经纬仪。

图 1-114 光学平直仪　　　　　　　　　　　　　图 1-115 经纬仪

3. 装配钳工常用测量与检验工具的维护保养

正确地使用精密测量与检验工具是保证产品质量的重要条件之一。要保持量具和量仪的精度和工作的可靠性，除了在使用中要按照合理的使用方法进行操作以外，还必须做好量具的维护和保养工作。

1）在机床上测量零件时，要等零件完全停稳后进行，否则不但会使量具的测量面磨损而失去精度，而且会造成事故。

2）测量前应把量具的测量面和零件的被测量表面都要擦拭干净，以免因有脏物存在而影响测量精度。不能用精密量具去测量锻、铸件毛坯或带有研磨剂的表面，以免使测量面很快磨损而失去精度。

3）量具在使用过程中不要和工具、刀具等堆放在一起，以免碰伤量具；也不要随便放在机床上，以免因机床振动而使量具掉下来损坏。

4）量具是测量工具，绝对不能作为其他工具的代用品。

5）温度对测量结果影响很大，零件的精密测量一定要使零件和量具都在 20℃ 的情况下进行测量。一般可在室温下进行测量，否则，由于金属材料热胀冷缩的特性，会使测量结果不准确。

6）不要把精密量具放在磁场附近，例如磨床的磁性工作台上，以免使量具感磁。

7）发现精密量具有不正常现象时，不能自行拆修，应主动送计量站检修，并经检定量具精度后再继续使用。

8）量具使用后，应及时擦干净，除不锈钢量具或有保护镀层者外，金属表面应涂上一层防锈油，放在专用的盒子里，并保存在干燥的地方，以免生锈。

9）精密量具应实行定期检定和保养，长期使用的精密量具要定期送计量站进行保养和检定精度，以免因量具的示值误差超差而造成产品质量事故。

二、小结

量具是测量零件的尺寸、角度、形状精度和相互位置精度等所用的测量工具。通过常用量具和量仪的学习和操作训练，明确装配钳工常用测量与检验工具的种类和应用场合，掌握常用测量与检验工具的使用方法和维护保养办法。

【思考题】

1）如何正确使用游标卡尺？

2）简述外径千分尺的结构组成。

3）游标万能角度尺是一种什么量具？它可测量或划线的角度范围是多少？

4）装配钳工常用的装配量具和量仪有哪些？

5）如何检查框式水平仪气泡是否对中？

 模块总结

本模块以装配钳工技能训练应该掌握的专业基础知识内容为例，介绍了钳工基础知识和装配钳工常用工量具等内容。通过对本模块的学习，明确装配钳工的基本操作内容和安全文明生产、设备保养的内容和要求。了解装配钳工工作场地和工作环境的要求，学会装配钳工所需夹具、常用钻床与电动设备、常用工具的正确选用，学会装配钳工常用测量与检验工具的使用与维护保养，为接下来装配钳工的各项专业知识和操作技能的学习打下基础。

模块二
装配钳工基本操作

本模块学习装配钳工基本操作所涉及的划线、錾削、锯削、锉削、孔加工、刮削、研磨、矫正与弯形、铆接与粘接等内容与操作技术。

前面学习了装配钳工基础知识、装配钳工常用工量具等知识，并进行了相关的任务实施技能训练。通过学习和训练，学生能够明确装配钳工所必需的专业知识。

 学习目标

◎学习装配钳工各项基本操作技能的基本内容和要求。
◎掌握钳工各项基本操作技能和测量方法。
◎分析并解决加工过程中出现的质量问题。

钳工的工作范围广，一般以手工操作为主，具有使用设备简单、操作方便、适用面广的特点。钳工操作是装配的基础，通过本模块的学习和训练，使学生能够掌握钳工的基本操作技能。

项目一 划 线

划线是钳工专业中很重要的基本操作技能，是进行工件加工的第一道工序，广泛用于单件或小批量生产。在生产过程中，许多机械产品在加工前一般都需要划线，如工件在錾削、锯削、锉削、孔加工前都要根据加工图样和技术要求，事先准确划出清晰的待加工界线或作为找正、检查依据的辅助线，以便于明确工件的加工位置和切削余量。

 学习目标

◎明确划线前的各项准备工作。
◎掌握划线方法并合理安排划线步骤。
◎熟练运用所学划线知识进行正确平面划线和立体划线。

任务1 划线前的准备工作

划线前的准备工作包括加工图样和技术要求的分析、划线基准的选择、工件的清理和涂色、划线工具的选用等，它是钳工划线的一项重要内容，关系到工件能否顺利进入下一道工序，直接影响到划线方法和划线精度、定位精度。

 技能目标

◎学会按加工图样和技术要求分析确定划线基准。

◎合理安排划线步骤与顺序，掌握工件的清理和涂色方法。

◎正确选择钳工常用划线工具，并能熟练使用。

◎根据坯料情况，学会找正、借料的基本方法。

一、基础知识

1. 划线

划线是钳工根据加工图样和技术要求，用划线工具在工件待加工部位划出加工轮廓线或作为基准的点、线的操作方法。划线不仅可以明确工件的加工余量，还可作为工件加工或装配的依据，因此，对划线的要求是所划的线条必须清晰、均匀，定形、定位尺寸准确，立体划线时，长、宽、高三个方向的线条相互垂直。由于划线的线条有一定宽度，一般粗加工要求划线精度达到 0.2~0.3mm，精加工要求划线精度达到 0.1mm 左右。划线通常分为平面划线和立体划线两种。

2. 划线基准的选择

（1）设计基准 设计基准是在设计零件图时用来确定其他点、线、面位置的基准。

 提示

应当注意：在图样上有很多线条及其相互位置尺寸，设计基准一般是工件主要形面的位置线和与其相关尺寸最多的线（面）或者是已加工面。

（2）划线基准 划线基准是指划线时在工件上选择作为依据的点、线、面，用它来确定工件的各部分尺寸、几何形状及工件上各要素的相对位置。

（3）划线基准的选择 分析加工图样视图，明确视图中长、宽、高三个方向上的设计基准，划线基准应与加工图样的设计基准一致，并且划线时必须先从基准开始，然后再依此基准划出其他形面的位置线及形状线，才能减少不必要的尺寸换算，使划线方便、准确、快捷。划线基准一般有以下三种类型，如图 2-1 所示。

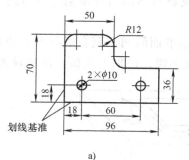

a)

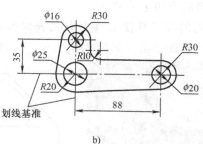

b)

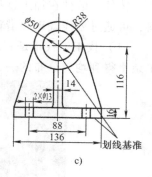

c)

图 2-1 划线基准的选择

1）以两个互相垂直的平面（或线）为划线基准，如图 2-1a 所示。

2）以两条互相垂直中心线为划线基准，如图 2-1b 所示。

3）以一个平面和与它垂直的一条中心线为划线基准，如图 2-1c 所示。

3．工件的清理和涂色

（1）工件的清理　为保证划线精度，并确保涂色附着力，一般都需要对工件特别是箱体类工件的残余型砂、铁锈、切屑、飞边和油污等进行清理。

（2）工件的涂色　为了使划出的线条清晰，根据工件的不同，合理选择适当的涂色剂，在工件的划线部位涂上一层薄而均匀的涂色剂。常见的涂色剂主要有以下三种类型：

1）石灰水。石灰水中添加适当的乳胶来增加附着力，一般用于表面粗糙的锻件、铸件毛坯划线时的涂色。

2）酒精溶液。酒精中添加漆片和蓝基绿或青莲等颜料配制而成，用于精加工表面划线时的涂色。

3）硫酸铜溶液。水中添加硫酸铜和微量硫酸而成，多用于已加工表面划线时的涂色。锻件、铸件毛坯的涂色剂也常用渗透性好、漆膜附着力强的红丹防锈底漆。

4．划线工具的选用

钳工常用划线工具很多，主要有划线平板、万能分度头、划针盘、游标高度卡尺、直角尺、游标万能角度尺、钢直尺、划针、划规、样冲、锤子、V 形铁、方箱、角铁、千斤顶等。

划线前必须根据工件划线的图形及各项技术要求，合理地选择所需要的各种工具，并且要对每件工具进行检查和校验。如有缺陷，应进行修理和调整，否则将影响划线的质量。

二、划线方法与步骤

划线方法包括划线顺序的确定、划线时的找正与借料、基本线条的划线及打样冲眼等操作内容，是继划线前的准备任务后的重要环节。只有熟练掌握划线方法，并合理安排划线步骤，才能顺利进行工件的平面划线和立体划线，达到一定的划线精度要求。

1．划线顺序的确定

一般按从下至上、从左至右、由外向内的顺序，以及先划基准线和位置线，再划水平方向加工线，然后划垂直方向加工线和斜线，最后划圆、圆弧等曲线的顺序进行划线。

2．划线时的找正和借料

铸件、锻件在加工过程中有些会形成形状歪斜、偏心或材料不均匀等缺陷，为节约材料，可通过划线找正和借料的方法来补救。

（1）找正　找正是利用划线工具使工件上有关表面与基准面间调整到合适位置，使加工余量得到均匀分布的一种划线方法，如图 2-2 所示。一般来说，已加工表面、面积较大、

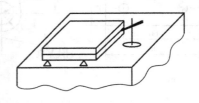

图 2-2　找正实例

较重要或表面质量要求较高的面应作为主要的找正依据，这样经划线加工后才能够符合图样要求，并达到尺寸均匀、位置准确。

为使工件在划线平板上处于正确位置，必须确定好作为找正用的找正基准。

1）选择工件上与加工部位有关，而且比较直观的面作为找正基准。

2）选择有装配关系的非加工部位作为找正基准，以保证工件划线和加工后能顺利进行装配。

3）在多数情况下，还必须有一个与划线平板垂直（或呈一定角度）的找正基准，以保证该位置的非加工面与加工面之间的厚度均匀。

（2）借料　借料是根据毛坯误差程度，通过试划和调整，找出工件偏移位置并测出偏移量，将各加工表面的加工余量合理分配，相互借用，从而保证各加工表面都有足够的加工余量，做到合理用料的一种划线方法。

当工件上的误差或缺陷用找正无法补救时，可采用借料方法来解决。图 2-3 所示为圆环借料。图 2-3a 所示为毛坯；图 2-3b 所示为借料前的划线，内、外圆余量均匀但达不到加工要求。通过测量，根据内外圆表面的加工余量，从圆环右向合理借料，即可划出加工界限并使内、外圆均有一定的加工余量，如图 2-3c 所示。

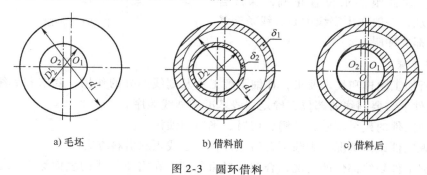

a) 毛坯　　　　　　　b) 借料前　　　　　　c) 借料后

图 2-3　圆环借料

3. **基本线条的划线**

分析平行线、垂直线、角度线和圆弧连接线等基本线条，可以明确组成工件各基本简单形状之间的连接关系以及一些细小结构。根据划线要求，合理选用划线工具，进行基本线条的划线。

4. **箱体的划线**

箱体一般是指传动零件的基座，通常用灰铸铁制造，其结构复杂，如图 2-4 所示。箱体的划线一般按基准线、外廓加工线、轴承孔加工线、螺栓孔和定位销孔加工线的顺序进行。除按划线时选择划线基准、找正、借料外，还要准确地划出基准孔轴线的十字校正线，为避免和减少翻转次数，其垂直线可利用直角尺或角铁一次划出。

图 2-4　箱体的结构

5. **大型、畸形工件的划线**

大型、畸形工件的特点是体重大、结构形状复杂，其划线如图 2-5 所示，一些加工表面和加工孔的位置往往不在水平或垂直位置。一般借助角铁、千斤顶等辅助工具，采用拉线法、吊线法、工件的位移法和拼接平板法来进行划线。

图 2-5　大型、畸形工件的划线

6. 划线后的冲眼

使用样冲在工件已划好的加工线上打样冲眼，以强化显示划出的加工界线，便于划规划圆弧线和钻孔时的麻花钻定位。冲眼时先把样冲倾斜对准线条正中，然后直立冲眼，如图 2-6 所示。样冲眼要求位置正确，深浅合适，分布合理，一般在十字线中心、线条交叉点和折角处都要冲眼。

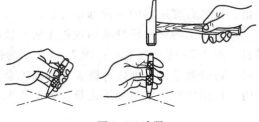

图 2-6　冲眼

7. 划线步骤

1）分析加工图样和技术要求，详细了解工件及划线部分的作用、要求和后续的加工工艺，明确工件上需要划线的部位，确定划线基准和划线顺序。

2）清理工件的残余型砂、铁锈、切屑、飞边和油污等。

3）检查工件误差情况，去除不合格工件，确定找正和借料方案。

4）根据工件划线部位的情况，合理选择涂色剂，在需要划线的表面涂上一层薄而均匀的涂色剂。

5）合理选择划线工具，根据划线需要，孔中心装塞块，正确安放工件。

6）按划线顺序进行划线，并检查划线尺寸、角度、圆弧的正确性以及是否漏划线条。

7）在线条上冲眼。

三、小结

在本任务中，要理解划线方法及步骤对划线精度的重要作用，熟练运用所学划线操作技能，明确划线顺序，熟练掌握找正与借料方法，采用正确的方法划出基本线条，了解箱体、大型畸形工件等的划线方法。合理安排划线步骤，从而完成划线任务要求。

【思考题】

1）什么是划线？

2）划线的一般要求有哪些？

3）划线的作用有哪些？

4）什么是划线基准？划线基准一般有哪几种类型？

5）划线前，需要做好哪些准备工作？

6）试述常用划线涂色剂的类型、特点和应用。

7）什么是找正？找正的目的是什么？

8）什么是借料？借料的作用是什么？

9）简述借料划线的过程。

10）简述划线后冲眼的作用、方法及要求。

任务 2　平 面 划 线

划线分为平面划线和立体划线，平面划线是划线工作中最基本的内容，包括几何作图划线和样板划线等操作内容，是继划线方法及步骤任务后的重要环节，也是立体划线的基础。通过训练，熟练掌握平面划线方法，合理安排划线步骤，达到划线要求。

 技能目标

◎熟练掌握几何作图划线和样板划线方法。

◎合理安排平面划线步骤。

一、基础知识

1. 平面划线

只需在工件一个表面上划线就能明确表示工件加工界线的操作称为平面划线，如图 2-7 所示。平面划线广泛应用于板料、条料及其他薄型材料上的划线加工。平面划线分为几何作图划线和样板划线两种方法。

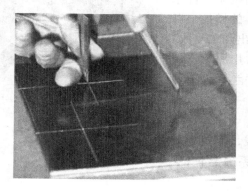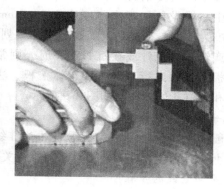

图 2-7　平面划线

2. 几何作图划线

几何作图划线是根据加工图样要求，将图样尺寸按 1:1 的比例依据机械制图的规范划在工件表面上的一种划线方法，如图 2-8 所示。几何作图划线不仅要明确划线基准，还要着重进行尺寸和线段分析，并确定图形中每个尺寸的作用及尺寸间的关系。

（1）平面划线的尺寸分析

1）定位尺寸。确定图形中各个组成部分

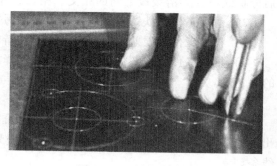

图 2-8　几何作图划线

（圆心、线段等）与基准之间相对位置的尺寸。

2）定形尺寸。确定图形中各部分几何形状大小的尺寸，如直线段的长度、圆的直径、圆弧半径和角度大小的尺寸等。

（2）平面划线的线段分析 平面图形中线段的关系有相交、相切、等距三种，分析时要分清线段间的关系，若分析错误，划线后做出的图形就会与加工图样不符。

提 示

一般在分析尺寸时要首先找出尺寸基准，再找出定位尺寸，最后找出定形尺寸。线段分析则以尺寸分析为基础和前提，先找出已知线段，再找出中间线段，最后是连接线段。

1）已知线段。已知线段是指已知定形尺寸和两个方向定位尺寸的线段，即根据已知条件可以直接做出的线段。

2）中间线段。中间线段是指已知定形尺寸和一个方向定位尺寸的线段，即要根据它与另一条已知线段的连接关系才能作图的线段。

3）连接线段。连接线段是指已知定形尺寸，但两个定位尺寸未知的线段，即根据已知条件不能直接作图，还要根据它与另两条已知线段的连接关系才能作图的线段。

3. 样板划线

批量生产较复杂的工件时，利用线切割机床、铣床或加工中心等设备加工出厚度为 0.5～2mm 的样板，以某一基准为依据，在被划线工件上按样板划出加工界线。批量生产较简单工件或在机修工作时，则常用原始工件作为样板对工件进行划线，如箱体盖板、法兰盘等工件轮廓线和螺钉孔的划线，如图 2-9 所示。

图 2-9　样板划线

4. 平面划线的基准形式

一般只要确定好两条相互垂直的基准线，就能把划线平面上所有定位尺寸和定形尺寸的相互关系确定下来。

5. 平面划线的步骤

1）划线前，首先要确定加工图样的划线基准，再进行定位尺寸和定形尺寸的分析，最后分析线段并弄清线段之间的相交、相切、等距关系。

2）清理工件的铁锈、切屑、飞边和油污等。

3）检查工件的误差情况，确定找正和借料方案。

4）根据工件划线部位的情况，合理选择涂色剂，在需要划线的表面涂上一层薄而均匀的涂色剂。

5）合理选择划线工具。

6）按加工图样要求划出两个方向的基准线，按先定位尺寸后定形尺寸的顺序，依次划出已知线段、中间线段和连接线段，并检查划线尺寸、角度、圆弧的正确性以及是否漏划线条。

7）在线条上打样冲眼。

二、任务实施

【任务要求】 现有长为 210mm、宽为 195mm、厚度为 2mm 的薄板工件，如图 2-10 所示的曲线板，需要进行平面划线，要求合理安排实施曲线板平面划线各步骤。

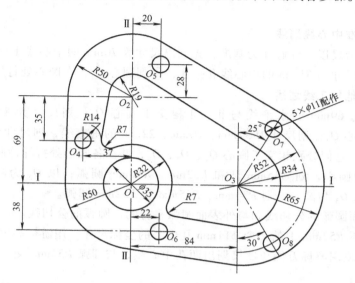

图 2-10　曲线板

【实施方案】 根据曲线板平面划线步骤实施的任务要求，确定任务实施方案时首先要分析加工图样和工艺文件，明确划线的任务要求，确定划线基准和划线顺序；其次是对工件进行清理后检查形状和尺寸是否符合图样要求，划线部位涂上涂色剂；然后合理选择划线工具，最后进行划线，检查后在线条上打样冲眼。

实施方案重点：划线步骤的合理安排。

实施方案难点：划线基准的选择、圆弧的划线。

【操作步骤】

操作一　分析图样，确定划线基准

分析加工图样，可以确定是一个多圆弧的曲线板，根据工艺文件要求，需要对薄板工件进行曲线板平面划线加工。确定以通过 φ35mm 圆心的两条相互垂直中心线为划线基准。

操作二　清理曲线板

待加工的薄板工件用钳工锉去除飞边，并清除工件表面的油渍，为涂色和划线做好准备。

操作三　检查曲线板形状和尺寸

检查薄板工件尺寸与加工图样尺寸是否相符，有无变形，选择薄板工件垂直度最好的一个角作为划线的两侧基准。

操作四　选择划线工具

根据曲线板的加工图样平面划线要求，选择划线平板、角铁、游标高度卡尺、钢直尺、划针、划规、样冲、锤子等划线工具。

操作五　曲线板涂色

在曲线板需划线的表面涂上一层薄而均匀的涂色剂，使划出的线条更清晰。

操作六　曲线板排料

分析计算加工图样可知，图形轮廓尺寸长为199mm、宽为184mm，薄板工件现有尺寸长为210mm、宽为195mm。考虑图形应尽量居中，确定划线时图形轮廓距离基准两侧各5mm。

操作七　基准中心线划线

用游标高度卡尺以工件底面为基准，先划出尺寸为70mm的中心线Ⅰ—Ⅰ；再以工件左侧为基准，划出尺寸为55mm的中心线Ⅱ—Ⅱ，得到圆心 O_1，在圆心处打样冲眼。

操作八　其他加工线划线

1）划尺寸为69mm的水平线与Ⅱ—Ⅱ相交于圆心 O_2；划尺寸为84mm的垂直线与Ⅰ—Ⅰ相交于圆心 O_3；划尺寸为37mm、20mm、22mm的垂直线，划尺寸为35mm、28mm、38mm的水平线，它们分别相交于圆心 O_4、O_5、O_6，并在各圆心处打样冲眼。

2）以 O_1 为圆心，划 ϕ35mm 圆和 R32mm、R50mm 圆弧；以 O_2 为圆心，划 R19mm、R50mm 圆弧；以 O_3 为圆心，划 R34mm、R65mm 和 R52mm 圆弧。

3）做外表面圆弧的公切线和与外表面圆弧平行的内圆弧的公切线。

4）计算圆弧 R52mm 上的2个 ϕ11mm 孔中心的坐标尺寸，用游标高度卡尺划出 O_7、O_8 的圆心位置线，或用游标万能角度尺划出两孔中心线，与圆弧 R52mm 交于 O_7、O_8，并在各圆心处打样冲眼。

5）求两个圆弧 R7mm 的圆心及与圆弧、直线相连接的切点。

6）划出两个圆弧 R7mm 和5个孔 ϕ11mm。

操作九　划线精度检查、冲眼

对照加工图样，详细检查划线尺寸是否正确，圆弧连接处是否光滑过渡，以及是否漏划线条。最后在圆心及其他线条上均匀冲上样冲眼。

提示

要养成先分析加工图样基准、尺寸、线段，后进行划线的良好习惯，最忌边划线边想，边划线边改。划线时所有线条都要一次性划出（细而清晰），圆弧连接处要光滑过渡。

三、拓展训练

【**任务要求**】现有长为71mm、宽为41mm、厚为8mm和长为89mm、宽为69mm、厚为8mm的两块矩形工件，要求根据圆弧镶配加工图样对工件进行平面划线，如图2-11所示。

【**实施方案**】根据圆弧镶配平面划线的任务要求，确定任务实施方案时首先要分析加工图样和工艺文件，明确划线的任务要求，确定划线基准和划线顺序；其次对工件进行清理后检查形状和尺寸是否符合图样要求，划线部位涂上涂色剂；然后合理选择划线工具，最后进行

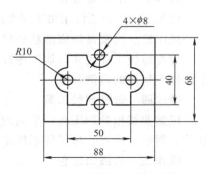

图2-11　圆弧镶配平面划线

划线，检查后在线条上打样冲眼。

实施方案重点：划线步骤的合理安排。

实施方案难点：划线基准的选择、圆弧的划线。

【操作步骤】

操作一　分析图样尺寸、线段，确定划线基准

分析多圆弧对称的圆弧镶配凸、凹件加工图样的各尺寸、线段位置及相互关系。

1）确定圆弧镶配凸件底面 A 和与它垂直的一条中心线为划线基准，如图 2-12a 所示，定位尺寸为孔距 20mm、35.5mm、40mm、50mm，定形尺寸为孔 ϕ8mm、圆弧 R10mm。

2）确定圆弧镶配凹件底面 A 和与它垂直的左侧面 B 为划线基准，如图 2-12b 所示，定位尺寸为孔距 34mm、44mm、40mm、50mm，定形尺寸为孔 ϕ8mm、圆弧 R10mm。

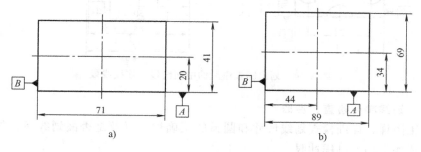

图 2-12　圆弧镶配划线基准

操作二　圆弧镶配清理和涂色

修锉待加工圆弧镶配凸、凹件的 A、B 两侧基准几何误差，清理飞边，并清除工件表面油渍，然后在需要划线的表面涂上一层薄而均匀的涂色剂，使划出的线条更清晰。

操作三　选择划线工具

根据圆弧镶配的加工图样与平面划线任务要求，确定选择划线平板、游标高度卡尺、划规、样冲、锤子、V 形铁等划线工具。

操作四　划出圆弧镶配的已知线段

圆弧镶配放在划线平板上，用 V 形铁作为靠块使圆弧镶配在平板上，保持平稳并垂直于划线平板。以凸、凹件的基准 A、B 为依据，分别划出凸、凹件尺寸为 20mm、35.5mm 和尺寸为 34mm、44mm 的中心线。如图 2-13 所示，分别划出凸、凹件尺寸为 40mm、50mm 和

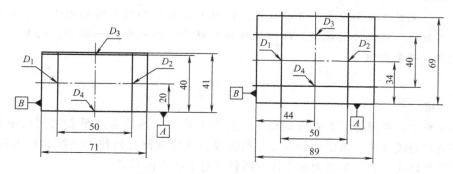

图 2-13　划出圆弧镶配的已知线段

厚度40mm、孔中心距50mm，交圆（圆弧）中心 D_1、D_2、D_3 和 D_4，并打样冲眼。

操作五　划出圆弧镶配的中间线段、连接线段

利用划规划出孔 ϕ8mm 和圆弧 R10mm 线条，如图 2-14 所示。凸件 D_4 圆弧中心在底面基准 A 处，可用凹件拼接，划规脚放在骑缝中心线上进行划线。

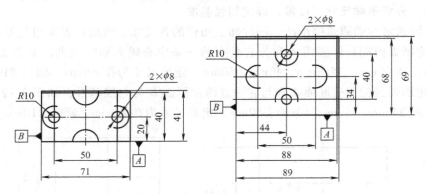

图 2-14　划出圆弧镶配的中间线段、连接线段

操作六　划线精度检查、冲眼

对照加工图样，详细检查划线尺寸和圆弧的正确性，以及是否漏划线条，如图 2-15 所示。最后在线条上均匀打样冲眼。

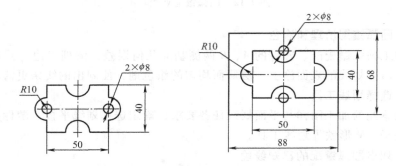

图 2-15　划线精度检查

提示

划线工具要整齐、合理放置，常用工具放在划线工件的右面，不常用工具要放在划线工件的左面。任何工件在划线后，都必须做一次仔细的复查校对工作，避免差错。

四、小结

在本任务中，要理解平面划线的概念、分类及应用，熟练运用平面划线所学知识和技能，能够明确划线基准，能正确分析尺寸和线段，熟练掌握几何作图划线和样板划线方法，合理安排平面划线步骤，为后面的立体划线任务打下扎实的基础。

【思考题】

1）什么是平面划线？简述平面划线的应用。

2）什么是几何作图划线法？几何作图划线法有哪些要求？

3）怎样进行平面划线的尺寸分析？

4）怎样进行平面划线的线段分析？

5）在平面划线尺寸分析时要注意哪些事项？

6）在生产中，样板划线一般应用于哪些场合？

任务3　立体划线

立体划线是平面划线的复合运动，是平面划线的扩展，与平面划线有许多相同之处，不同之处在于立体划线是同时在工件的长、宽、高三个方向上进行划线，划线的面具有两个以上的相互关系。立体划线的划线基准一旦确定，后面的划线步骤与平面划线大致相同。

 技能目标

◎能利用 V 形铁、角铁、千斤顶及夹具在划线平板上正确安放工件。

◎能合理确定较复杂工件的找正基准和划线基准，并熟练进行立体划线。

◎在划线中，能对有缺陷的毛坯进行找正，会合理借料。

◎划线操作方法正确，划线线条清晰，尺寸准确及样冲眼分布合理。

一、基础知识

1. 立体划线

需要在工件几个互相垂直的表面上划线，才能明确表明加工界限，称为立体划线，如图 2-16 所示。立体划线广泛应用于轴承座、箱体及其他复杂工件的划线加工。

图 2-16　立体划线

2. 立体划线的基准选择原则

与平面划线相比，立体划线的基准更多，立体划线前必须先确定工件各位置的划线基准及各个划线表面的先后划线顺序。

1）划线基准应与加工图样设计基准一致，这样就能直接量取划线尺寸，避免因尺寸的换算而增加划线误差。

2）以精度高和加工余量少的形面作为划线基准，以保证主要形面的顺利加工和便于安排其他形面的加工位置。

3）当毛坯在尺寸、形状和位置上存在误差和缺陷时，可将所选的划线基准进行必要的划线借料调整，使各加工面都有必需的加工余量，并使其误差和缺陷能在加工后消除。

3. 工件的安放

立体划线前要确定工件的安放基准，合理选择V形铁、角铁、千斤顶等划线工具及夹具，要确保工件安放时平稳、可靠，并能方便地找正出工件的主要线条与划线平板平行。

大型工件立体划线时工件一般固定不动，中小型工件立体划线时则常利用方箱对工件进行翻转移动。工件的安放如图 2-17 所示。

需要立体划线的工件一般都重而大，形状和结构复杂，工件安放时必须采取一定的安全措施。

图 2-17　工件的安放

1）工件应在支承处打好样冲眼，使工件稳固地放在支承点上，防止倾倒。对较大的工件，应增加附加支承，使工件安放稳定可靠。

2）在对较大的工件划线时，必须使用行车吊运时，绳索应安全可靠，吊装的方法正确。大件放在划线平板上，用千斤顶顶上时，工件下应垫上木块，以保证安全。

3）调整千斤顶高低时，不可用手直接调节，以防止工件掉下砸伤手。

4. 立体划线的检查

由于立体划线工艺复杂，是后续机械加工找正的依据，划线精度直接关系到产品的最终质量。所以，在划线过程中，对工件的划线情况要及时进行检查。要对照加工图样，根据划线先后顺序认真检查。要检查所划的线条与划线基准的关系（包括平行、垂直或倾斜的要求）是否正确，所划线条的位置、尺寸和线段是否符合加工图样要求。划线时所计算的数据如中心高、侧高、宽度以及定位、定形尺寸等）一定要精准，每划完一个部位便要及时检查一次，对一些重要的加工部位一定要反复检查，以保证准确无误。

二、任务实施

【任务要求】现有一个长为 180mm、宽为 50mm、高度为 65mm 的 V 形块毛坯件（不带夹钳），要求根据 V 形块加工图样对工件进行立体划线，如图 2-18 所示。

【实施方案】根据 V 形块立体划线的任务要求，确定任务实施方案时首先要分析加工图样，合理确定 V 形块的找正基准和划线基准，正确计算划线所用换算尺寸，利用 V 形块在划线平板上正确安放工件，从下到上依次划出加工线条，达到立体划线任务的要求。

图 2-18　V 形块立体划线

实施方案重点：正确安放 V 形块并进行立体划线。

实施方案难点：合理确定 V 形块的找正基准和划线基准。

【操作步骤】

操作一　分析加工图样，合理确定 V 形块的找正基准和划线基准

V 形块是一种 V 字形的辅助工具，用于轴、套筒、圆盘等圆形精密零部件安放在检测平板上进行测量时紧固或定位。分析加工图样，需要划出 V 形块的 V 形、夹钳凹槽、沉割

槽及 ϕ9mm 孔位置线。找正基准根据 V 形块实际尺寸测量确定,划线基准确定为 V 形块底面和与它垂直的一条 V 形中心线,以及外轮廓大平面、底板侧面,如图 2-19 所示。

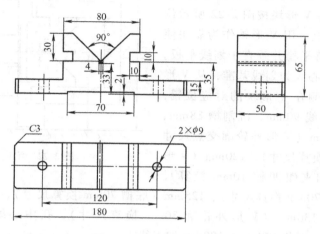

图 2-19　V 形块加工图样

操作二　V 形块清理和涂色

待加工 V 形块用钳工锉清理飞边,并清除工件表面油渍,然后在需要划线的表面涂上一层薄而均匀的涂色剂,使划出的线条更清晰。

操作三　选择划线工具

根据 V 形块立体划线任务要求,确定选择划线平板、游标高度卡尺、钢直尺、划针、划规、样冲、锤子、V 形铁等划线工具。

操作四　第一次划线

V 形块按图 2-20 所示位置安放在划线平板上,以 V 形块底面为划线基准,从下到上围绕 V 形块四面对应位置,分别划出 2mm、15mm、33mm、35mm(V 形深 30mm 换算尺寸和夹钳凹槽图示下沿尺寸)、45mm(夹钳凹槽 10mm 图示上沿换算尺寸)、65mm 加工线。

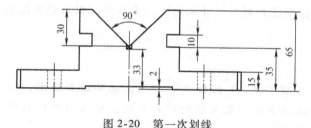

图 2-20　第一次划线

操作五　第二次划线

V 形块按图 2-21 所示位置安放在划线平板上,以 V 形块外轮廓大平面为划线基准,从下到上在 V 形块对应位置,分别划出倒角 3mm、孔中心线 25mm,倒角 47mm、50mm 加工线。

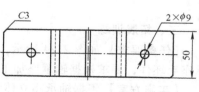

图 2-21　第二次划线

操作六　第三次划线

测量 V 形块的实际尺寸和 V 形角度误差，确定 V 形块的找正基准，如误差较大，拟定划线借料方案。V 形块按图 2-22 所示位置安放在划线平板上，用 V 形铁作为靠块使 V 形块在平板上保持平稳并垂直于划线平板。以 V 形块的 V 形中心线为划线基准，从 V 形中心线到外轮廓两侧在 V 形块的对应位置，分别划出 V 形中心线 90mm、沉割槽 88mm、沉割槽 92mm、60mm（V 形外轮廓交点尺寸和夹钳凹槽 10mm 换算尺寸）、120mm（V 形外轮廓交点尺寸和夹钳凹槽 10mm 换算尺

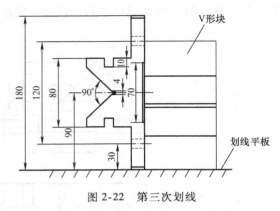

图 2-22　第三次划线

寸）、55mm（底槽 70mm 换算尺寸）、125mm（底槽 70mm 换算尺寸）、50mm（V 形外轮廓 80mm 换算尺寸）、130mm（V 形外轮廓 80mm 换算尺寸）、孔中心线 30mm、孔中心线 150mm、倒角 3mm、倒角 177mm、180mm 加工线。

复检各加工尺寸划线精度，在两孔中心处打样冲眼，用划规划出 $\phi9$mm 孔；用钢直尺和划针划出 4 处 C3mm 倒角。

操作七　第四次划线

V 形块按图 2-23 所示位置安放在划线平板和 V 形块上，以 V 形块底面和底板侧面为划线基准，根据测量出的尺寸 h 来计算高度尺寸 H。在 V 形块对应位置划出 V 形的高度尺寸 H 的加工线，V 形块旋转 180°重新安放在划线平板和 V 形块上，划出另一条 V 形的高度尺寸 H 的加工线。

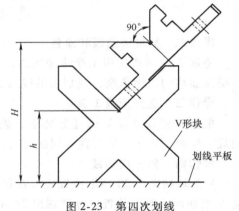

图 2-23　第四次划线

操作八　划线精度检查、冲眼

对照加工图样，详细检查划线尺寸和角度的正确性，以及是否漏划线条，在线条上均匀打样冲眼。

提示

　　工件在划线平板、V 形铁或千斤顶上的安放要稳固，防止倾斜；划线时要根据在工件上的具体位置来控制线条长度，切忌所有线条全长划出；划线压力要一致，避免划重线。

三、拓展训练

【任务要求】 如图 2-24 所示，现有一个长为 100mm、宽为 136mm、高度为 156mm 的轴承座毛坯件，要求根据轴承座加工图样对毛坯件进行立体划线。

【实施方案】 根据轴承座立体划线的任务要求，确定任务实施方案时首先要分析加工图样，明确划线基准，合理确定找正和借料方案，利用直角尺、千斤顶及垫高块在划线平板上

图 2-24 轴承座立体划线

正确安放工件，依次划出加工线条，达到立体划线任务的要求。

实施方案重点：正确安放工件并进行立体划线。

实施方案难点：轴承座的找正和借料。

【操作步骤】

操作一 分析加工图样，合理确定轴承座划线基准

分析加工图样，轴承座需要加工的部位有底面、轴承座内孔及其两端面、顶部孔及端面、两螺栓孔及孔口（锪平），加工这些部位时，找正线和加工线都要划出，如图 2-25 所示。需要划线的尺寸在三个相互垂直的方向，工件需要翻转 90°，支承并安放三次位置，才能划出全部的加工线条。确定轴承座划线基准分别为高度方向轴承孔中心线、宽度方向轴承孔中心线和长度方向油杯孔中心线。

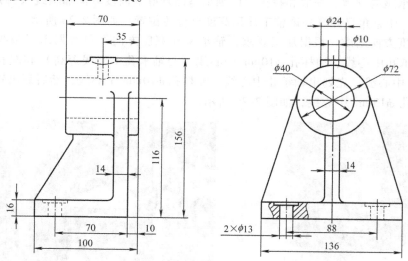

图 2-25 轴承座加工图样

操作二 轴承座清理和涂色

清理待加工轴承座残留型砂、飞边、表面油渍，在需划线的表面上涂上一层薄而均匀的红丹防锈底漆，使划出的线条更清晰。

操作三 选择划线工具

根据轴承座的加工图样与立体划线任务要求，确定选择划线平板、游标高度卡尺（或划针盘）、直角尺、划规、样冲、锤子、千斤顶（一组三个）等划线工具。

操作四　高度方向划线

（1）轴承座的支承、安放和找正　在轴承孔 $\phi40mm$ 内装好塞块并安放在划线平板的一组三个千斤顶上，以非加工的轴承座上平面为找正依据，调整千斤顶高度至合适位置，如图 2-26 所示。

（2）高度方向划线　根据加工要求，轴承座在高度方向上要划出三条线，即孔中心线、底面加工线和油杯顶部加工线。先划出轴承座划线基准，即轴承孔中心线，然后划出轴承座底面加工线，最后划出油杯顶部加工线，如图 2-27 所示。

图 2-26　高度方向找正

图 2-27　高度方向划线

操作五　宽度方向划线

（1）轴承座的支承、安放和找正　以轴承座已划好的高度方向加工线（即底面加工线）为找正依据，用直角尺测量并调整千斤顶高度至合适位置，如图 2-28 所示。

（2）宽度方向划线　根据加工要求，轴承座在宽度方向上也要划出三条线，即作为划线基准的轴承孔中心线、油杯孔 $\phi10mm$ 中心线（与轴承孔中心线等高）和左右对称的两螺栓孔 $\phi13mm$ 中心线。先划出轴承孔中心线、油杯孔 $\phi10mm$ 中心线，然后划出轴承座左右对称的两螺栓孔 $\phi13mm$ 中心线，如图 2-29 所示。

图 2-28　宽度方向找正

图 2-29　宽度方向划线

操作六　长度方向划线

（1）轴承座的支承、安放和找正　分别以轴承座已划好的高度方向的底面加工线和宽度方向油杯孔 $\phi10mm$ 中心线为找正依据，用直角尺找正轴承座底面与划线平板的垂直度，并调整千斤顶高度至合适位置，如图 2-30 所示。

图 2-30　长度方向找正

（2）长度方向划线　根据加工要求，轴承座在长度方向上共要划出四条线，即作为划线基准的油杯孔 $\phi10mm$ 中心线、前后端面的两条加工线和左右对称的两螺栓孔中心线。先划出轴承座油杯孔 $\phi10mm$ 中心线，然后划出轴承座前后端面的两条加工线、左右对称的两螺栓孔中心线，如图 2-31 所示。

操作七　孔圆周划线

撤下千斤顶，用划规划出轴承座两端轴承孔 $\phi40mm$、两个螺栓孔 $\phi13mm$ 和顶部油杯孔 $\phi10mm$ 的圆周加工线，如图 2-32 所示。

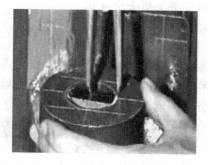

图 2-31　长度方向划线　　　　　　　　图 2-32　孔圆周划线

操作八　划线精度检查、冲眼

对照加工图样，详细检查划线尺寸和圆弧的正确性，以及是否漏划线条，在线条上均匀地打样冲眼，完成轴承座立体划线的全部任务。

四、小结

在本任务中，要理解立体划线的加工工艺和基准选择原则，熟练运用立体划线所学知识和操作技能，能利用划线工具正确安放工件，能合理确定较复杂工件的找正基准和划线基准，并熟练进行立体划线，达到划线线条清晰、尺寸准确及样冲眼分布合理的要求。

【思考题】

1）什么是立体划线？简述立体划线的应用。

2）立体划线与平面划线相比有哪些不同之处？

3）立体划线时怎样找工件的中心？

4）简述立体划线的基准选择原则。

5）立体划线时要进行哪些检查？

6）立体划线时工件安放必须采取哪些安全措施？

项目二 錾 削

錾削是利用锤子锤击錾子，实现对工件切削加工的一种方法。錾削是一种粗加工，一般按所划线进行加工，平面度可控制在 0.5mm 之内，可除去毛坯的飞边、浇冒口，切割板料、条料，开槽以及对金属表面进行粗加工等。尽管錾削工作效率低，劳动强度大，但由于它所使用的工具简单，操作方便，因此在许多不便于机械加工的场合，仍起着重要作用。

通过本项目的学习，了解所需的錾削基本知识，掌握各种錾削技能和錾削要求，能根据不同的材料、加工条件进行正确錾削，分析錾削质量，以满足生产要求。

学习目标

◎了解錾子的结构和分类以及使用场合。

◎掌握錾子的刃磨方法，学会按要求进行錾子的热处理。

◎掌握錾削的基本方法和要求，会进行平面錾削和油槽錾削。

◎学会根据工件錾削质量，能分析并提出改进方案。

◎了解錾削安全知识。

任务1 錾子的刃磨与热处理

錾子的楔角大小应与工件硬度相适应，楔角与錾子中心线对称（油槽錾例外），切削刃要锋利。若錾削要求高，錾子在刃磨后还应在磨石上进行精磨。合理的热处理能保证錾子切削部分的硬度和韧性，有利于提高錾子的使用寿命，提高錾削效率。

技能目标

◎学习錾子的构造和种类，会正确选用錾子。

◎熟练掌握錾子的热处理方法。

◎根据加工材料的不同，会分析楔角大小并刃磨錾子。

一、基础知识

1. 錾子

錾子是錾削用的刀具，一般用碳素工具钢（T7A）锻成，它由切削部分、錾身及錾头构成，如图 2-33 所示。切削部分刃磨成楔形，经热处理后硬度可达到 56 ~ 62HRC。

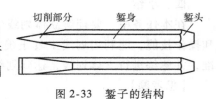

图 2-33 錾子的结构

（1）錾子切削部分的两面一刃

1）前刀面：錾子工作时与切屑接触的表面。

2）后刀面：錾子工作时与切削表面相对的表面。

3）切削刃：錾子前刀面与后刀面的交线。

（2）錾子切削时的三个角度　錾削时的角度如图 2-34 所示。

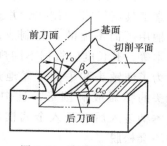

图 2-34　錾削时的角度

切削平面：通过切削刃并与切削表面相切的平面。

基面：通过切削刃上任一点并垂直于切削速度方向的平面。

很明显，切削平面与基面相互垂直。

1）楔角 β_o：前刀面与后刀面所夹的锐角。

2）后角 α_o：后刀面与切削平面所夹的锐角。

3）前角 γ_o：前刀面与基面所夹的锐角。

楔角大小由刃磨时形成，楔角大小决定了切削部分的强度及切削阻力大小。楔角越大，刃部的强度就越高，但受到的切削阻力也越大。因此，应在满足强度的前提下，刃磨出尽量小的楔角。一般来说，錾削硬材料时，楔角可大些，錾削软材料时，楔角应小些。錾子錾削时切削角度的选择见表 2-1。

表 2-1　錾削时錾子切削角度的选择

工件材料	楔角	后角
中碳钢、硬铸铁等硬材料	60°～70°	
一般碳素结构钢、合金结构钢等中等硬度材料	50°～60°	5°～8°
低碳钢、铜、铝等软材料	30°～50°	

后角的大小决定了切入深度及切削的难易程度。后角对錾削的影响如图 2-35 所示。

（3）錾子的构造和种类　錾子由头部、柄部及切削部分组成。头部一般制成锥形，以便锤击力能通过錾子轴心。柄部一般制成六边形，以便操作者定向握持。切削部分则可根据錾削对象不同，制成以下三种类型，如图 2-36 所示。

a) 后角太大

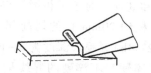

b) 后角太小

图 2-35　后角对錾削的影响

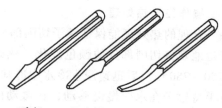

a) 扁錾　　b) 尖錾　　c) 油槽錾

图 2-36　常用的錾子

1）扁錾。如图 2-36a 所示，扁錾的切削刃较长，切削部分扁平，用于平面錾削，去除凸缘、毛刺、飞边等，应用最广。

2）尖錾。如图 2-36b 所示，尖錾的切削刃较短，且刃的两侧面自切削刃起向柄部逐渐变窄，以保证尖錾在錾槽时两侧不会被工件卡住。尖錾用于錾槽及将板料切割成曲线等。

3）油槽錾。如图 2-36c 所示，油槽錾的切削刃制成半圆形，且很短，切削部分制成弯曲形状。

2. 锤子

锤子是钳工常用的敲击工具，它由锤头、木柄和楔子三部分组成，如图 2-37 所示。

锤子的规格用其质量大小表示，钳工常用的有 0.25kg、0.5kg 和 1kg 等几种。锤头用碳素工具钢（T7）制成，并经淬硬处理。木柄用硬而不脆的木材制成，如檀木、胡桃木等，其长度应根据不同规格的锤头选用。为了使锤头和手柄可靠地连接在一起，锤头的孔做成椭圆形，且中间小、两端大。木柄装入后再敲入金属楔块，以确保锤头不会松脱。

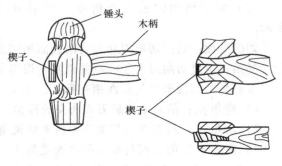

图 2-37　锤子

二、任务实施

【任务要求】对錾子进行粗磨后，进行热处理，最后精磨，要求楔角为 60°。

【实施方案】粗加工后的錾子在砂轮机上进行刃磨，粗磨结束后对錾子进行热处理，最后精磨到楔角为 60°。

实施方案重、难点：楔角大小正确，且与錾子中心线对称（油槽錾例外），切削刃要锋利，会规范进行热处理。

【操作步骤】

操作一　粗磨切削刃

将錾子刃面置于旋转着的砂轮轮缘上，并略高于砂轮的中心，且在砂轮的全宽方向上做左右移动（见图 2-38a）。刃磨时要掌握好錾子的方向和位置，以保证所磨的楔角符合要求。前、后两面要交替磨，以求对称。刃磨时，加在錾子上的压力不应太大，以免刃部因过热而退火，必要时，可将錾子浸入冷水中冷却。

操作二　检查錾子楔角

检查楔角是否符合要求，初学者可用样板检查，熟练后可目测来判断。

操作三　热处理

合理的热处理能保证錾子切削部分的硬度和韧性。对錾子粗磨后再进行热处理，有利于清楚地观察切削部分的颜色变化。热处理时，把约 20mm 长的切削部分加热到呈暗樱红色（750～780℃）后迅速浸入冷水中冷却（见图 2-38b）。浸入深度为 5～6mm。为了加速冷却，可手持錾子在水面慢慢移动，让微动的水波使淬硬与不淬硬的界线呈一波浪线，而不是直线。这样錾子的刃部就不易在分界处断裂。当露在水面外的部分变成黑色时将其取出，利用

a) 刃磨　　　　　　　　　　　　b) 热处理

图 2-38　錾子的刃磨热处理

上部的余热进行回火，以提高錾子的韧性。首先迅速擦去前、后刀面上的氧化物和污物，然后观察切削部分随温度变化而颜色发生变化的情况。回火的温度可以从錾子表面颜色的变化来判断，一般刚出水时的颜色是白色的，随后白色变色，再由黄色变蓝色。当呈黄色时，把錾子全部浸入冷水中冷却，这一过程称为"淬黄火"。如果呈蓝色时，把錾子全部浸入冷水中冷却，这一过程称为"淬蓝火"。"淬黄火"的錾子硬度较高，韧性差。"淬蓝火"的錾子硬度较低，韧性较好。一般可用两者之间的硬度。

操作四　精磨切削刃

热处理后对切削刃进行精磨，用60°角度样板进行检测。

三、小结

在本任务中，要了解錾子的构造和种类，能根据不同的加工材料来合理选择正确的楔角。通过刃磨錾子和对錾子的热处理，掌握錾子的刃磨要点，根据材料的硬度来选择"淬黄火"还是"淬蓝火"，以达到錾子的使用要求。

【思考题】

1）常用錾子的种类有哪些？简述各自的应用场合。

2）简述錾子的刃磨要求。

3）简述錾子的热处理过程，并说明什么是"淬黄火"和"淬蓝火"？

4）刃磨錾子切削部分时，当材料分别是铸铁、钢、纯铜时楔角大小分别是多少？

任务2　平面錾削

平面錾削是錾削技能中最容易掌握也是应用最广的技术，正确掌握平面錾削技能可为后续其他錾削技能的学习打下扎实的基础。

 技能目标

◎学会握錾、握锤的要求和站姿。

◎能合理进行起錾和终錾。

一、基础知识

1. 錾子的握法

錾子用左手的中指、无名指和小指握持，大拇指与食指自然合拢，让錾子的头部伸出约20mm（见图2-39）。錾子不要握得太紧，否则，手所受的振动就大。錾削时，小臂要自然平放，并使錾子保持正确的后角。

2. 锤子的握法

锤子的握法分紧握法和松握法两种。

（1）紧握法　初学者往往采用此法。用右手

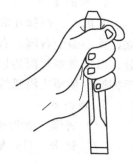

图2-39　錾子的握法

五指紧握锤柄，大拇指合在食指上，虎口对准锤头方向，木柄尾伸出15～30mm。敲击过程中五指始终紧握（见图2-40a）。

（2）松握法　此法可减轻操作者的疲劳。操作熟练后，可增大敲击力。使用时用大拇指和食指始终握紧锤柄。锤击时，中指、无名指、小指在运锤过程中依次握紧锤柄。挥锤

时，按相反的顺序放松手指（见图2-40b）。

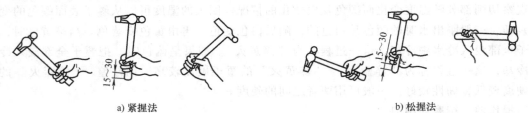

a) 紧握法　　　　　　　　　　　b) 松握法

图2-40　锤子的握法

3. 挥锤方法

挥锤方法分为腕挥、肘挥和臂挥三种。

（1）腕挥　腕挥只依靠手腕的运动来挥锤。此时锤击力较小，一般用于錾削的开始和结尾，或錾油槽等场合（见图2-41a）。

（2）肘挥　利用腕和肘一起运动来挥锤。此时敲击力较大，应用最广（见图2-41b）。

（3）臂挥　利用手腕、肘和臂一起挥锤。此时锤击力最大，用于需要大量錾削的场合（见图2-41c）。

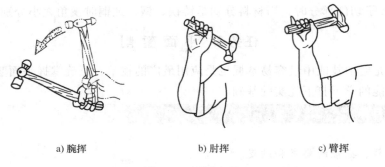

a) 腕挥　　　　　　　b) 肘挥　　　　　　　c) 臂挥

图2-41　挥锤方法

4. 錾削姿势

錾削时，两脚互成一定角度，左脚跨前半步，右脚稍微朝后（见图2-42），身体自然站立，重心偏于右脚。右脚要站稳，右腿伸直，左腿膝盖关节应稍微自然弯曲。眼睛注视錾削处，以便观察錾削的情况，而不应注视锤击处。左手握錾使其在工件上保持正确的角度。右手挥锤，使锤头沿弧线运动，进行敲击（见图2-43）。

5. 锤击要领

（1）挥锤　收肘提臂，举锤过肩，手腕后弓，三指微松；锤面朝天，稍停瞬间。

（2）锤击　目视錾刃，臂肘齐下；手腕加劲；锤錾一线，锤走弧形；左脚着力，右腿伸直。

（3）要求　稳——速度为40次/min；准——命中率高；狠——锤击有力。

二、任务实施

【任务要求】利用扁錾錾削四方体，按要求进行平面錾削，达到图2-44所示要求。

【实施方案】根据图样要求划线后，按照錾削的操作要点，用扁錾进行錾削。

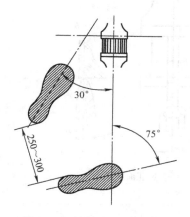

图 2-42　錾削时的站立位置　　　　　　　　图 2-43　錾削姿势

实施方案重、难点：錾削姿势正确，錾削面平直。

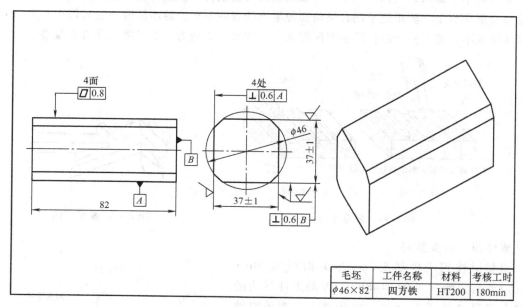

毛坯	工件名称	材料	考核工时
φ46×82	四方铁	HT200	180min

图 2-44　錾削四方铁

【操作步骤】

操作一　划线

划线第一面，以圆柱母线为基准划出 41mm 高度的平面加工线。

操作二　起錾

錾削平面时，主要采用扁錾。如图 2-45 所示，开始錾削时应从工件侧面的尖角处轻轻起錾。因尖角处与切削刃接触面小，阻力小，易切入，能较好地控制加工余量，而不致产生滑移及弹跳现象。起錾后，再把錾子逐渐移向中间，使切削刃的全宽参与切削。

操作三　錾削第一面

按线錾削，达到平面度要求。錾削较宽平面时，应先用窄錾在工件上錾若干条平行槽，

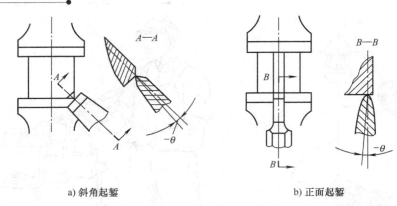

a) 斜角起錾   b) 正面起錾

图 2-45   起錾方法

再用扁錾将剩余部分錾去，这样能避免錾子的切削部分两侧受工件的卡阻（见图 2-46）。

錾削较窄平面时，应选用扁錾，并使切削刃与錾削方向倾斜一定角度（见图 2-47）。其作用是易稳定住錾子，防止錾子左右晃动而使錾出的表面不平。錾削深度一般为每次 0.5～2mm。錾削深度太小，錾子易滑出；而錾削深度太大又使錾削太费力，不易将工件表面錾平。

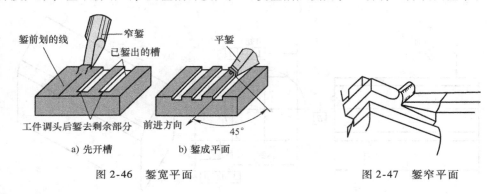

a) 先开槽   b) 錾成平面

图 2-46   錾宽平面

图 2-47   錾窄平面

操作四   调头錾削

当錾削快到工件尽头，与尽头相距约 10mm 时，应调头錾削（见图 2-48b），否则工件尽头的材料会崩裂（见图 2-48a）。对铸铁、青铜等脆性材料尤应如此。

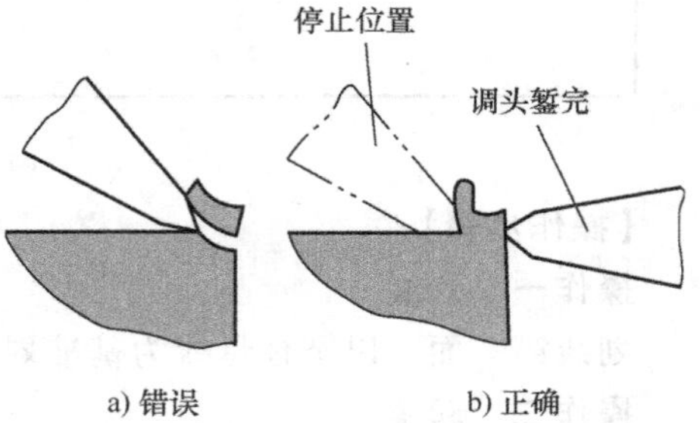

操作五   錾削第二面

以第一平面为基准，划出相距为 37mm 对面的平面加工线，按线錾削，达到平面度和尺寸公差要求。

a) 错误   b) 正确

图 2-48   终錾方法

操作六   錾削第三面

分别以第一面及一端面为基准，用直角尺划出距顶面母线为 5mm 并与第一面相垂直的平面加工线，按线錾削，达到平面度及垂直度要求。

操作七   錾削第四面

以第三面为基准，划出相距 37mm 对面的平面加工线，按线錾削，达到平面度、垂直度及尺寸公差要求。

操作八　检查

全面检查精度，并做必要的錾削修整工作。

提示

　　在缺乏机械设备的场合下，有时要依靠錾子切断板料或分割出形状较复杂的薄板工件。

三、拓展知识——薄板料錾削的几种方法

1）在台虎钳上錾削，如图 2-49 所示。

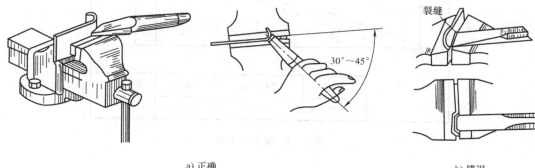

a) 正确　　　　　　　　　　　　　　　　　b) 错误

图 2-49　在台虎钳上錾削板料

2）在铁砧或平板上錾削，如图 2-50 所示。

3）用密集排孔配合錾削，如图 2-51 所示。

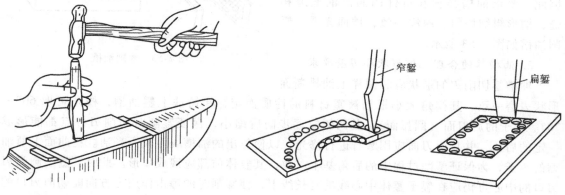

图 2-50　在铁砧上錾削板料　　　　　　　　　图 2-51　弯曲部分的錾断

四、拓展训练——油槽錾削

【任务要求】利用油槽錾完成图 2-52 所示长方铁的錾削要求。

【实施方案】根据图样要求划线后，刃磨油槽錾，按照錾削的操作要点用油槽錾进行錾削。

实施方案重、难点：正确刃磨油槽錾，并进行曲面錾削。

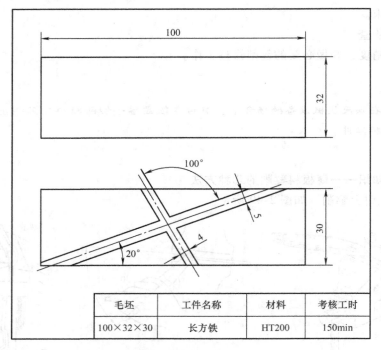

毛坯	工件名称	材料	考核工时
100×32×30	长方铁	HT200	150min

图 2-52　錾削长方铁

【相关知识】

1. 油槽的作用

油槽一般起贮存和输送润滑油的作用，当用铣床无法加工油槽时，可用油槽錾开油槽。因此，要求油槽必须和机件的润滑油通道相连，槽形粗细均匀、深浅一致，槽面光滑。錾削油槽如图 2-53 所示。

2. 油槽錾的合理几何形状和刃磨要求

油槽錾切削刃的形状应和图样上油槽断面

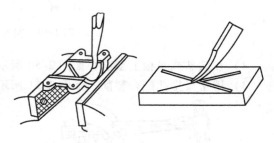

图 2-53　錾削油槽

形状刃磨一致。其楔角大小根据被錾材料的性质而定，在铸铁上錾油槽，楔角可取 60°～70°。錾子的后刀面（圆弧面），其两侧应逐步向后缩小，保证錾削时切削刃各点都能形成一定的后角，并且后刀面应用磨石进行修光，以使錾出的油槽表面较为光洁。在曲面上錾油槽的錾子，为保证錾削过程中的后角基本一致，其錾体前部应锻成弧形。此时，錾子圆弧刃刃口的中心点仍应在錾子錾体中心线的延长线上，使錾削时的锤击作用力方向能朝向刃口的錾削方向。

【操作步骤】

操作一　刃磨油槽錾

根据油槽的断面形状对油槽錾的切削部分进行准确刃磨。

操作二　划线

根据图样划出油槽加工线。

操作三 錾削油槽

用刃磨好的油槽錾依据所划出的油槽加工线进行錾削。

操作四 检查

全面检查精度，并做必要的錾削修整工作。

提示

錾油槽前，首先要根据油槽的断面形状对油槽錾的切削部分进行准确刃磨，再在工件表面准确划线，最后一次錾削成形。也可以先錾出浅痕，再一次錾削成形。在曲面上錾槽时，錾子的倾斜角度应随曲面的变化而变化，以保持錾削时的后角不变。錾削完毕后，要用刮刀或砂布等除去槽边的毛刺，使槽的表面光滑。

五、小结

在本任务中，要掌握正确的握錾、握锤要求，能进行规范的錾削。通过錾削四方铁来巩固平面錾削的知识并保证姿势和动作规范。同时对薄板类工件的錾削方法进行了解。学会根据图样正确刃磨油槽錾，再通过錾削长方体油槽来巩固油槽錾削的动作要领。

【思考题】

1）锤子的握法有哪几种？简述挥锤的方法。

2）起錾和终錾应注意的事项有哪些？

任务3 錾削质量问题分析

在完成本模块本项目任务2的过程中，由于是初次接触平面錾削和油槽錾削，会存在各种錾削的质量缺陷。对于初学者，除了掌握錾削技能外，还应该根据錾削质量来分析原因，以提高錾削技能。

 技能目标

◎会根据錾削质量进行分析，查找原因，提高錾削技能。

一、基础知识

1. 錾削时安全文明生产

1）刃磨錾子应站在砂轮机的斜侧方，采用砂轮搁架时，搁架与砂轮间的距离应调整在3mm以内，刃磨时对砂轮不能施加太大的压力，不允许用棉纱裹住錾子进行刃磨。

2）錾削时操作者应戴上防护眼镜，设立防护网，以防切屑飞出伤人。錾屑要用刷子刷掉，不得用手擦或用嘴吹。

3）錾子头部、锤子头部和柄部都不应沾油，以防滑出。发现锤柄有松动或损坏时，要立即装牢或更换，以免锤头脱落造成事故。

4）錾子头部有明显的毛刺时要及时磨掉，避免碎裂伤人。

2. 錾削质量问题分析（见表2-2）

表2-2 錾削质量问题分析

錾削质量问题	原因	预防方法
工件变形	1. 立握錾，切断时工件下面垫得不平 2. 刃口过厚，将工件挤变形 3. 夹伤	1. 放平工件，固定好工件 2. 修磨錾子刃口 3. 较软金属应加钳口铁，夹持力量应适当
工件表面不平	1. 錾子楔入工件 2. 錾子刃口不锋利 3. 錾子刃口崩刃 4. 锤击力不均	1. 调好錾削角度 2. 修磨錾子刃口 3. 修磨錾子刃口 4. 注意用力均匀，速度适当
錾伤工件	1. 錾掉边角 2. 起錾时，錾子没有吃进就用力錾削 3. 錾子刃口忽上忽下 4. 尺寸不对	1. 快到工件尽头10mm时调转方向 2. 起錾要稳，从工件角上起錾，用力要小 3. 掌稳錾子，用力平稳 4. 划线时注意检查，錾削时注意观察，及时测量

二、任务实施

【任务要求】 对已錾削工件进行质量分析，分析存在的问题。

【实施方案】 通过对已錾削工件、錾子使用后情况进行质量分析，指出存在的问题，并进行改进。

实施方案重、难点：根据工件质量和錾子刃口情况，查找问题所在。

【操作步骤】

操作一 检查錾子

检查扁錾和油槽錾的刃口刃磨质量，对存在问题的錾子进行修磨。

操作二 检查四方铁錾削质量

根据图样要求检查工件的平面錾削质量，并对存在的问题进行分析，同时进行二次錾削。

操作三 检查长方铁錾削质量

根据图样要求检查工件的油槽錾削质量，并对存在问题进行分析，同时进行二次錾削。

三、小结

在本任务中，主要是对工件錾削后的质量分析，找出原因，并根据存在的问题进行二次錾削。

【思考题】

1）錾削应该注意哪些安全规范？

2）对常见錾削质量问题进行分析。

项目三 锯 削

锯削是利用锯切工具做往复或旋转运动，把工件、半成品切断或板材加工成所需形状的切削加工方法。图2-54所示为用手锯进行锯削。

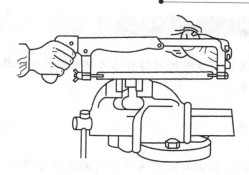

图 2-54 用手锯进行锯削

锯削是一种粗加工,平面度一般可控制在 0.2mm 之内。它具有操作方便、简单、灵活的特点,使其在单件或小批量生产中,常用于分割各种材料及半成品、锯掉工件上的多余部分、在工件上锯槽等。由此可见,手工锯削是钳工需要掌握的基本操作之一。锯削的应用如图 2-55 所示。

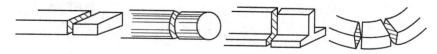

a) 锯削各种原材料或半成品

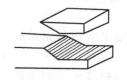 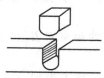 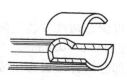 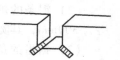

b) 锯掉工件上的多余部分　　　　　　　　　　　　　　c) 在工件上锯槽

图 2-55 锯削的应用

 学习目标

◎了解常用锯削工具、锯条的规格等。

◎学会锯条的正确安装。

◎掌握正确的锯削姿势和动作,学会正确的起锯方法,能运用正确的方法进行锯削。

◎了解各种特殊型材的锯削方法。

◎了解锯削安全知识。

◎能够分析锯削质量问题产生的原因和知道预防方法。

任务 1　锯条的选用与锯削方法

锯削是装配钳工的基本技能,了解锯削的基本知识和掌握锯削的基本方法将有助于提高锯削技能。

技能目标

◎ 了解常用的锯削工具，会根据锯削材料选用锯条的粗细规格。

◎ 学会锯条的正确安装。

一、基础知识

手锯由锯弓和锯条组成。

1. 锯弓

锯弓是用来张紧锯条的，分为固定式锯弓和可调式锯弓两类，如图 2-56 所示。固定式锯弓的长度不能调整，只能使用单一规格的锯条。可调式锯弓可以使用不同规格的锯条，故目前广泛使用。

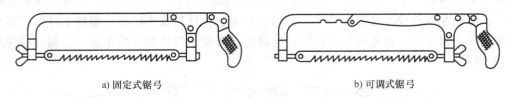

a) 固定式锯弓　　　　　　　　　　　　　b) 可调式锯弓

图 2-56　锯弓

2. 锯条

（1）锯条的材料　锯条是用碳素工具钢（如 T10 或 T12）或合金工具钢冷轧而成的，并经淬硬处理。

（2）锯条的规格　锯条的规格以锯条两端安装孔间的距离来表示。钳工常用的锯条规格为 300mm，其宽度为 12mm，厚度为 0.6~0.8mm。

（3）锯齿的角度　锯条的切削部分由许多锯齿组成，每个齿相当于一把錾子起切割作用。常用锯条的前角 γ 为 0°，后角 α 为 40°~50°，楔角 β 为 45°~50°，如图 2-57 所示。

（4）锯路　锯条的锯齿按一定形状左右错开成一定形状称为锯路。如图 2-58 所示，锯路有交叉形、波浪形等不同排列形状。其作用是使锯缝宽度大于锯条背部的厚度，防止锯削时锯条卡在锯缝中，并减少锯条与锯缝的摩擦阻力，使排屑顺利，锯削省力。

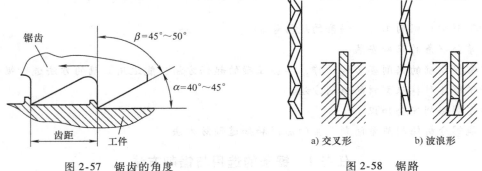

图 2-57　锯齿的角度　　　　　　　　　　图 2-58　锯路

（5）锯条粗细的选择　锯齿的粗细以锯条每 25mm 长度内的齿数来表示，一般分粗、中、细三种。14~18 齿为粗齿，24 齿为中齿，32 齿为细齿。锯条的粗细应根据加工材料的硬度、厚薄来选择。锯削软的材料（如铜、铝合金等）或厚材料时，应选用粗齿锯条，因为锯屑较多，要求较大的容屑空间；锯削硬材料（如合金钢等）或薄板、薄管时，应选用细齿锯条，因为材料硬，锯齿不易切入，锯屑量少，不需要大的容屑空间；锯薄材料时，锯齿易被工件勾住而崩断，需要同时工作的齿数多，使锯齿承受的力量减少；锯削中等硬度材料（如普通钢、铸铁等）和中等硬度的工件时，一般选用中齿锯条。

锯条的粗细及用途见表 2-3。

表 2-3 锯条的粗细及用途

类别	每 25mm 长度内的齿数	用途
粗齿	14～18	锯削软铜、黄铜、铝、铸铁、纯铜、人造胶质材料
中齿	22～24	锯削中等硬度钢，壁厚的钢管、铜管
细齿	32	锯削硬钢板料、薄片金属、薄壁管子

二、任务实施

用手锯锯削图 2-59 所示的板料，尺寸误差控制在±0.5mm 的范围内，材料为 Q235。

【任务要求】能合理选用锯条并正确安装锯条，掌握锯削操作要领和规范动作。

【实施方案】首先根据图样对工件进行划线，安装好锯条后，起锯后按照锯削动作要领进行锯削，最后用游标卡尺对工件的锯削质量进行检测。

实施方案重、难点：合理选用起锯方法，锯削操作的姿势和动作的掌握。

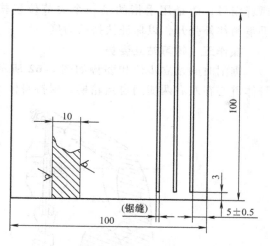

图 2-59 锯削直条形

【操作步骤】

操作一 安装锯条

锯条的安装应注意两个问题。一是锯齿向前，因为手锯向前推时进行切削，向后返回是空行程，如图 2-60 所示。二是锯条松紧度要适当，太紧失去了应有的弹性，锯条容易崩断；太松会使锯条扭曲，锯缝歪斜，锯条也容易崩断。

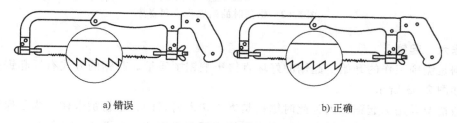

a) 错误　　　　　　　　　　　　　　　b) 正确

图 2-60 锯条的安装

锯条安装好后应检查其是否与锯弓在同一中心平面内，不能有歪斜和扭曲，否则锯削时锯条易折断且锯缝易歪斜。同时用右手拇指和食指抓住锯条轻轻扳动，锯条没有明显的晃动时，松紧即为适当。

操作二　工件划线

用钢直尺和划针在毛坯表面划出若干个间隔 5mm 的线和 1mm 的锯缝线。

操作三　夹持工件

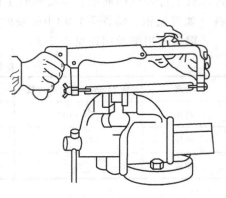

工件一般应夹持在台虎钳的左面，以便操作；工件伸出钳口不应过长，应使锯缝距离钳口侧面 20mm 左右，要使锯缝线保持铅垂，便于控制锯缝不偏离划线线条；工件夹持应该牢固，防止工件在锯削时产生振动，同时要避免将工件夹变形和夹坏已加工面。

操作四　握锯

握锯姿势如图 2-61 所示。右手满握锯柄，左手轻扶锯弓前端。需要注意的是：锯削时推力和压力主要由右手控制，左手的作用主要是扶正。一般左手不宜抓着锯弓，而是用手指的第一个关节位置扶住锯弓，手掌稍往外张开，以保证扶持的力度。

图 2-61　握锯姿势

操作五　练习站立姿势

锯削时的站立步位和姿势如图 2-62 所示，人体重量均分在两腿上。随着锯削的进行，身体重心在左右两腿间自然轮换，保持身体及动作的协调自然。

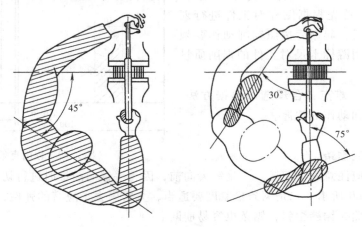

图 2-62　锯削时的站立步位和姿势

操作六　起锯

起锯是锯削工作的开始，起锯的好坏直接影响锯削质量。起锯的方式有远起锯和近起锯两种，如图 2-63 所示。

一般情况采用远起锯，因为此时锯齿是逐步切入材料的，不易被卡住。为了保证起锯位置正确且平稳，可用左手大拇指竖起用指甲挡住锯条来定位，如图 2-64 所示。

无论采取近起锯或是远起锯，起锯角 α 以 15° 为宜，如图 2-65 所示。起锯角太大，则锯齿易被工件棱边卡住而崩齿；起锯角太小，则不易切入材料，锯条还可能打滑，把工件表面锯坏。

起锯的动作要点是小、短、慢。小指起锯时压力要小；短指往返行程要短，慢指速度要慢，这样可使起锯平稳。

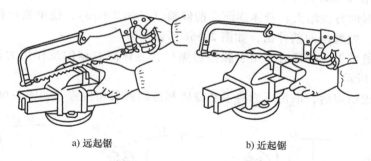

a) 远起锯　　　　　　　　　　　b) 近起锯

图 2-63　起锯的方式

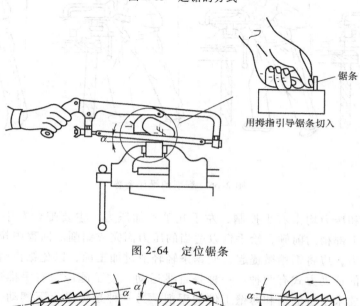

用拇指引导锯条切入

图 2-64　定位锯条

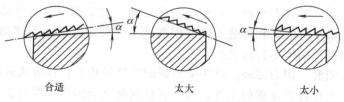

合适　　　　　　　　太大　　　　　　　太小

图 2-65　起锯角度太大或太小

　　根据以上要领，在所划的两条锯缝线间起锯。当起锯到槽深有 2～3mm 时，锯条已不会滑出槽外，左手拇指可离开锯条，扶正锯弓逐渐使锯痕向后（向前）成为水平，然后往下正常锯削。

　　操作七　锯削

　　要保证锯削质量和效率，必须有正确的握锯和站立姿势，锯削动作要协调、自然。手握锯弓要舒展自然，右手握住手柄向前施加压力，左手轻扶在弓架前端。锯削时右腿伸直，左腿略微弯曲，身体向前倾斜，重心落在左脚上，两脚站稳不动，靠左膝的屈伸使身体做往复摆动。

　　1）在起锯时，身体稍向前倾，与竖直方向约成 10°角，右手臂与锯弓成一条直线，且

71

尽量向后收,如图 2-66a 所示。

2)随着推锯的行程增大,身体逐渐向前倾斜(见图 2-66b),使锯条行程达 2/3 时,身体倾斜约 18°角,左臂均向前伸出,如图 2-66c 所示。

3)当锯削最后 1/3 行程时,用手腕推进锯弓,身体随着锯的反作用力退回到 15°角位置,如图 2-66d 所示。

4)锯削行程结束后,取消压力将手和身体都退回到最初位置,如图 2-66a 所示。

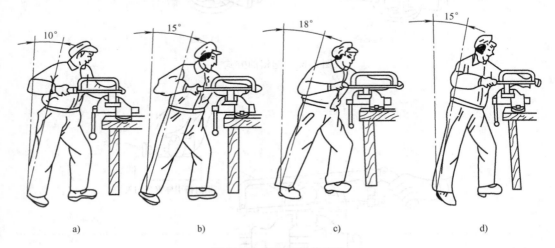

图 2-66 锯削的操作姿势

推锯时推力和压力均由右手控制,左手几乎不加压力,主要配合右手起扶正锯弓的作用。此时,身体上部稍向前倾,给手锯以适当的压力而完成锯削。回程中拉锯时因不进行切削,故不施加压力,应将锯稍微提起,使锯条轻轻滑过加工面,以免锯齿磨损。

推锯时锯弓的运动方式有两种:一种是直线运动,左手施压,右手推进,用力要均匀,适用于锯缝底面要求平直的槽和薄壁工件的锯削;另一种是锯弓上下摆动,这样操作自然,两手不易疲劳,但摆动幅度不宜过大。

锯削到工件快断时,用力要轻,以防突然锯断工件导致工件掉落或折断锯条。因此,快锯断时,应用左手抓稳将要锯落的工件,右手轻轻锯削直至锯落工件为止。

锯削频率的控制可以防止锯条疲劳和发热而加剧磨损,因此锯削频率不宜过高,一般以 30 次/min 为宜。锯削硬材料要慢些,锯削软材料可快些,同时,锯削行程应保持匀速,返回行程的速度应相对快些,以提高锯削效率。

提示

1)开始锯削时应经常观察锯缝是否在所划锯缝线间。若发现偏斜,应及时调整锯弓位置以借正。无法借正时,应将工件翻转 90°重新起锯。

2)锯削时眼睛应时刻注意观察锯条运行中是否铅垂,否则需要调整站位或两手用力。

3)锯削练习初期以直线运动为主。这主要是考虑到学生们还没有掌握全面的锯削姿势要领,防止因上下摆后带来的两手不能保持平衡,影响锯削平面。

操作八　检查锯削质量

根据图样要求,测量锯削条状板料的尺寸是否在误差范围内,并测量锯削面的平面度、垂直度和表面粗糙度,以分析锯削中存在的问题。

三、小结

在本任务中,要了解手锯的组成、锯条的基本知识。通过基本的锯削练习,掌握握锯的方法、锯削站立姿势、起锯的方法和注意事项,锯削的用力度、动作姿势等,以及获得锯削技能并能达到一定的锯削精度。在操作中要注意通过测量并根据测量结果分析锯削中存在的问题,对照锯削问题分析表(见表2-5)改进锯削动作、姿势,以逐步提高锯削的质量和效率。

【思考题】

1)锯条的锯齿粗细如何表示?如何来选择锯条的粗细?

2)什么是锯条的锯路?它有何作用?

3)安装锯条时要注意哪些事项?

4)简述如何进行深缝锯削。

任务 2　特殊型材的锯削

在生产中往往会有各种不同尺寸要求的型材需要手工锯削操作,作为一名装配钳工应该能在生产现场根据加工对象选用不同锯削方法来完成生产任务,提高锯削技能。

 技能目标

◎能根据不同大小的型材选用正确的锯削方法,巩固锯削技能。

一、基础知识

除了常见的板料锯削,在现实生产和生活中还有一些特殊型材,如棒料、管料、薄板料、槽钢和大型板材类,如图2-67所示,这些型材的锯削应根据类型的不同而选择不同的锯削方法。

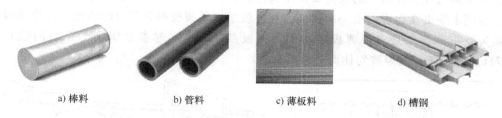

a) 棒料　　　　　b) 管料　　　　　c) 薄板料　　　　　d) 槽钢

图 2-67　特殊型材

二、任务实施

对棒料、管子、薄板料、槽钢和大型板材类材料进行锯削,学会不同的锯削方法。

【任务要求】 能根据型材选择不同的锯削方法,合理选用锯条粗细规格,并进行锯削。

【实施方案】 对棒料、管子、薄板料、槽钢和大型板材进行划线,根据型材的不同选择锯条,按照划线进行锯削。

实施方案重、难点：能根据不同的型材选择锯条和锯削方法。

【操作步骤】

操作一　锯削棒料

锯削棒料如图 2-68 所示，如果要求锯出的断面比较平整，则应从一个方向起锯直到结束，称为一次起锯。若对断面的要求不高，为减小切削阻力和摩擦力，可以在锯入一定深度后再将棒料转过一定角度重新起锯，如此反复几次从不同方向锯削，最后锯断，称为多次锯削，多次锯削较省力。

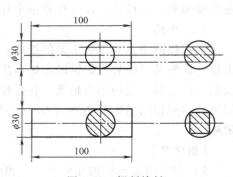

图 2-68　锯削棒料

操作二　锯削管材

若锯削薄管子，应使用两块木制 V 形或弧形槽垫块夹持，以防夹扁管子或夹坏表面，如图 2-69 所示。锯削时不能仅从一个方向锯起，否则管壁易钩住锯齿而使锯条折断。正确的锯法是每个方向只锯到管子的内壁处，然后把管子转过一角度再起锯，且仍锯到内壁处，如此逐次进行直至锯断。在转动管子时，应使已锯部分向推锯方向转动，否则锯齿也会被管壁钩住，如图 2-70 所示。

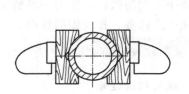

图 2-69　薄壁管子的夹持

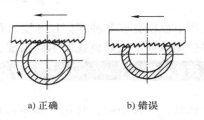

a) 正确　　　b) 错误

图 2-70　锯削管材

操作三　锯削薄板料

若用手锯直接垂直锯薄板，则锯条的锯齿将被薄板勾住而崩齿。避免这种情况的方法有两种：一是薄板在台虎钳上的夹持要借用其他材料，如图 2-71a 所示，将薄板料夹在两木块之间，连同木块夹在台虎钳上一起锯削，这样就增加了薄板料锯削时的刚性，防止锯齿被勾住而崩齿或折断。二是夹持薄板后水平锯薄板，以增加同时参加锯削的锯齿的数量，如图 2-71b 所示，防止锯齿被勾住而崩齿或折断。

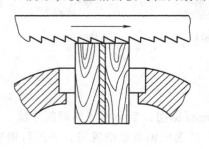

a)

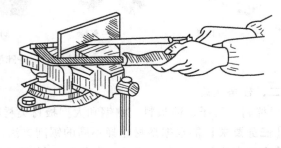

b)

图 2-71　锯削薄板料

操作四　锯削槽钢

由于槽钢的三个面厚度较小，因此不能把槽钢只夹持一次锯开，这样的锯削效率低。在锯高而窄的中间部分时，锯齿容易折断，锯缝也不平整，如图 2-72a 所示。正确的方法是：分三次装夹槽钢，应尽量从长的锯缝口上起锯，锯穿一个面后再改变夹持位置接着锯，如图 2-72b、c、d 所示。

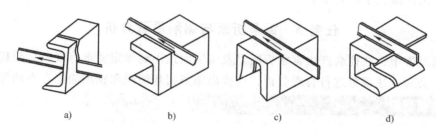

a) b) c) d)

图 2-72　锯削槽钢

操作五　锯削深缝

锯缝较深时，锯缝高度超过锯弓高度，锯弓就会与工件相碰，如图 2-73a 所示。此时，应重新安装锯条。方法一是把锯条拆出转 90°重新安装，使锯弓转到工件的侧面，然后按原锯路继续锯削，如图 2-73b 所示。方法二是把锯条拆出转 180°重新安装，使锯弓转到工件的下面，然后按原锯路继续锯削，如图 2-73c 所示。

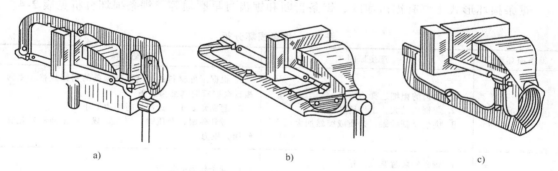

a) b) c)

图 2-73　锯削深缝

需要注意的是，锯条转位后，由于两手用力与正常锯削有所不同，因此，尤其要注意锯削动作的规范以及控制锯削力，使锯缝保持平直而不歪斜。

提示

锯削口诀："一夹、二安、三起锯"

一夹：夹伸有界线，锯削就不颤，夹得要牢靠，避免把形变。

二安：无条不成锯，凡锯齿朝前，松紧要适当，锯路成直线，二面保平行，锯缝才不偏。

三起锯：操作、起锯不放过，左大拇指逼，右手锯，行程短小慢，角度记心间，边棱卡齿断锯条，远近起锯要选好。

三、小结

在本任务中，在巩固锯削技能的基础上，通过对不同型材的锯削，能正确选用锯条和合理的锯削方法。

【思考题】

简述锯削薄壁管子的方法。

任务3 锯条折断与锯削质量分析

在锯削过程中，往往会产生锯条折断以及锯削面达不到规定要求等现象，要提高锯削技能，必须学会对上述现象进行合理分析，查找出锯条损坏情况和锯削缺陷存在的原因。

 技能目标

◎学会对锯条损坏情况和锯削缺陷进行分析，查找原因，巩固锯削技能。

◎巩固锯削安全知识。

一、基础知识

在锯削过程中会发生锯齿崩断、锯条折断和锯齿过早磨损以及锯削尺寸不合格、锯缝歪斜等不合理现象，影响锯削质量和锯削速度。

1. 锯条损坏

锯条损坏形式主要有锯齿崩断、锯条折断和锯齿过早磨损等。锯条损坏分析见表2-4。

表2-4 锯条损坏分析

锯条损坏形式	产生原因	预防方法
锯齿崩断	1. 锯齿的粗细选择不当 2. 起锯角过大，工件钩住锯齿 3. 突然碰到砂眼、杂质或突然加大压力	1. 根据工件材料的硬度选择锯条的粗细规格；锯薄板或薄壁管时选细齿锯条 2. 起锯角要小，远起锯时用力要小 3. 碰到砂眼、杂质时，用力要减小；锯削时避免突然加大压力
锯条折断	1. 锯条安装过紧或过松 2. 工件装夹不牢固或装夹位置不正确，造成工件抖动或松动 3. 锯缝产生歪斜，靠锯条强行纠正 4. 运动速度过快，压力太大，锯条容易被卡住 5. 更换锯条后，锯条在旧锯缝中被卡住而折断 6. 工件被锯断时没有减慢锯削速度和减小锯削力，使手锯突然失去平衡而折断	1. 锯条松紧要适当 2. 工件装夹要牢固，伸出端尽量短 3. 锯缝歪斜后，将工件调向再锯，不可调向时，要逐步借正 4. 用力要适当，速度保持在40次/min左右 5. 换新锯条后，要缓慢锯削，待锯缝变宽后再正常锯削 6. 快锯断时，要减慢锯削速度和减小锯削力，右手锯削，左手托住工件
锯齿过早磨损	1. 锯削速度过快 2. 未加切削液	1. 锯削速度要适当 2. 锯削钢件时应加机油，锯削铸件时应加柴油，锯削其他金属材料时可加切削液

2. 锯削质量不合格

锯削质量不合格主要有尺寸超差、锯缝歪斜过多、工件表面锯痕多等。锯削质量分析见表2-5。

表 2-5 锯削质量分析

锯削质量问题	产生原因	预防方法
尺寸超差	1. 划线不正确 2. 锯削时偏离划线位置	1. 按图样正确划线 2. 起锯和锯削过程中始终使锯缝与划线重合
锯缝歪斜	1. 锯条安装过松或相对于锯弓平面扭曲 2. 工件未夹紧 3. 锯削时, 顾前不顾后, 目测不及时	1. 锯条松紧要适当 2. 工件装夹要牢固, 伸出端尽量短 3. 安装工件时使锯缝的划线与钳口外侧平行, 锯削过程中经常目测, 要按线锯削
工件表面锯痕多	1. 起锯角度过小 2. 起锯时锯条未靠住左手大拇指定位	1. 起锯角以 15° 为宜, 待有一定的起锯深度后再正常锯削以避免锯条弹出 2. 起锯时左手大拇指要挡好锯条, 起锯角度要适当

二、任务实施

【任务要求】 对已锯削工件和所用锯条情况进行质量分析, 分析存在的问题。

【实施方案】 通过对已锯削工件所用锯条情况进行质量分析, 指出存在的问题, 并进行改进。

实施方案重、难点: 根据工件质量和锯条使用情况, 查找原因并改进。

【操作步骤】

操作一 检查各锯削件质量

通过游标卡尺、刀口形直角尺和塞尺, 检查各锯削件的锯削质量, 对存在的问题进行分析并改进。

操作二 统计锯条使用情况

对锯条的折断、磨损和更换情况进行统计, 对存在的问题进行分析并改进。

三、小结

在本任务中, 主要是对之前的锯削件进行质量分析, 通过锯削件和锯条两方面找出存在的问题进行分析并改进。

【思考题】

1) 简述锯条折断的原因及预防方法。

2) 简述锯缝歪斜的原因及预防方法。

项目四 锉 削

用锉刀对工件表面进行切削的加工方法称为锉削, 如图 2-74 所示。锉削一般是在錾削、锯削之后对工件进行精度较高的加工, 其精度可达 0.01mm, 表面粗糙度可达 $Ra0.8\mu m$。锉削是钳工的一项重要的基本操作, 尽管它的效率不高, 但在现代工业生产中其用途仍很广。例如, 锉削可用于成形样板、模具型腔以及部件, 机器装配时的工件修整以及手工去毛刺、倒角、倒圆等。总之, 一些不易用机械加工方法来完成的表面, 采用锉削方法更简便、经济, 且能获得较小的表面粗糙度值。

图 2-74　锉削

　学习目标

◎ 了解锉刀的种类、规格并能正确选用锉刀。

◎ 掌握锉削的基本方法、要领，初步形成锉削平面的技能。

◎ 学会锉刀的正确保养。

◎ 了解锉削安全知识。

◎ 能够分析锉削质量问题产生的原因和预防方法。

任务1　锉刀的选用与锉削方法

锉削是装配钳工的基本技能，锉削零件的复杂性和精密性迫使初学者要充分了解锉削的基本知识，初步掌握锉削的基本方法，以掌握锉削技能。

　技能目标

◎ 了解锉刀的种类、规格，并能正确选用锉刀。

◎ 学会锉刀的正确安装与保养。

一、基础知识

1. 锉刀的结构

锉刀用高碳工具钢 T12、T13 或 T12A、T13A 制成，经热处理后硬度可达 62 ~ 72HRC。锉刀由锉身和锉柄两部分组成，各部分的名称如图 2-75 所示。锉刀面上有无数个锉齿，根据锉齿图案的排列方式，锉刀有单齿纹和双齿纹两种。单齿纹适用于锉削软材料；

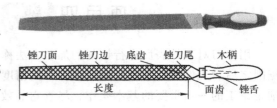

图 2-75　锉刀各部分的名称

双齿纹由主锉纹（起主要切削作用）和辅锉纹（起分屑作用）构成，适用于锉削硬材料。

2. 锉刀的种类

锉刀按用途可分为钳工锉、异形锉和整形锉三类。

（1）钳工锉　按其截面形状，钳工锉可分为平锉、方锉、圆锉、半圆锉及三角锉五种。图 2-76 所示为各种钳工锉及其适宜的加工表面。

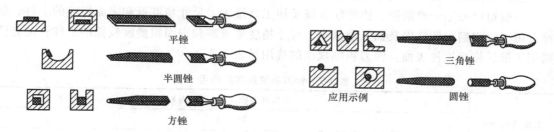

图 2-76　各种钳工锉及其适宜的加工表面

（2）异形锉　异形锉用来锉削工件上的特殊表面，有弯的和直的两种，如图 2-77 所示。

（3）整形锉　整形锉主要用于精细加工及修整工件上难以机械加工的细小部位。它由若干把各种截面形状的锉刀组成一套，如图 2-78 所示。

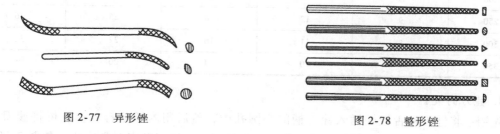

图 2-77　异形锉　　　　　　　　　　　　　　图 2-78　整形锉

3. 锉刀的规格

锉刀的规格有尺寸规格和粗细规格两种分法。

（1）尺寸规格　圆锉以其断面直径、方锉以其边长为尺寸规格，其他锉刀以锉身长度表示规格。常用的锉刀有 100mm、125mm、150mm、200mm、250mm 和 300mm 几种。异形锉和整形锉的尺寸规格是指锉刀全长。

（2）粗细规格　以锉刀每 10mm 轴向长度内的主锉纹条数来表示，见表 2-6。

表 2-6　锉刀的粗细规格

粗细规格	适用场合		
	锉削余量/mm	尺寸精度/mm	表面粗糙度 $Ra/\mu m$
1 号纹（粗齿）	0.5 ~ 1	0.2 ~ 0.5	100 ~ 25
2 号纹（中齿）	0.2 ~ 0.5	0.05 ~ 0.2	25 ~ 6.3
3 号纹（细齿）	0.1 ~ 0.3	0.02 ~ 0.05	12.5 ~ 3.2
4 号纹（双细齿）	0.1 ~ 0.2	0.01 ~ 0.02	6.3 ~ 1.6
5 号纹（油光锉）	0.1 以下	0.01	1.6 ~ 0.8

4. 锉刀的选择

锉刀的选用是否合理，对工件加工质量、工作效率和锉刀寿命都有很大的影响。通常应根据工件的表面形状、尺寸精度、材料性质、加工余量以及表面质量等要求来选用。

锉刀断面形状及尺寸应与工件被加工表面形状和大小相适应。

一般粗锉刀用于锉削铜、铝等软金属及加工余量大、尺寸精度低和表面粗糙的工件；细锉刀用于锉削钢、铸铁以及加工余量小、尺寸精度要求高和表面粗糙度较低的工件；油光锉则用于最后修光工件表面。锉刀粗细规格的选用见表 2-7。

表 2-7　锉刀粗细规格的选用

长度规格/mm	主锉纹条数（10mm 以内）				
	锉纹号				
	1（粗齿）	2（中齿）	3（细齿）	1（双细齿）	5（油光锉）
100	14	20	28	40	56
125	12	18	25	36	50
150	11	26	22	32	45
200	10	14	20	28	40
250	9	12	18	25	36
300	8	11	16	22	32
350	7	10	14	20	—

5. 锉刀的装拆

先用手将锉刀锉舌轻轻插入锉刀柄的小圆孔中，然后用木锤敲打入；也可将锉刀柄朝下，左手扶正锉刀柄，右手抓住锉刀两侧面，将锉刀镦入锉刀柄直至紧为止，如图 2-79a 所示。图 2-79b 所示为错误的安装方法，因为单手持木柄镦紧，可能会使锉刀因惯性大而跳出木柄的安装孔。

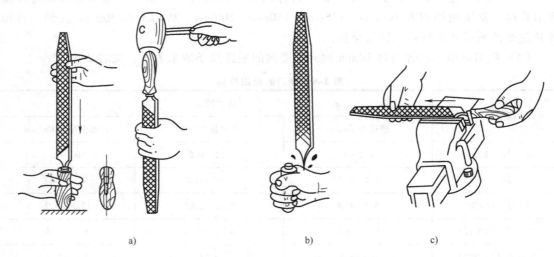

a)　　　　　　　　　　b)　　　　　　　　　　c)

图 2-79　锉刀柄的安装与拆卸

拆锉刀柄要巧借台虎钳的力，将两钳口位置缩小至略大于锉刀厚度，用钳口挡住锉刀柄，手用力将锉刀镦出柄部，如图2-79c所示。

二、任务实施

锉削图2-80所示正方形工件的 C 面和 D 面（A 面和 B 面均已加工好）。锉削基本技能包括锉刀握法、锉削时人的站立姿势、双手用力方法以及平面锉削方法等。

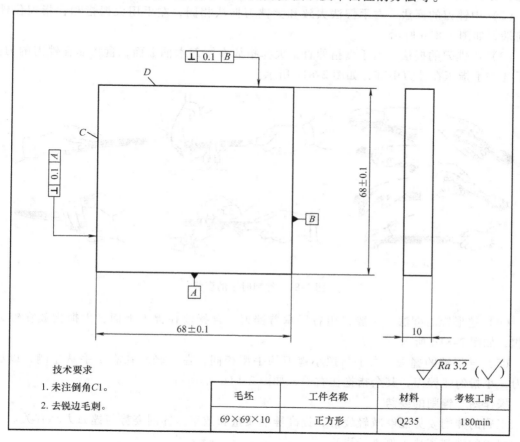

图2-80 锉削正方形

毛坯	工件名称	材料	考核工时
69×69×10	正方形	Q235	180min

【任务要求】 能正确装拆锉刀柄，正确持握锉刀，掌握锉削操作要领和规范动作。

【实施方案】 首先根据图样对工件进行划线，选择锉刀，合理选用握锉方法，按照锉削动作要领进行锉削，最后用游标卡尺和刀口形直角尺对工件的锉削质量进行检测。

实施方案重、难点：锉削操作的姿势和动作掌握。

【操作步骤】

操作一 装夹工件

工件必须牢固地装夹在台虎钳钳口的中部，需锉削的表面略高于钳口。夹持已加工表面时，应加钳口铜，以防夹伤。

操作二 工件划线

用游标卡尺在工件表面按图划线。

操作三　锉刀的握法

应根据锉刀种类、规格和使用场合的不同，正确握持锉刀，以提高锉削质量。

（1）大锉刀的握法　右手心抵着锉刀木柄的端头，大拇指放在锉刀木柄的上面，其余四指弯在木柄的下面，配合大拇指捏住锉刀木柄，左手则根据锉刀的大小和用力的轻重可有多种姿势，如图 2-81a 所示。

（2）中锉刀的握法　右手握法大致和大锉刀握法相同，左手用大拇指和食指捏住锉刀的前端，如图 2-81b 所示。

（3）小锉刀的握法　右手食指伸直，大拇指放在锉刀木柄上面，食指靠在锉刀的刀边，左手几个手指压在锉刀中部，如图 2-81c 所示。

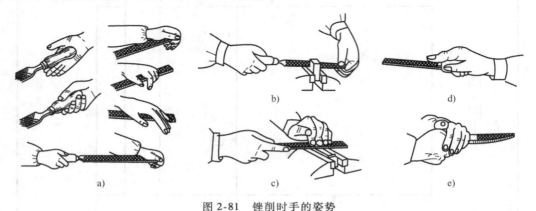

图 2-81　锉削时手的姿势

（4）整形锉的握法　一般只用右手拿着锉刀，食指放在锉刀上面，大拇指放在锉刀的左侧，如图 2-81d 所示。

（5）异形锉的握法　右手与握小锉刀的手型相同，左手轻压在右手手掌左侧，以压住锉刀，小指勾住锉刀，其余指抱住右手，如图 2-81e 所示。

操作四　锉削的姿势

正确的锉削姿势能够减轻疲劳，提高锉削质量和效率。锉削姿势与锉刀大小有关。下面以大锉刀的锉削姿势为例进行讲解。

（1）站立姿势　操作者站在台虎钳左侧，身体与台虎钳约成 45°，左脚在前，右脚在后，两脚分开约与肩膀同宽。身体稍向前倾，重心落在左脚上，使得右小臂与锉刀成一直线，左手肘部张开，左上臂部分与锉刀基本平行，如图 2-82 所示。

（2）锉削姿势　左腿在前弯曲，右腿伸直在后，身体向前倾约 10°，重心落在左腿上。锉削时，两腿站稳不动，靠左膝的屈伸使身体做往复运动，手臂和身体的运动要相互配合，并要使锉刀的全长充分利

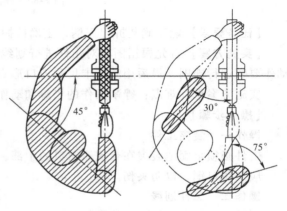

图 2-82　站立姿势

用，如图 2-83 所示。

1）锉刀不动，左膝弯曲，身体向前倾，重心移向左脚，借用部分身体的重量对锉刀施加向下的压力。右腿伸直与腰背保持一直线。左臂弯曲，小手臂与锉刀垂直，肘部抬高，使小臂接近水平，同时右手向后缩，如图 2-83a 所示。

2）左膝进一步弯曲，身体跟着向前倾，锉刀随身体一起向前推进。此时应借用身体的重量下压锉刀，推过锉刀四分之三长，如图 2-83c 所示。

3）身体不动，用两臂向前推，将锉刀剩余四分之一锉完，如图 2-83d 所示。

4）锉削行程结束后，将锉刀略微提起退回，取消压力将手和身体都退回到最初位置，如图 2-83a 所示。

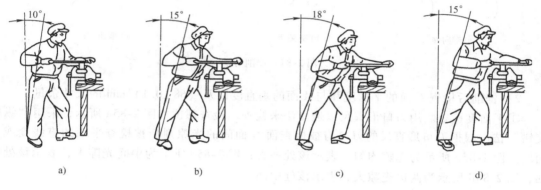

图 2-83　锉削姿势

操作五　锉削时的用力和锉削速度

锉削时锉刀的平直运动是锉削的关键。锉削的力有水平推力和垂直压力两种。推力主要由右手控制，压力是由两个手控制的。

由于锉刀两端伸出工件的长度随时都在变化，因此两手压力大小必须随着变化，使两手的压力对工件的力矩相等，这是保证锉刀平直运动的关键。锉刀运动不平直，工件中间就会凸起或产生鼓形面。在锉削过程中，两手用力的原则是"左减右加"。这需要多次反复练习、体会才会慢慢有所感觉。

锉削速度一般为 40 次/min 左右。速度太快，操作者容易疲劳，且锉齿易磨钝；速度太慢，则切削效率低。

操作六　锉削平面

1）平面的锉削方法有顺向锉、交叉锉和推锉三种，如图 2-84 所示。

① 顺向锉。顺向锉是最基本的锉削方法，不大的平面和最后的锉光都常用这种方法，如图 2-84a 所示。顺向锉可以得到整齐一致的锉痕和较小的表面粗糙度值，精锉时常采用。

② 交叉锉。锉刀贴紧工件表面，以交叉的两方向顺序对工件进行锉削，如图 2-84b 所示。由于锉刀与工件接触面较大，较易把握锉刀的平衡，同时注意两手压力的"左减右加"原则。由于锉痕是交叉的，容易判断锉削表面的不平程度，因而也容易把表面锉平。交叉锉去屑较快，适用于平面的粗锉。

③ 推锉。推锉时，两手对称地握住锉刀，用两大拇指推锉刀进行锉削，如图 2-84c 所示。这种方法适用于较窄表面且已经锉平、加工余量很小的情况下，用来修正尺寸和减小表面粗糙度值。通常选用软细的锉刀纹来加工。

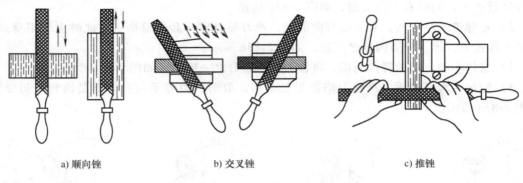

a) 顺向锉   b) 交叉锉   c) 推锉

图 2-84　锉削方法

2）锉削后检查 C 面的平面度和与 A 面的垂直度以及（68 ±0.1）mm 的尺寸余量。

①平面度检查。用刀口形直尺以透光法来检查。检查部位如图 2-85a 所示，采用"纵横交错"法。根据刀口形直尺的刀口与被检查面 C 面间的光隙判断被检查平面的直线度或平面度。图 2-85b 所示为光隙均匀，表示该处平直；图 2-85c 所示为中间光隙大，表示该处内凹；图 2-85d 所示为两边光隙大，表示该处中凸。

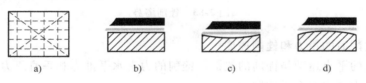

a)   b)   c)   d)

图 2-85　平面度检查

② 垂直度检查。用直角尺采用透光法检查。将直角尺尺座（短边）贴紧工件基准面 A 面，长边轻缓向下移动至触碰被测表面 C 面上某点，观察长边与表面间的光隙判断垂直度误差，如图 2-86a 所示。如图 2-86b 所示，表示被测处垂直；图 2-86c 所示被测处左侧有光隙，表示小于 90°；而图 2-86d 所示则表示光隙大于 90°。

③ 检查尺寸。用游标卡尺在不同尺寸位置上多测量几次，明确各处尺寸余量，并结合垂直度、平面度的检查结果综合判断，分析 C 面的锉削误差存在问题。

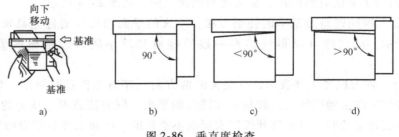

向下移动   ←基准   基准

a)   90°   b)   <90°   c)   >90°   d)

图 2-86　垂直度检查

提示

1. 直角尺尺座应始终贴紧工件基准面,手持尺座向下的力要轻,不能因为看到被测面的光隙而松动直角尺,否则测量不准确。

2. 刀口形直尺与直角尺在测量过程中均不能在工件表面拖动,以免损坏测量面而影响精度。

操作七 锉削 *D* 面

锉削基本方法同锉削 *C* 面,但锉削过程中除检查与 *B* 面的垂直度外,还应注意检查与 *C* 面的垂直度。

操作八 检查锉削质量

先对工件棱边去毛刺,再根据图样要求测量工件的尺寸误差与几何误差是否在公差范围内,以分析锉削中存在的问题。

三、安全生产

1)锉刀放置时不要露出钳台边外,以防跌落伤人。

2)不能用嘴吹切屑或用手清理切屑,以防伤眼或伤手。

3)不使用无柄或手柄开裂的锉刀。

4)锉削时不要用手去摸锉削表面,以防锉刀打滑而造成损伤。

5)锉刀不得沾油和沾水。锉屑嵌入齿缝必须用钢刷清除,不允许用手直接清除。

6)锉刀要一面一面地使用,因为用过的锉刀容易生锈。

7)锉刀不得当作撬棒或者锤子使用,以免发生安全事故。

8)使用整形锉或者异形锉时,用力不能太大,以防锉刀折断而发生事故。

四、小结

在本任务中,要了解锉刀的种类、规格并根据实际加工表面和零件材料、加工余量等因素合理选用锉刀;根据要求正确使用锉刀;要掌握锉削的基本方法、要领,如锉刀的握法、锉削时人的站立姿势、双手用力方法等;熟练运用各种平面锉削方法加工零件,并正确、熟练使用刀口形直尺、直角尺、游标卡尺等量具进行锉削精度的测量。

【思考题】

1)锉刀的种类有哪些?如何根据加工对象合理选择锉刀?

2)锉刀的锉纹号是按什么划分的?

3)如何正确地安装与拆卸锉刀柄?

4)锉削平面的三种方法各有哪些优缺点?应如何正确选用?

任务 2 平面 L 形锉削

L 形工件的锉削是在平面锉削基础上的提升训练,主要训练掌握平面度和垂直度加工中的测量和相邻平面几何关系,学会处理内直角的清角作业,学会按加工要求选择和使用锉刀。

装配钳工

技能目标

◎巩固正确的锉削姿势。

◎提高平面锉削技能。

◎正确使用量具，提高锉削精度。

◎学会清角技能，能用三角锉对带内直角的锉削面进行清角。

一、基础知识

锉削图 2-87 所示的 L 形工件，两基准面的平面度公差为 0.03mm，垂直度公差为 0.05mm，四处尺寸分别为（60±0.037）mm 和（30±0.026）mm，六个平面的表面粗糙度为 $Ra3.2\mu m$。

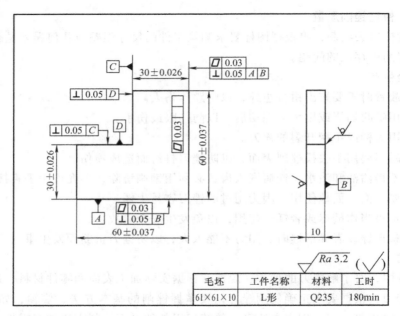

毛坯	工件名称	材料	工时
61×61×10	L形	Q235	180min

图 2-87　L 形工件

难点分析：加工时两基准面的好坏直接影响工件后续加工的尺寸精度和几何精度。在加工（30±0.026）mm 尺寸时要防止将已加工好的面锉坏，需要用三角锉进行清角处理。

二、任务实施

【任务要求】 能按图样要求加工 L 形工件，控制好尺寸精度和几何精度。

【实施方案】 首先根据图样对工件进行划线，分步进行锯削与锉削加工，巩固平面锉削要领，尤其是对内角处的清角，最后用千分尺和刀口形直角尺对工件的锉削质量进行检测。

实施方案重、难点：尺寸控制与清角。

【操作步骤】

操作一　确定加工余量

根据图样检查毛坯尺寸，明确加工余量。

操作二　锉削基准面

粗、精锉两基准面，使两基准面的平面度误差在 0.03mm 以内，垂直度误差在 0.05mm

以内。

操作三　划线

利用游标高度卡尺在划线平板上按图样进行划线，如图 2-88 所示。

操作四　去料，粗锉待加工面

通过锯削去料（一），然后粗锉 1～4 面。

操作五　精锉待加工面

精锉 1～4 面至尺寸要求。

操作六　清角

2 面和 3 面除了尺寸要求之外还要满足相互垂直度为 0.05mm 的公差要求，而 2、3 面的内角处由于锉削时为了防止锉刀锉到已加工面，所以需要用三角锉进行清角（见图 2-89），来达到尺寸要求和垂直度要求。

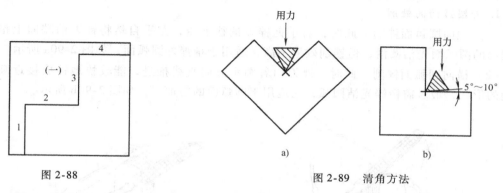

图 2-88

图 2-89　清角方法

清角的要领：应将内角加工成 90°角，关键在于锉刀的控制及测量。其过程分为以下三步：

1）先将加工好尺寸的工件内角向上夹持，如 "V" 字形夹在台虎钳上，用三角锉的边向下锉削，如图 2-89a 所示。

2）将工件正常夹持，用三角锉的锉刀面锉削凸起处，锉刀的倾斜角一般为 5°～10°，如图 2-89b 所示。

3）用直角尺检查后，用三角锉修整至合格。

操作七　检查锉削质量

先对工件棱边去毛刺，再根据图样要求测量工件的尺寸误差与几何误差是否在公差范围内，以分析锉削中存在的问题。

三、小结

在本任务中，根据实际加工表面和零件材料、加工余量等因素正确选用锉刀；能运用三角锉对内角进行清角处理，使内角处达到规定要求的尺寸公差和几何公差，通过刀口形直角尺、塞尺、千分尺等量具来保证工件精度。

【思考题】

1）L 形工件平面内直角测量时应注意哪些方面？

2）如何正确处理内直角以达到清角的要求？

任务 3　曲 面 锉 削

曲面锉削在样板制作、模具加工中多有用到，是锉削技能中不可或缺的一项。通过圆弧凸块组合体的锉削加工，有助于提高曲面锉削技能和锉削精度，会使用半径样板来进行圆弧度测量，强化了刀口形直角尺、千分尺和半径样板等量具的使用。

技能目标

◎掌握曲面锉削的操作技能。

◎巩固平面锉削与清角技能。

一、基础知识

在钳工锉削与修配过程中，除了平面锉削外，还会涉及曲面加工和修配。

1. 外圆弧面的锉削

（1）顺向圆弧面锉削　此时，右手握锉刀柄往下压，左手自然将锉刀前端向上抬。这样锉出的圆弧面光洁圆滑，但锉削效率不高，适用于精锉外圆弧面，如图 2-90a 所示。

（2）横向圆弧面锉削　此时，锉刀向着图示方向直线推进，能较快地锉成接近圆弧但多棱的形状，最后需精锉光洁圆弧，它适用于圆弧面的粗加工，如图 2-90b 所示。

 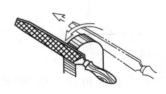

a) 顺向圆弧面锉削　　　　　　　b) 横向圆弧面锉削

图 2-90　外圆弧面的锉削

2. 内圆弧面的锉削

锉凹圆弧面时，锉刀要同时完成以下三个运动，如图 2-91 所示：

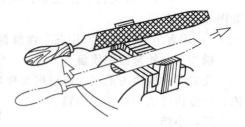

1）沿轴向做前进运动，以保证沿轴向方向全程切削。

2）向左或向右移动半个至一个锉刀直径，以避免加工表面出现棱角。

图 2-91　内圆弧面的锉削

3）绕锉刀轴线转动约 90°。若只有前两个运动而没有这一转动，锉刀的工作面仍不是沿工件的圆弧曲线运动，而是沿工件圆弧的切线方向运动。因此，只有同时具备这三种运动，才能使锉刀工作面沿圆弧方向做锉削运动，从而锉好凹圆弧。

3. 球面的锉削

球面锉削的方法是：锉刀一边沿凸圆弧面做顺向滚锉动作，一边绕球面的球心和周向做摆动，是顺向锉与横向锉同时进行的一种锉削方式，如图2-92所示。

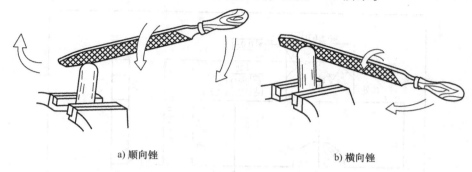

a) 顺向锉　　　　　　　　　　　　b) 横向锉

图2-92　球面的锉削

4. 曲面轮廓度的测量

在进行曲面锉削练习时，曲面轮廓度精度可用半径样板通过透光法进行检查，如图2-93a所示。用半径样板检查圆弧角时，先选择与被检圆弧角半径公称尺寸相同的样板，将其靠紧被测圆弧角，要求样板平面与被测圆弧垂直（即样板平面的延长线将通过被测圆弧的圆心），用透光法查看样板与被测圆弧的接触情况，完全不透光为合格；如果有透光现象，则说明被检圆弧角的弧度不符合要求，几种情况分别如图2-93b所示。

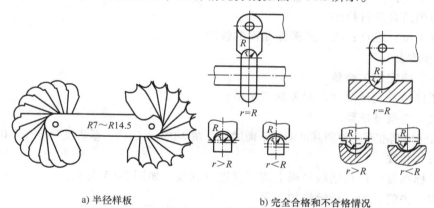

a) 半径样板　　　　　　　　　b) 完全合格和不合格情况

图2-93　曲面轮廓度的测量

提示

1. 根据光的特性，光在传播中经过不同的间隙时呈现不同的颜色。间隙小于0.5μm时不透光，在0.8μm左右呈蓝光，1.5μm左右呈红光。大于2μm时呈白光。

2. 光源强弱和照度大小影响光隙法的测量精度。光源以平行光为宜。最好用荧光灯而不用白炽灯，最合适的照度为800lx，过大或过小会影响光隙的清晰性。

二、任务实施

【任务要求】能按图样要求加工圆弧凸块组合体，控制好尺寸精度和几何精度。圆弧凸块组合体如图 2-94 所示。

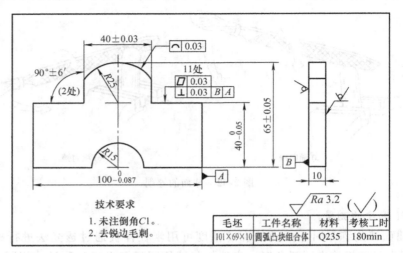

图 2-94　圆弧凸块组合体

【实施方案】首先根据图样对工件进行划线，分步进行锯削与锉削加工，在平面锉削的基础上按照曲面锉削要领，对工件进行锉削加工，最后用千分尺、刀口形直角尺和半径样板对工件的锉削质量进行检测。

实施方案重、难点：内、外圆弧曲面的锉削。

【操作步骤】

操作一　确定加工余量

根据图样检查毛坯尺寸，明确加工余量。

操作二　锉削基准面

粗、精锉两基准面，使两基准面的平面度误差在 0.03mm 以内，垂直度误差在 0.03mm 以内。

操作三　划线

利用游标高度卡尺在划线平板上按图样进行划线，如图 2-95 所示。

操作四　去料，粗、精锉待加工面

去除材料（一）后，粗、精锉 1～3 面至图样要求，再去除材料（二）后，粗、精锉 4～5 至图样要求，形成一个凸字形，如图 2-96 所示。

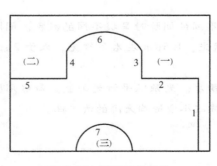

图 2-95　划线后的工件

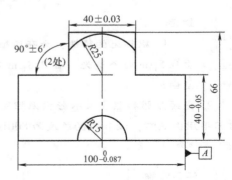

图 2-96　凸字形

操作五　锉削 *R*25mm 外圆弧

1）用横向锉法粗锉 *R*25mm 圆弧。锉刀主要沿着 *R*25mm 的圆弧轴线方向做直线运动，同时还沿着圆弧面做适当的摆动。粗锉接近划线时，用半径样板检查圆弧轮廓，判断误差大小。用直角尺检查 *R*25mm 圆弧面与大平面的垂直度误差。

2）用顺向锉精锉 *R*25mm 圆弧面。通过顺向锉多次反复，并结合用半径样板检查 *R*25mm 轮廓，用直角尺检查圆弧面与大平面垂直度，用游标卡尺检查圆弧高度 65mm 等，根据综合检测结果，修正锉削的位置，直至达到图样要求。

操作六　锉削 *R*15mm 内圆弧

1）去除 *R*15mm 内圆弧加工余量，用半圆锉推直线锉 *R*15mm 至划线外 0.2mm 左右处，用横向锉法继续去除加工余量，同时用半径样板检查 *R*15mm 的轮廓，用直角尺检查圆弧面与大平面的垂直度。

2）用细齿半圆锉采用推锉法精锉 *R*15mm 内圆弧，同时用半径样板检查 *R*15mm 的轮廓，用直角尺检查圆弧面与大平面的垂直度。

操作七　检查锉削质量

先对工件棱边去毛刺，再根据图样要求测量工件的尺寸误差与几何误差否在公差范围内，以分析锉削中存在的问题。

三、小结

在本任务中，通过对圆弧凸块组合体工件的加工，要学会正确选择平锉、半圆锉、三角锉来对内、外圆弧面的锉削加工，尤其是加工工艺的编制，同时巩固了尺寸加工和清角等方法，使各加工面达到规定要求的尺寸公差和几何公差，通过刀口形直角尺、塞尺、千分尺以及半径样板等量具来保证工件精度。

【思考题】

1）锉削凹、凸曲面时，锉刀需分别做哪些动作？

2）简述锉削内圆弧面的要点。

任务4　锉削质量分析

通过对本项目前 3 个任务的实施过程中，锉削技能已有大幅提高，但也会由于锉削过程中的一些操作不规范、不熟练而产生各类锉削面的质量缺陷。正确分析锉削质量，查找原因，有助于快速提高锉削技能，避免类似情况的发生。

 技能目标

◎针对完成的锉削零件，进行锉削表面的质量缺陷分析，查找原因。

◎学会产品检测的一般规程。

一、基础知识

在操作过程中或加工完工件后，会发现出现尺寸超差或几何误差（如平面度、垂直度等）不符合要求、加工表面较粗糙等情况，以致工件精度不符合图样要求而成为废品。因此，了解废品存在的形式、分析产生原因并明确如何预防，有助于进一步提高锉削技能和水平。

1. 锉削常见的质量问题

锉削常见的质量问题有平面中凸、塌边和塌角；形状、尺寸不准确；表面较粗糙；锉掉了不该锉的部分；工件被夹坏等。

2. 锉削质量分析及预防办法

锉削质量分析及预防办法见表2-8。

表 2-8　锉削质量产生废品的种类、产生原因和预防办法

锉削质量问题	产生原因	预防方法
不该锉的部分被锉掉	1. 锉削时锉刀打滑 2. 没有注意带锉齿工作边和不带锉齿的光边而造成的	1. 更换已经打滑的锉刀 2. 锉内角时注意不带锉齿的光边对着已锉好的面，同时注意控制锉刀运行的位置
平面中凸、塌边和塌角	锉刀选择不合理，锉削时施力不当	合理选择锉刀；反复体会锉削力的使用，领会"左减右加"原则的要领
表面粗糙	1. 锉刀的粗细选择不当 2. 锉屑堵塞锉刀表面未及时清理	1. 合理选择锉刀 2. 及时清理锉刀表面嵌入的锉屑
形状、尺寸不准确	1. 划线不准确 2. 锉削时未及时检查尺寸或读数不准确	1. 严格按图样划线，划线后仔细检查 2. 锉削时勤看勤量，并明确锉削部位及其加工余量
平面相互不垂直	锉削时施力不当，垂直度误差累积	1. 严格控制基准的平面度 2. 逐个保证垂直度，减少累计误差 3. 多用直角尺勤测量
工件被夹坏	1. 台虎钳钳口太硬，将工件表面夹出凹痕 2. 夹紧力太大将空心件夹扁 3. 薄而大的工件未夹好，锉削时变形	1. 夹紧加工工件时应用铜钳口 2. 夹紧力要恰当，夹薄管最好用弧形木垫 3. 对薄而大的工件要用辅助工具夹持

二、任务实施

【任务要求】对已完成工件进行质量分析，分析存在的问题。

【实施方案】通过对已完成工件进行质量分析，指出存在的问题，并进行改进。

实施方案重、难点：根据工件质量和锉削情况，查找原因并改进。

【操作步骤】

操作一　检查各工件质量

取自己加工的三个工件，对照图样，通过刀口形直角尺、刀口形直尺、游标卡尺、千分尺以及半径样板等量具进行测量，并做好相关记录。

操作二　平面度分析

用刀口形直尺分别测量四个长面的平面度，在中凸或塌角处做好记号；确定自己在加工过程中的问题，对照表2-8分析产生中凸或塌角的原因，明确预防措施。

操作三　垂直度分析

用刀口形直角尺测量任何两个相邻面的垂直度，并在误差处做好记号。确定累积误差的所在，对照表2-8分析垂直度误差的原因，明确预防措施。

操作四　尺寸精度分析

用游标卡尺、千分尺分别测量三个工件的尺寸。注意在不同位置测量并记录最大值和最

小值。对照表 2-8 分析尺寸超差的原因，并综合垂直度、平面度的误差分析，确定平面加工误差的大小和产生的原因，明确预防措施。

操作五　表面粗糙度分析

目测各工件表面的表面粗糙度，观察表面是否有明显的锉痕，检查锉削时所用锉刀有无嵌入的锉屑，对照表 2-8 分析表面粗糙的原因，明确预防措施。

操作六　二次锉削

对存在问题的各锉削面再锉削 0.5mm，同时对之前分析中所存在的问题，有针对性地进行锉削训练后对所锉的工件重新检测。

三、小结

在本任务中，通过对已加工工件综合测量，对锉削质量、产生废品的种类、原因、预防办法分析后，再对工件进行二次锉削，在理论分析的基础上配以实际操作，有助于加深印象，巩固技能。

【思考题】

分析锉削过程中常见质量问题产生的原因，并提出预防方法。

项目五　孔 加 工

孔加工的方法主要有两类：一类是用标准麻花钻在实体材料上加工出孔；另一类是用扩孔钻、锪钻和铰刀等对工件上已有孔进行再加工。

 学习目标

◎了解孔加工的基本知识。

◎掌握钻孔的操作方法。

◎了解锪孔、铰孔、攻螺纹的基本方法。

钻孔和扩孔的应用范围很广，通常标准钻削加工的深度尺寸控制在孔直径的 5～10 倍。

1. 钻孔

钻孔是指用钻头在实体材料上加工孔的方法，如图 2-97a 所示。钻削的特点如下：

1）摩擦严重，需要较大的钻削力。

2）钻头高速旋转，产生较高的切削温度，造成钻头磨损严重。

3）由于钻削时的挤压和摩擦，易产生孔壁的冷作硬化，给下道工序增加困难。

4）钻头细而长，易产生振动。

5）加工精度低，尺寸公差等级只能达到 IT11～IT10，表面粗糙度能达到 $Ra50～Ra12.5\mu m$。

2. 钻削运动

钻孔时，钻头装在钻床或其他设备上，依靠钻头与工件间的相对运动进行切削。钻削运动如图 2-97b 所示。

（1）主运动　主运动是指将切屑切下所需的基本运动，即钻头的旋转运动。

（2）进给运动　进给运动是指使被切削金属继续投入切削的运动，即钻头的直线移动。

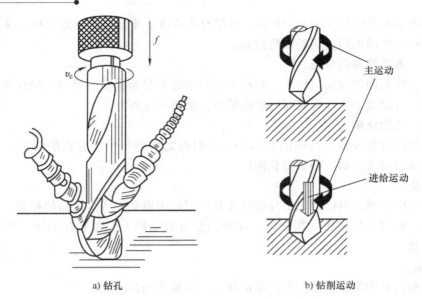

a) 钻孔

b) 钻削运动

图 2-97　钻孔加工

任务 1　麻花钻的刃磨

钻头的种类很多，如麻花钻、扁钻、中心钻等，其中应用最为广泛的是麻花钻。对麻花钻基础知识的学习，有助于掌握麻花钻的刃磨技能。

 技能目标

◎ 了解麻花钻的结构、几何角度等基本知识。

◎ 初步掌握标准麻花钻的刃磨方法，并对已刃磨的麻花钻进行检测。

一、基础知识

1. 麻花钻的结构

（1）麻花钻的组成　麻花钻一般用高速钢制成，热处理淬硬至 $62 \sim 68HRC$，它由柄部、颈部和工作部分组成，如图 2-98a 所示。

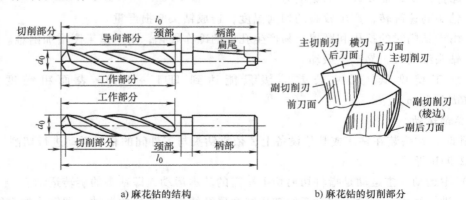

a) 麻花钻的结构

b) 麻花钻的切削部分

图 2-98　麻花钻

94

1) 柄部。柄部是钻头的夹持部分，用以定心和传递动力，有锥柄和直柄两种。一般钻头直径 $d_0 \leqslant 13mm$ 的钻头做成直柄；钻头直径 $d_0 > 13mm$ 的做成锥柄，柄部的扁尾能避免钻头在主轴孔或钻头套中打滑，并便于用楔铁把钻头从主轴或钻套中拆出。莫氏锥柄的大端直径及钻头直径见表2-9。

表 2-9　莫氏锥柄的大端直径及钻头直径　　　　　　　　　（单位：mm）

莫氏锥柄号	1	2	3	4	5	6
大端直径 d_1	12.240	17.980	24.051	31.542	44.731	63.760
钻头直径 d_0	≤15.5	15.6~23.5	23.6~32.5	23.6~49.5	49.6~65	65~80

2) 颈部。颈部在磨制钻头时作为退刀槽使用，通常钻头的规格、材料和铭牌也打印在此处。小直径钻头不做颈部。

3) 工作部分。麻花钻的工作部分分为切削部分和导向部分。

① 切削部分。麻花钻的切削部分有两个刀瓣，主要起切削作用。标准麻花钻的切削部分由五刃（包含两条主切削刃、两条副切削刃和一条横刃）、六面（包含两个前刀面、两个后刀面和两个副后刀面）组成，如图2-98b所示。

② 导向部分。麻花钻的导向部分用来保持麻花钻钻孔时的正确方向并修光孔壁，重磨时可作为切削部分的后备。两条螺旋槽的作用是形成切削刃，便于容屑、排屑和切削液输入。外缘处的两条棱带，其直径略有倒锥 $[(0.05~0.1mm)/100mm]$，用于导向和减少钻头与孔壁的摩擦。

2. 麻花钻切削部分的几何角度

（1）基面和切削平面　在分析麻花钻的几何角度时，要引进几个辅助平面。

1) 基面。麻花钻主切削刃上任一点的基面是通过该点且垂直于该点切削速度方向的平面，实际上是通过该点与钻心连线的径向平面。由于麻花钻两条主切削刃不通过钻心，所以主切削刃上各点的基面也就不同，如图2-99所示。

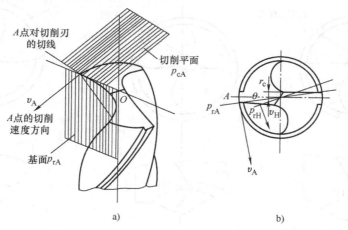

图 2-99　钻头切削刃上各点的基面和切削平面的变化

2) 切削平面。麻花钻主切削刃上任一点的切削平面是由该点的切削速度方向与该点切削刃的切线所构成的平面。标准麻花钻的主切削刃为直线，其切线就是切削刃本身，因此切削平面即为该点切削速度与切削刃构成的平面，如图2-99所示。

（2）标准麻花钻的几何角度

1）前角γ_o。麻花钻的前角是正交平面内前刀面与基面间的夹角。由于主切削刃上各点的基面不同，所以主切削刃上各点的前角也是变化的，如图2-100所示。前角的值从外缘到钻心附近大约由$+30°$减小到$-30°$，其切削条件很差。

2）主后角α_o。切削刃上任一点的后角，是该点的切削平面与后刀面之间的夹角。钻头后角不在主剖面内度量，而是在假定工作平面（进给剖面）内度量，如图2-100所示。在钻削过程中，实际起作用的是这个主后角。

3）顶角2φ。顶角为两条主切削刃在其平行的平面上投影的夹角，如图2-100所示。顶角的大小根据加工的条件决定。钻削硬材料时顶角可略大，钻削软材料时顶角可略小。一般$2\varphi = 118° \pm 2°$，如图2-101所示。

4）横刃斜角ψ。横刃斜角是在钻头的端面投影中，横刃与主切削刃之间的夹角，如图2-100所示。它是刃磨钻头时自然形成的，顶角一定时，标准麻花钻的横刃斜角

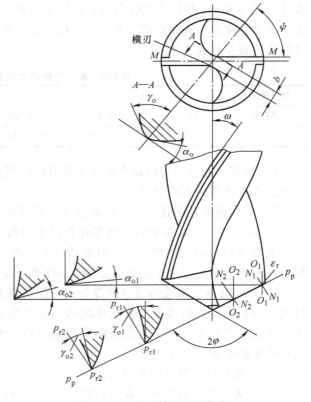

图 2-100　麻花钻的切削角度

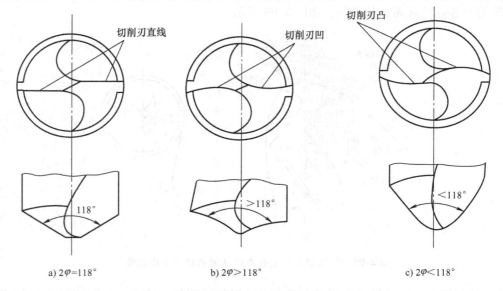

a) $2\varphi=118°$　　　　b) $2\varphi>118°$　　　　c) $2\varphi<118°$

图 2-101　顶角对主切削刃形状的影响

Ψ 为 $50° \sim 55°$。横刃斜角的大小与靠近钻心处的后角的大小有着直接关系，近钻心处的后角磨得越大，则横刃斜角就越小。反之，如果横刃斜角磨得准确，则近钻心处的后角也是准确的。

二、任务实施

【任务要求】 刃磨 $\phi 12mm$ 标准麻花钻。

【实施方案】 在对标准麻花钻结构认识的基础上，对麻花钻进行刃磨，从而把握正确的刃磨姿势，获得合理的切削部分和各几何角度。

实施方案重、难点：麻花钻主、后刀面的刃磨。

【操作步骤】 麻花钻对于机械加工来说，它是一种常用的钻孔工具。其结构虽然简单，但要把它真正刃磨好，也不是一件轻松的事，关键在于掌握好刃磨的方法和技巧。钻头刃磨时与砂轮的相对位置如图 2-102 所示。

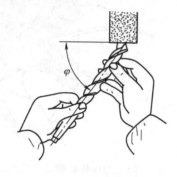
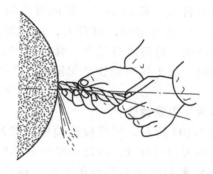

a) 在水平面内的夹角   b) 略高于砂轮中心

图 2-102 钻头刃磨时与砂轮的相对位置

操作一 钻刃摆平轮面靠

磨钻头前，先将钻头的主切削刃与砂轮面放置在一个水平面上，也就是说，保证刃口接触砂轮面时，整个切削刃都要磨到。这是钻头与砂轮相对位置的第一步，位置摆好再慢慢往砂轮面上靠。这里的"钻刃"是指主切削刃，"摆平"是指被刃磨部分的主切削刃处于水平位置。"轮面"是指砂轮的表面。"靠"是慢慢靠近的意思。此时钻头还不能接触砂轮。

操作二 钻轴左斜出锋角

这里是指钻头轴线与砂轮表面之间的位置关系。"锋角"即顶角的一半 $(118°±2°)/2$，约为 $60°$，这个位置很重要，直接影响钻头顶角大小及主切削刃形状和横刃斜角。此时钻头在位置正确的情况下准备接触砂轮。

操作三 由刃向背磨后面

这里是指从钻头的刃口开始沿着整个后刀面缓慢刃磨。这样便于散热和刃磨。刃口接触砂轮后，要从主切削刃往后面磨，也就是钻头的刃口先开始接触砂轮，而后沿着整个后刀面缓慢往下磨。钻头切入时可轻轻接触砂轮，先进行较少量的刃磨，并注意观察火花的均匀性，及时调整手上压力大小，还要注意钻头的冷却，不能让其磨过火，造成刃口变色，从而导致刃口退火。当发现刃口温度高时，要及时将钻头冷却。当冷却后重新开始刃磨时，要继续保证操作一和操作二的位置，防止不由自主地改变正确位置。

操作四　上下摆动尾别翘

这是一个标准的钻头刃磨动作。主切削刃在砂轮上要上下摆动，也就是握钻头前部的手要均匀地将钻头在砂轮面上下摆动。而握柄部的手却不能摆动，还要防止后柄往上翘，即钻头的尾部不能高翘于砂轮水平中心线以上，否则会使刃口磨钝，无法切削。这是最关键的一步，钻头磨得好与坏与此有很大的关系。在钻头磨得差不多时，要从刃口开始，往后角再轻轻蹭一下，让切削刃后面更光洁一些。

操作五　保证刃尖对轴线，两边对称慢慢修

一边刃口磨好后，再磨另一边刃口，必须保证刃口在钻头轴线的中间，两边刃口要对称。对着亮光察看钻尖的对称性，慢慢进行修磨。

钻头切削刃的后角一般为10°～14°。后角大了，切削刃太薄，钻削时振动厉害，孔口呈三边形或五边形，切屑呈针状；后角小了，钻削时进给力很大，不易切入，切削力增加，温升大，钻头发热严重，甚至无法钻削。后角磨得适合，锋尖对中，两刃对称，钻削时，钻头排屑轻快，无振动，孔径也不会扩大。

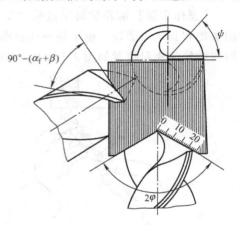

图 2-103　用样板检验钻头的刃磨角度

操作六　刃磨检验

如图 2-103 所示，用样板检验钻头的几何角度及两主切削刃的对称性。通过观察横刃斜角 Ψ 是否为50°～55°来判断钻头后角的大小。横刃斜角大，则后角小；横刃斜角小，则后角大。

提示

麻花钻刃磨时的手势很重要，麻花钻的摆平和斜角位置要相互兼顾，不要为了摆平切削刃而忽略了摆好斜角，或为了摆放左斜的轴线而忽略了摆平切削刃。

三、拓展训练

【任务要求】针对标准麻花钻的结构缺陷，对之前刃磨的 $\Phi12mm$ 麻花钻进行二次修磨。

【实施方案】在对标准麻花钻所存在的结构性缺陷分析的基础上，对已刃磨钻头逐项进行二次修磨。学习群钻的相关知识，能进行群钻的简单刃磨，从而进一步提升麻花钻的刃磨技巧。

实施方案重、难点：麻花钻的二次修磨。

（一）麻花钻的修磨

【操作步骤】

操作一　修磨横刃

1）存在问题：横刃较长，横刃处前角为负值。在切削中，横刃处于挤刮状态，产生很大的进给力，钻头易抖动，导致不易定心。

2）解决措施：磨短横刃并增大靠近钻心处的前角。修磨后横刃的长度"b"为原来的

1/5～1/3，以减小进给力和挤刮现象，在提高钻头的定心作用和切削稳定性的同时，在靠近钻心处形成内刃，使切削性能得以改善，如图 2-104 所示。一般直径大于 5mm 的麻花钻均须修磨横刃。

操作二　修磨主切削刃

1）存在问题：主切削刃上各点的前角大小不一样，致使各点切削性能不同。由于靠近钻心处的前角是负值，切削为挤刮状态，则切削性能差，产生的热量大，钻头磨损严重。

2）解决措施：主要是磨出第二顶角 $2\varphi_0$（70°～75°），如图 2-105 所示。在麻花钻外缘处磨出过渡刃（$f_0 = 0.2D$，D 为钻头直径），以增大外缘处的刀尖角，改善散热条件，增加刀齿强度，提高切削刃与棱边交角处的耐磨性，延长钻头寿命，减少孔壁的残留面积，有利于降低孔的表面粗糙度值。

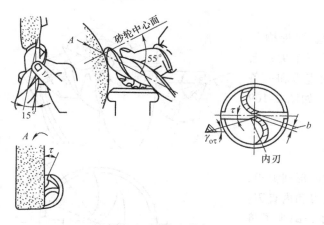

图 2-104　修磨横刃

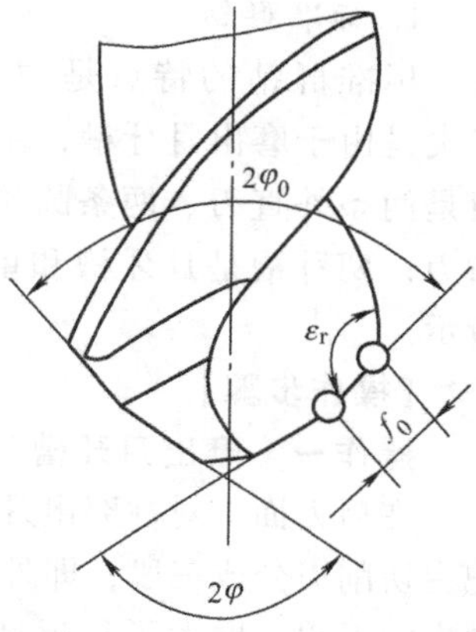

图 2-105　修磨主切削刃

操作三　修磨棱边

1）存在问题：棱边处的副后角为 0°。靠近切削部分的棱边与孔壁的摩擦比较严重，易发热磨损。

2）解决措施：在靠近主切削刃的一段棱边上磨出副后角 $\alpha'_0 = 6° \sim 8°$，并保留棱边宽度为原来的 1/3～1/2，如图 2-106 所示，以减少对孔壁的摩擦，延长钻头寿命。

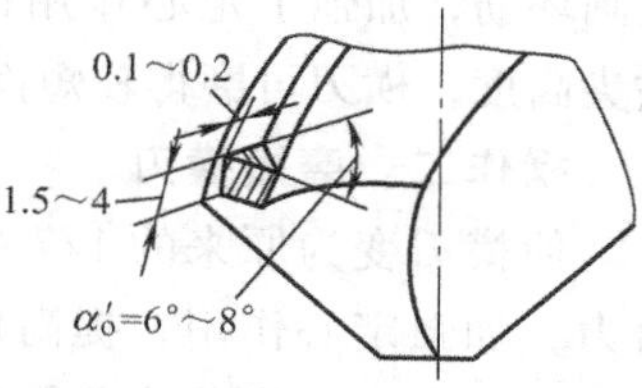

操作四　修磨前刀面

1）存在问题：主切削刃外缘处的刀尖角 ε_r 较小，前角很大，刀齿薄弱，但此处的切削速度最高，故产生的切削热最多，磨损极为严重。

2）解决措施：修磨外缘处前刀面，可以减小此处的前角，提高刀齿的强度，钻削黄铜时，可以避免"扎刀"现象，如图 2-107 所示。

图 2-106　修磨棱边

操作五　修磨分屑槽

1）存在问题：主切削刃长且全部参与切削，增大了切屑变形，排屑困难。

2）解决措施：在后刀面上磨出几条相互错开的分屑槽，使切屑变窄，以利排屑。直径大于 15mm 的钻头都可磨出分屑槽，如图 2-108 所示。

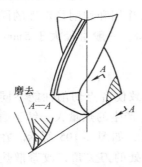

图 2-107　修磨前刀面

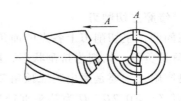

图 2-108　修磨分屑槽

（二）群钻的修磨

1. 标准群钻

标准群钻的特点是"三尖、七刃、两种槽"。三尖是由于磨出月牙槽，主切削刃形成三个尖；七刃是两条外直刃、两条圆弧刃、两条内直刃和一条横刃；两种槽是月牙槽和单边分屑槽，如图 2-109 所示。

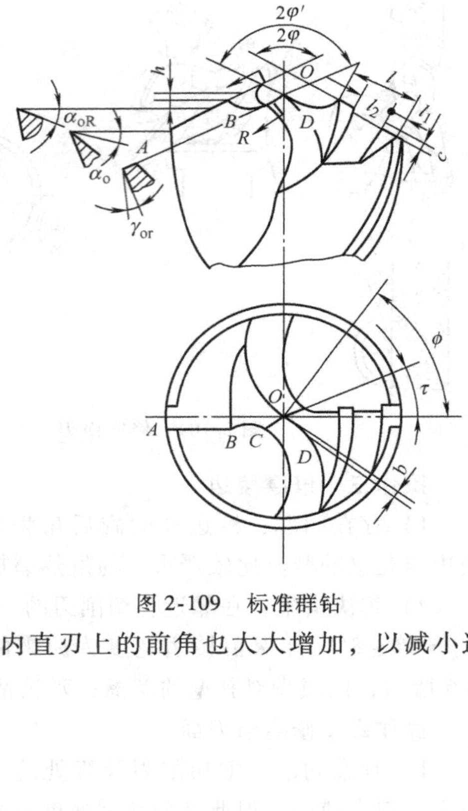

【操作步骤】

操作一　磨出月牙槽

在后刀面上对称磨出月牙槽，形成凹形圆弧刃，把主切削刃分成三段，即外直刃、圆弧刃和内直刃。磨出圆弧刃，增大了靠近钻心处的前角，减少了挤刮现象，使切削省力；主切削刃分成三段，有利于分屑、断屑和排屑；钻孔时圆弧刃在孔底切削出一道圆环筋，加强了定心作用；磨出月牙槽还降低了钻尖高度，横刃可磨得较短而不致影响钻尖强度。

操作二　磨短横刃

图 2-109　标准群钻

使横刃变为原来的 $1/7 \sim 1/5$，同时使新形成的内直刃上的前角也大大增加，以减小进给力，加强定心作用，提高切削能力。

操作三　磨出单边分屑槽

在一条外刃上磨出凹形分屑槽，便于排屑。

2. 其他群钻的刃磨要点

（1）钻铸铁的群钻　钻铸铁时磨损剧烈，主要磨出二重角，如图 2-110a 所示。

（2）钻黄铜或青铜的群钻　钻铜件时易扎刀，外缘前角应减小，如图 2-110b 所示。

（3）钻薄板的群钻　钻薄板时易颤抖，孔口不圆出毛边；磨出圆弧切削刃，形成三尖是要点，如图 2-110c 所示。

四、小结

在本任务中，通过学习了解标准麻花钻切削部分的各刀面和切削刃；掌握麻花钻的五个主要角度的概念和使用意义。学会麻花钻的刃磨，以及针对标准麻花钻结构缺陷进行的二次修磨。学习群钻知识，并且根据不同加工材料而衍生的其他种类群钻，会初步刃磨群钻。

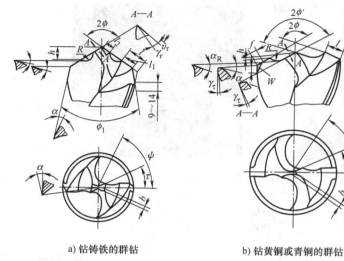
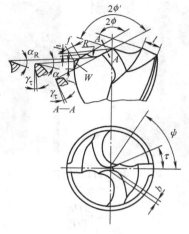
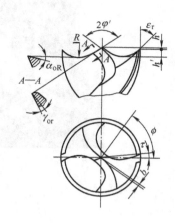

a) 钻铸铁的群钻   b) 钻黄铜或青铜的群钻   c) 钻薄板的群钻

图 2-110　其他群钻

【思考题】

1）标准麻花钻由哪几部分组成？各部分的主要作用是什么？

2）标准麻花钻有哪些缺点？为克服这些缺点应采取哪些修磨措施？

3）标准群钻的最大特点是什么？

任务 2　钻孔、扩孔与锪孔

通过对钻孔、扩孔、锪孔训练件的加工，掌握钻孔、扩孔和锪孔的操作要领，合理选择切削用量，正确处理转速、进给量和背吃刀量三者之间的关系，强化用游标卡尺测量孔径和孔距的技巧。

 技能目标

◎提高钻头的刃磨技能。

◎学会合理选择切削用量。

◎能按照操作规程完成钻孔、扩孔和锪孔的操作。

◎能根据钻孔质量进行分析、查找原因，提高钻孔操作技能。

一、基础知识

1．钻孔

钻孔是指用麻花钻在实体材料上加工出孔的操作，如图 2-111 所示。使用设备主要有台式钻床、立式钻床、摇臂钻床、手电钻、气动钻等。钻削时麻花钻是在半封闭状态下进行切削的，其转速高、切削量大、排屑困难、钻削加工精度低。

（1）钻削用量　钻削用量是指在钻削过程中，切削速度、进给量和背吃刀量的总称，如图 2-112 所示。

1）切削速度 v。切削速度是指钻削时钻头切削刃上任一点的线速度，一般指切削刃最外缘处的线速度。

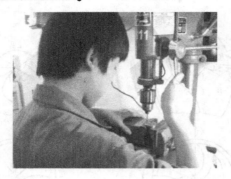 

图 2-111　钻孔

$$v = \frac{\pi Dn}{1000}$$

式中　v——切削速度（m/min）；

　　　D——钻头直径（mm）；

　　　n——钻床主轴转速（r/min）。

2）钻削时的进给量 f。进给量是指主轴每转一周，钻头相对工件沿主轴轴线的相对移动量，其单位是 mm/r。

3）背吃刀量 a_p。背吃刀量是指已加工表面与待加工表面之间的垂直距离，钻削时 $a_p = \frac{D}{2}$。

（2）钻削用量的选择　钻孔时由于背吃刀量已由钻头直径所定，所以只需选择切削速度和进给量。

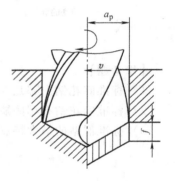

图 2-112　钻削用量

对钻孔生产率的影响，切削速度比进给量大；对孔的表面粗糙度的影响，进给量比切削速度大。综合以上的影响因素，钻削用量的选用原则是：在允许范围内，尽量先选较大的进给量，当进给量受到表面粗糙度和钻头刚度的限制时，再考虑选较大的切削速度。

具体选择钻削用量时，应根据钻头直径、钻头材料、工件材料、加工精度及表面粗糙度等方面的要求来合理选用。

（3）钻孔用切削液　钻孔一般属于粗加工，钻削过程中，钻头处于半封闭状态下工作，摩擦严重，散热困难。注入切削液是为了延长钻头寿命和提高切削性能，因此应以冷却为主。钻孔时由于加工材料和加工要求不一，所用切削液的种类和作用也不一样。钻孔用切削液见表 2-10。

表 2-10　钻孔用切削液

工件材料	切削液
各类结构钢	3%～5% 乳化液或 7% 硫化乳化液
不锈钢、耐热钢	3% 肥皂加 2% 亚麻油水溶液或硫化切削液
纯铜、黄铜、青铜	5%～8% 乳化液（也可不用）
铸铁	5%～8% 乳化液或煤油（也可不用）
铝合金	5%～8% 乳化液或煤油，煤油与菜油的混合油（也可不用）
有机玻璃	5%～8% 乳化液或煤油

2. 扩孔

用扩孔钻对工件上原有的孔进行扩大加工的方法称为扩孔，如图2-113所示。

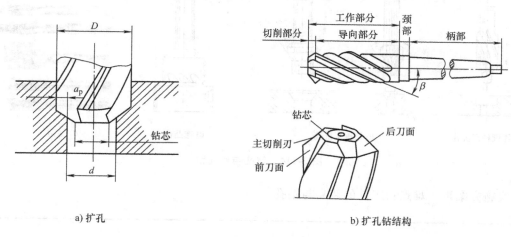

a) 扩孔   b) 扩孔钻结构

图 2-113 扩孔与扩孔钻

扩孔时背吃刀量 a_p 的计算公式为

$$a_p = \frac{D - d}{2}$$

式中 D——扩孔后的直径（mm）；

       d——扩孔前的直径（mm）。

扩孔的特点如下：

1）扩孔钻无横刃，避免了横刃切削所引起的不良影响。

2）背吃刀量较小，切屑易排出，不易擦伤已加工表面。

3）扩孔钻强度高、齿数多、导向性好、切削稳定，可使用较大的切削用量（进给量一般为钻孔的1.5～2倍，切削速度约为钻孔的1/2），提高了生产率。

4）加工质量较高。一般公差等级可达IT10～IT9，表面粗糙度可达 $Ra12.5 \sim Ra3.2\mu m$，常作为孔的半精加工及铰孔前的预加工。

3. 锪孔

用锪钻在孔口表面加工出一定形状的孔或表面的方法，称为锪削。锪孔可分为锪圆柱形沉孔、锪圆锥形沉孔和锪平面等几种形式，如图2-114所示。锪孔时的进给量为钻孔的2～3倍，切削速度为钻孔的1/3～1/2。精锪时可利用停车后的主轴惯性来锪孔，以减少振动而获得光滑表面。锪钢件时，应在导柱和切削表面加切削液润滑。

二、任务实施

工具准备：游标卡尺、千分尺、锉刀、划线工具、样冲、锤子、钻头（$\phi5.4mm$、$\phi7.8mm$、$\phi8mm$、$\phi8.5mm$、$\phi9.8mm$、$\phi12mm$）、$\phi10mm$ 圆柱形锪钻、$\phi2mm$ 中心钻、台式钻床、机用虎钳、压板等。

【任务要求】如图2-115所示，能按图样要求，完成钻孔、扩孔和锪孔要求。

【实施方案】首先准备好工件，根据图样对工件进行划线，打上样冲眼，对工件进行装夹后按图样要求钻孔、扩孔和锪孔。

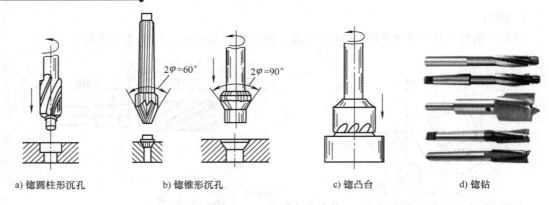

a) 锪圆柱形沉孔   b) 锪锥形沉孔   c) 锪凸台   d) 锪钻

图 2-114 锪孔与锪孔钻

实施方案重、难点：工件的装夹与钻孔。

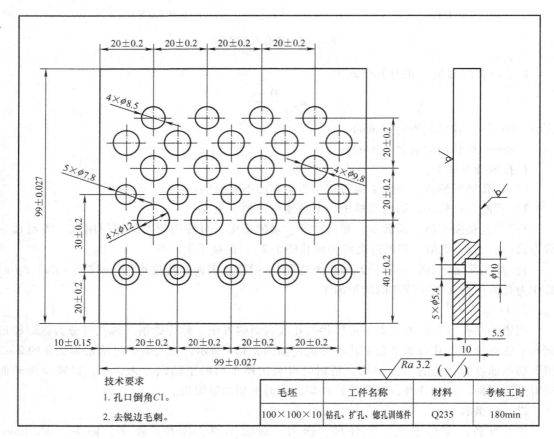

技术要求

1. 孔口倒角C1。

2. 去锐边毛刺。

毛坯	工件名称	材料	考核工时
100×100×10	钻孔、扩孔、锪孔训练件	Q235	180min

图 2-115 钻孔、扩孔、锪孔训练件

【操作步骤】

操作一 检查毛坯尺寸

根据图样检查毛坯尺寸，确定划线基准。

操作二 划线，打样冲眼

按图样要求划线、检查划线并用打样冲眼。

操作三 调整台式钻床工作台和头架高度

调整台式钻床工作台和头架高度，能正确装卸麻花钻，如图 2-116 所示。

操作四 装夹工件

正确选用合适的装夹方法，如图 2-117 所示。钻 $\phi7.8mm$ 孔时选用机用虎钳，钻 $\phi8.5mm$、$\phi9.8mm$ 孔时选用压板。根据钻孔直径和工件材料合理选择切削用量。

操作五 起钻

样冲眼处用 $\phi2mm$ 中心钻定中心，找正孔的位置。中心钻锥角为 90°，中心钻可扩大加深样冲头所冲的孔，使钻头尖刚好落入冲孔内。定中心的目的在于用中心钻确定孔中心，使麻花钻钻削时不摆动、偏斜。定中心时，万一中心钻偏斜，要及时进行调整（重新装夹）。

操作六 钻孔

按图样要求钻削 $\phi7.8mm$、$\phi8.5mm$、$\phi9.8mm$ 孔。

操作七 扩孔

扩孔时先用 $(0.5 \sim 0.7)$ D（D 为要求的孔径）的麻花钻钻底孔，然后用直径为 D 的麻花钻将孔扩大至要求尺寸，这样可以提高钻孔质量，减小进给力，保护机床和刀具等。

图 2-116 用钻钥匙正确安装钻头

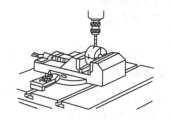

a) 机用虎钳装夹

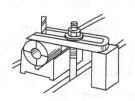

b) V形块装夹

c) 压板装夹

d) 自定心卡盘装夹

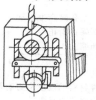

e) 角铁装夹

f) 手虎钳装夹

图 2-117 工件的钻削装夹

图样中 $\phi12mm$ 孔建议分两次钻孔，以保证孔径和减小孔的表面粗糙度值。先用压板压紧工件，然后用 $\phi8mm$ 钻头钻孔，最后用 $\phi12mm$ 钻头进行扩孔加工。

操作八 锪孔

图样中 $\phi10mm$ 锪孔分两次钻孔，先用压板压紧工件，然后用 $\phi5.4mm$ 钻头钻通孔，最后用 $\phi10mm$ 圆柱形锪钻进行锪孔，达到图样要求。

操作九　检查工件质量

先对工件棱边去毛刺，再根据图样要求正确测量孔径、孔距。

操作十　钻孔质量分析

钻孔时产生废品的种类、产生原因及预防方法见表 2-11。

表 2-11　钻孔时产生废品的种类、产生原因及预防方法

钻孔质量问题	产生原因	预防方法
孔径偏大	1. 钻头两主切削刃长短不一，有高低差 2. 钻床主轴径向偏摆或工作台未锁紧 3. 钻头本身弯曲或装夹不好，使钻头有过大的径向圆跳动	1. 刃磨钻头两主切削刃，使其等高 2. 调整钻床主轴或锁紧工作台 3. 更换钻头
孔壁粗糙	1. 钻头不锋利 2. 进给量太大 3. 切削液选用不当或供量不足 4. 钻头过短，排屑槽堵塞	1. 刃磨钻头 2. 减小进给量 3. 选择合适的切削液或供量充足 4. 更换钻头
孔距超差	1. 工件划线不准确 2. 钻头横刃过长，定心不准，起钻过偏未及时校正	1. 提高划线精度 2. 刃磨钻头
孔歪斜	1. 与孔垂直的平面与主轴不垂直或钻床与台面不垂直 2. 工件安装时，安装接触面上的切屑未及时清除干净 3. 工件装夹不牢，钻孔时产生歪斜，或工件有砂眼 4. 进给量太大，使钻头产生弯曲变形	1. 找正钻床与台面的垂直度 2. 切削应及时清除干净 3. 工件装夹牢固 4. 减小进给量
钻孔呈多边形	1. 钻头后角过大 2. 钻头两主切削刃长短不一，角度不对称	刃磨钻头
钻头工作部分折断	1. 钻头用钝后仍然继续使用 2. 钻孔时未经常退钻排屑，排屑槽堵塞 3. 孔快钻通时没有减小进给量 4. 进给量太大 5. 工件未夹紧，钻孔时产生松动 6. 钻孔已偏斜而强行借正 7. 钻铸铁时遇到缩孔	1 刃磨钻头 2. 钻孔时经常退钻排屑 3. 孔快钻通时应减小进给量 4. 减小进给量 5. 夹紧工件 6. 钻孔偏斜时慢慢多次纠正 7. 尽量选用合格的工件
切削刃迅速磨损或崩刃	1. 切削速度过高 2. 没有根据工件材料的硬度来刃磨钻头角度 3. 工件表面硬度高或有砂眼 4. 进给量太大 5. 切削液供应不足	1. 降低主轴转速 2. 根据工件材料的硬度来刃磨钻头角度 3. 选择合格的工件 4. 减小进给量 5. 加大切削液供应

三、拓展训练

在零件设计和加工中，会遇到一些特殊孔，其加工方法与一般钻孔有一定区别。特殊孔的钻削主要是指小孔、深孔、斜孔、不通孔、半圆孔、相交孔的钻削。

操作一　小孔的钻削

钻削加工中，一般将加工直径在 $\phi 3mm$ 以下的孔称为小孔。钻小孔时，由于钻头直径

小，因此强度较差，定心性能差，容易滑偏，钻头的螺旋槽也比较狭窄，不易排屑，钻孔时选用的转速又较高，所产生的切削热量较大，又不易散发，加剧了钻头磨损，因此给钻孔带来了不少困难。解决的办法如下：

1）选用较高的转速（通常应达到 1500 ~ 3000r/min）。

2）需用钻模钻孔或用中心孔引钻，以免钻头滑移而钻偏；进给力要尽量小（防止钻头折断），待钻头定心后，进给量要小而平稳，并及时排屑。

3）修磨钻头，以改善钻头的切削性能和排屑条件。

4）可进行频繁退钻，便于刀具冷却、润滑；同时向孔内和钻头加注充足的切削液，采用黏度低的机械油或植物油润滑。

操作二 深孔的钻削

深孔一般指长径比 L/d 大于 5 的孔。加工这类孔，用一般的麻花钻长度不够，所以需要用接长的钻头来加工。由于采用接长钻加工，钻头较细长，因此强度和刚度都比较差，加工时容易引起振动和孔歪斜。当钻头螺旋槽全部进入工件后，切削液的进入和切屑的排出不易，散热也不易，造成钻头加速磨损，影响加工质量。解决的办法如下：

1）用特长或加长（接长钻柄或套管）的麻花钻，采取分级进给的加工方法。在钻削过程中，使钻头加工了一段时间或一定深度后退出，借以排除切屑，并用切削液冷却刀具然后重复进给或退刀，直至加工完毕。此法仅适用于单件小批生产中。

2）钻通孔而没有接长钻时，采用两面钻孔。先在工件一面钻孔至孔深一半，再将一块平行垫铁用压板压在钻床工作台上，并钻、铰出一个一定直径的定位孔。加工一个台阶定位销，将定位销一端压入垫铁孔内，另一端与工件已钻孔为间隙配合，使工件定位，再进行钻孔。

3）采用其他类型的深孔钻实现一次进给。

操作三 斜孔的钻削

斜孔的钻削有三种情况：在斜面上钻孔、在平面上钻斜孔和在曲面上钻孔。它们的共同点是孔中心线与孔端面不垂直，如图 2-118 所示。

用一般方法钻斜孔时，钻头刚接触工件先是单面受力，作用在钻头切削刃上的背向分力会使钻头偏斜、滑移，使钻孔中心容易偏位，钻出的孔很难保证垂直。如钻头刚度不足时，会造成钻头因偏斜而钻不进工件，使钻头崩刃或折断。因此，可采用以下几种方法：

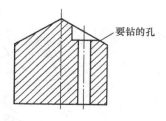

图 2-118 在斜面上先铣平面再钻孔

1）先用与孔径相等的立铣刀在斜面上铣出一个平面，然后再钻孔。

2）用錾子在斜面上錾出一个小平面后，然后用中心钻钻出一个较大的锥坑或用小钻头钻出一个浅孔，再用所需孔径的钻头钻孔。

3）先在孔中心处用样冲打样冲眼，再用中心钻钻出锥坑，然后用普通钻头钻孔。

操作四 不通孔的钻削

在钻削加工中，经常会碰到钻不通孔的情况，如气压、液压传动中的集成油路块、大型设备上用的双头螺柱和螺纹孔等。钻削不通孔时需利用钻床上的深度尺来控制钻孔的深度，或在钻头上套定位环或用粉笔做标记。由于钻头前端有顶角，所以定位环或粉笔标记的高度等于钻孔深度加上钻头直径的 70%，有互相相交的不通孔时，平面上必须在 X、Y 方向有定位挡块，以保证加工尺寸和相交交点的位置正确。

操作五　半圆孔的钻削

在某些工件上会要求钻削半圆孔或骑缝孔，此时加工出来的孔是呈半圆状的。半圆孔的钻削方法如下：

1）相同材料的半圆孔钻削方法。当相同材料的两工件边缘需钻半圆孔时，可把两件合起用台虎钳夹紧，若只需做一件，则可用一块相同材料与工件拼起来夹在台虎钳内进行钻削，如图 2-119a 所示。

2）不同材料的半圆孔钻削方法。在两件不同材质的工件上钻骑缝孔时，可采用"借料"的方法来完成。即钻孔的孔中心样冲眼要打在略偏向硬材料的一边，以抵消因阻力小而引起的钻头偏向软材料的偏移量，如图 2-119b 所示。

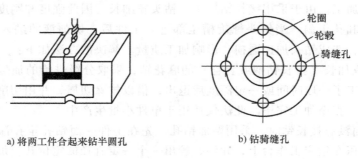

a) 将两工件合起来钻半圆孔　　　　　b) 钻骑缝孔

图 2-119　钻半圆孔

3）使用半孔钻钻削。如图 2-120 所示，此时是把标准麻花钻切削部分的钻心修磨成凹凸形，以凹为主，凸出两个外刃尖，使钻孔时切削表面形成凸肋，限制了钻头的偏移，因而

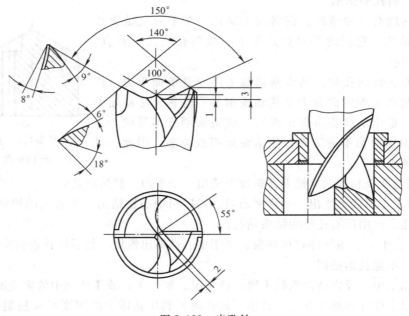

图 2-120　半孔钻

可以进行单边切削。为防止振动，最好采用低速手动进给。

操作六　相交孔的钻削

某些工件，尤其是阀体，在互成角度的各个面上都有一些大小相等或不等的孔，呈相交或不相交的状态分布，相交的孔有正交、斜交、偏交等情况。相交孔的钻削方法如下：

1）选择基准，准确划线。

2）按划线基准定位，先钻直径较大孔再钻直径较小孔。

3）对于精度要求不高的孔，分两次或三次扩孔加工的方法来达到要求；对于精度要求较高的孔，钻孔后应留有铰削或研磨的余量。

4）两孔即将钻穿时，应采用手动方式以较小的进给量进给，以免在偏切的情况下造成钻头折断或孔的歪斜。

5）斜交孔可采用在斜面上钻孔的方法加工。

四、小结

在本任务中学习了钻孔、扩孔和锪孔的相关知识，根据孔径大小选择合理的转速和装夹方法，掌握钻孔、扩孔和锪孔的操作技能，分析了钻孔时出现的质量问题。

【思考题】

1）钻削时钻头工作部分折断的原因有哪些？如何预防？

2）扩孔有哪些特点？

3）简述锪孔钻的种类和用途。

任务3　圆柱孔与圆锥孔的铰孔

铰孔是钻孔的后续加工，是得到较高精度孔的方法。铰孔的质量好坏，直接影响孔的尺寸精度、表面粗糙度以及之后的装配。通过对铰孔训练件的加工，初步掌握圆柱孔和圆锥孔的铰孔的操作技能，在机铰中正确选择切削用量，提高孔的加工精度。

 技能目标

◎了解铰刀的结构和种类，合理选用铰刀。

◎正确选用铰削余量和机铰时的切削用量。

◎掌握圆柱孔和圆锥孔的铰孔技能。

◎能根据铰刀使用情况和铰孔质量分析，查找原因，提高铰孔操作技能。

一、基础知识

用铰刀从工件孔壁上切除微量金属层，以获得较高尺寸精度和较小表面粗糙度值的方法，称为铰孔。铰刀是精度较高的多刃刀具，具有切削余量小、导向性好、加工精度高等特点。一般尺寸公差等级可达 IT9 ~ IT7，表面粗糙度可达 $Ra3.2 ~ Ra0.8\mu m$。

1. 铰刀的类型

铰刀常用高速钢或高碳钢制成，使用范围较广。铰刀的基本类型如图 2-121 所示。

1）手用铰刀：柄部带方榫形，以便铰杠套入。其工作部分较长，切削锥角较小。

2）机用铰刀：工作部分较短，切削锥角较大。

3）可调式手用铰刀：用于单件生产和修配工作中需要铰削的非标准孔。

4）锥铰刀：用来铰削圆锥孔。一般有 1∶10、1∶30、1∶50 锥铰刀和莫氏锥铰刀等。

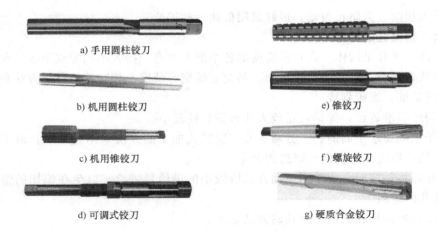

a) 手用圆柱铰刀

b) 机用圆柱铰刀

c) 机用锥铰刀

d) 可调式铰刀

e) 锥铰刀

f) 螺旋铰刀

g) 硬质合金铰刀

图 2-121　铰刀的基本类型

5）螺旋槽铰刀：用于铰削有键槽的内孔。

6）硬质合金铰刀：一般采用镶片式结构，适用于高速铰削和铰削硬材料。

2. 铰刀的组成

铰刀由工作部分、颈部和柄部组成，如图 2-122 所示。工作部分又有切削部分和校准部分。切削部分承担切去铰孔余量的任务。校准部分有棱边，主要起定向、修光孔壁、保证铰孔直径和便于测量等作用。为了减小铰刀和孔壁的摩擦，校准部分磨出倒锥量。铰刀齿数一般为 4 ~ 8 齿，为测量直径方便，多采用偶数齿。

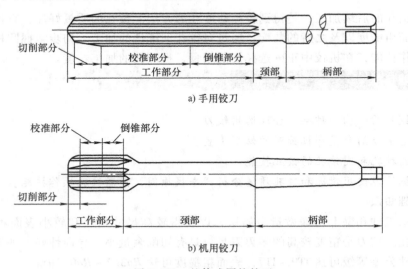

a) 手用铰刀

b) 机用铰刀

图 2-122　整体式圆柱铰刀

3. 铰刀用量的选择

（1）铰削余量 $2a_p$　铰削余量是指上道工序完成后，在直径方向留下的加工余量。

铰削余量应适中。余量太大，会使尺寸精度降低，表面粗糙度值增大，同时加剧铰刀磨损。余量太小，上道工序的残留变形难以纠正，原有刀痕不能去除，铰削质量达不到要求。

通常应考虑孔径大小、材料软硬、尺寸精度、表面粗糙度要求、铰刀类型及加工工艺等多种因素合理选择。一般粗铰余量为 0.15 ~ 0.35mm，精铰余量为 0.1 ~ 0.2mm。用普通高速钢铰刀铰孔时，可参考表 2-12 选取铰削余量。

表 2-12　铰削余量　　　　　　　　　　　　　　（单位：mm）

铰孔直径	<5	5 ~ 20	21 ~ 32	33 ~ 50	51 ~ 70
铰削余量	0.1 ~ 0.2	0.2 ~ 0.3	0.3	0.5	0.8

（2）机铰切削速度和进给量　使用普通标准高速钢机铰刀铰孔，切削速度和进给量的选用参考表 2-13。

表 2-13　机铰切削速度和进给量的选用

工件材料	切削速度 $v/$（m/min）	进给量 $f/$（mm/r）
钢	4 ~ 8	0.4 ~ 0.8
铸铁	6 ~ 10	0.5 ~ 1
钢或铝	8 ~ 12	1 ~ 1.2

4. 铰削时的冷却润滑

由于铰削时产生的切屑较细碎，易粘附在切削刃上或铰刀与孔壁之间，使已加工表面被拉毛，使孔径扩大，散热困难，易使工件和铰刀变形、磨损。如果在铰削时加入适当的切削液，就可及时对切屑进行冲洗，对刀具、工件表面进行冷却润滑，以减小变形，延长刀具寿命，提高铰孔质量。铰孔时切削液的选择见表 2-14。

表 2-14　铰孔时切削液的选择

加工材料	切削液
钢	1. 10% ~ 20% 乳化液 2. 铰孔要求高时，采用 30% 菜油加 70% 肥皂水 3. 铰孔的要求更高时，可用菜油、柴油、猪油等
铸铁	1. 不用 2. 煤油，但会引起孔径缩小，最大缩小量达 0.02 ~ 0.04mm 3. 低浓度的乳化液
铝	煤油
铜	乳化液

二、任务实施

工具准备：游标卡尺、钻头（φ3.9mm、φ9.8mm）、手用铰刀（φ4H7、φ8H7、φ10H7）、机用铰刀（φ10H7）、手用锥铰刀（φ4mm）、塞规（φ8H7、φ10H7）、φ4mm × 14mm 圆锥销、机用虎钳、压板、铰杠等。

【任务要求】如图 2-123 所示，能按图样要求，铰孔 φ8H7、φ10H7 并符合要求。

【实施方案】首先准备好工件，根据图样对工件进行划线，打样冲眼；然后对上一任务（见图 2-115）中 φ7.8mm、φ9.8mm 孔用手用铰刀进行手工铰孔；再对工件进行装夹后按图样要求钻孔，再用机用铰刀进行机铰孔。机铰时，选择立式钻床进行操作。

实施方案重、难点：手铰孔。

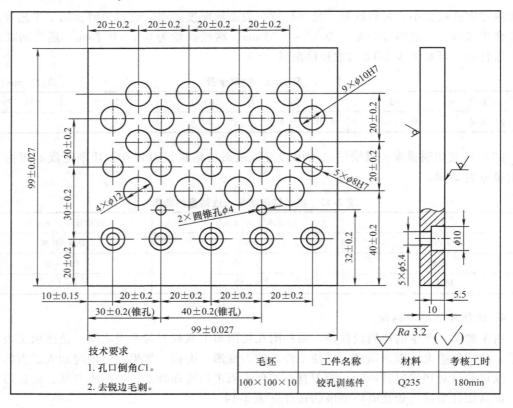

技术要求
1. 孔口倒角C1。
2. 去锐边毛刺。

毛坯	工件名称	材料	考核工时
100×100×10	铰孔训练件	Q235	180min

图 2-123 铰孔训练件

【操作步骤】

操作一 划线，打样冲眼

按图样要求划线、检查划线并用样冲打样冲眼。

操作二 手铰孔 ϕ8H7、ϕ10H7

上一任务中已经钻好的 ϕ7.8mm、ϕ9.8mm 孔用手用铰刀进行手工铰孔，如图 2-124a 所示。

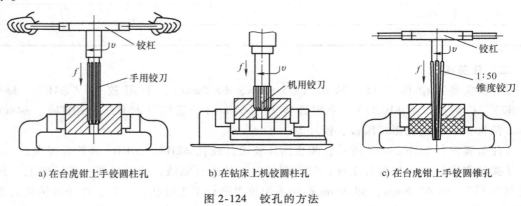

a) 在台虎钳上手铰圆柱孔   b) 在钻床上机铰圆柱孔   c) 在台虎钳上手铰圆锥孔

图 2-124 铰孔的方法

1）装夹要可靠地将工件夹正、夹紧。对薄壁零件，要防止夹紧力过大而将孔夹扁。

2）手铰时，两手用力要平衡、均匀、稳定，以免在孔的进口处出现喇叭孔或造成孔径扩大；进给时，不要猛力推压铰刀，而应一边旋转，一边轻轻加压，否则孔表面会很粗糙。

3）铰孔时，不论进刀还是退刀都不能反转，以防止刃口磨钝及切屑卡在刀齿后面与孔壁间，将孔壁划伤。铰削过程中如果铰刀被卡住，不能用力扳转铰刀，以防损坏；而应取出铰刀，待清除切屑、加注切削液后再进行铰削。

操作三　钻 ϕ9.8mm 孔，机铰孔 ϕ10H7

调整台或钻床的床身高度，装夹工件，根据冲眼位置对新的 ϕ9.8mm 孔进行钻孔。

每钻好一个 ϕ9.8mm 孔后就立即用机用铰刀进行铰孔 ϕ10H7，如图 2-124b 所示。

机铰时，应使工件一次装夹进行钻孔、扩孔、铰孔，以保证孔的加工位置。铰孔完成后，要待铰刀退出后再停车，以防将孔壁拉出痕迹。

操作四　手铰圆锥孔 ϕ4mm

用 ϕ3.9mm 钻头钻孔，然后用 ϕ4mm 圆锥手用铰刀进行手工铰孔。

铰尺寸较小的圆锥孔时，可先以小端直径按圆柱孔精铰余量钻出底孔，然后用锥铰刀铰削。对尺寸和深度较大的圆锥孔，为减小切削余量，铰孔前可先钻出阶梯孔，如图 2-125 所示。然后再用锥铰刀铰削，铰削过程中要经常用相配的圆锥销来检查铰孔尺寸，如图 2-126 所示。

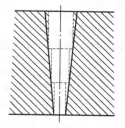

图 2-125　预钻阶梯孔

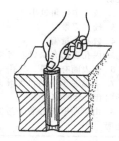

图 2-126　用圆锥销检验所铰孔的尺寸

操作五　铰削质量分析

铰刀铰孔质量问题、产生原因及预防方法见表 2-15。

表 2-15　铰刀铰孔质量问题、产生原因及预防方法

铰孔质量问题	产生原因	预防方法
孔径增大，误差大	1. 铰刀外径尺寸设计值偏大或铰刀刃口有毛刺 2. 切削速度过高 3. 进给量不当或加工余量过大 4. 铰刀主偏角过大 5. 铰刀弯曲 6. 铰刀刃口上粘附着切屑瘤 7. 刃磨时铰刀刃口摆差超差 8. 切削液选择得不合适 9. 安装铰刀时锥柄表面油污未擦干净或锥面有磕碰伤 10. 锥柄的扁尾偏位装入机床主轴后锥柄圆锥干涉	1. 根据具体情况适当减小铰刀外径 2. 降低切削速度 3. 适当调整进给量或减少加工余量 4. 适当减小铰刀主偏角 5. 校直或报废弯曲的不能用的铰刀 6. 用磨石仔细修整到合格 7. 控制铰刀刃口摆差在允许的范围内 8. 选择冷却性能好的切削液 9. 安装铰刀前必须将铰刀锥柄及机床主轴锥孔内部的油污擦净，锥面有磕碰处用磨石修光 10. 修磨铰刀扁尾

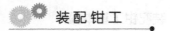

（续）

铰孔质量问题	产生原因	预防方法
孔径增大，误差大	11. 主轴弯曲或主轴轴承过松或损坏 12. 铰刀浮动不灵活 13. 与工件孔不同轴 14. 手铰孔时两手用力不均匀，使铰刀左右晃动	11. 调整或更换主轴轴承 12. 重新调整浮动卡头 13. 调整同轴度 14. 注意正确操作
孔径缩小	1. 铰刀外径尺寸设计值偏小 2. 切削速度过低 3. 进给量过大 4. 铰刀主偏角过小 5. 切削液选择得不合适 6. 刃磨时铰刀磨损部分未磨掉，弹性恢复使孔径缩小 7. 铰钢件时，余量太大或铰刀不锋利，易产生弹性恢复，使孔径缩小 8. 内孔不圆，孔径不合格	1. 更换铰刀外径尺寸 2. 适当提高切削速度 3. 适当降低进给量 4. 适当增大铰刀主偏角 5. 选择润滑性能好的油性切削液 6. 定期互换铰刀，正确刃磨铰刀切削部分 7. 设计铰刀尺寸时，应考虑上述因素，或根据实际情况取值 8. 做试验性切削，取合适余量，将铰刀磨得锋利
铰出的内孔不圆	1. 铰刀过长，刚性不足，铰削时产生振动 2. 铰刀主偏角过小 3. 铰刀刃带窄 4. 铰孔余量偏 5. 内孔表面有缺口、交叉孔 6. 孔表面有砂眼、气孔 7. 主轴轴承松动，无导向套，或铰刀与导向套配合间隙过大 8. 由于薄壁工件装夹过紧，卸下后工件变形	1. 刚性不足的铰刀可采用不等齿距的铰刀，铰刀的安装应采用刚性连接 2. 增大铰刀主偏角 3. 选用合格铰刀 4. 控制预加工工序的孔位置公差 5. 采用不等齿距铰刀和较长、较精密的导向套 6. 选用合格毛坯 7. 采用等齿距铰刀铰削较精密的孔时，应对机床主轴间隙进行调整，导向套的配合间隙要求较高 8. 采用恰当的夹紧方法，减小夹紧力
孔的内表面有明显的棱面	1. 铰孔余量过大 2. 铰刀切削部分后角过大 3. 铰刀刃带过宽 4. 工件表面有气孔、砂眼 5. 主轴摆差过大	1. 减小铰孔余量 2. 减小铰孔切削部分后角 3. 修磨铰刀刃带宽度 4. 选择合格毛坯 5. 调整机床主轴
内孔表面粗糙度值高	1. 切削速度过高 2. 切削液选择得不合适 3. 铰刀主偏角过大，铰刀刃口不在同一圆周上 4. 铰孔余量太大 5. 铰孔余量不均匀或太小，局部表面未铰到 6. 铰刀切削部分摆差超差、刃口不锋利，表面粗糙 7. 铰刀刃带过宽 8. 铰孔时排屑不畅 9. 铰刀过度磨损 10. 铰刀碰伤，刃口留有毛刺或崩刃 11. 刃口有积屑瘤 12. 由于材料关系，不适用于零度前角或负前角铰刀	1. 降低切削速度 2. 根据加工材料选择切削液 3. 适当减小主偏角，正确刃磨铰刀刃口 4. 适当减小铰孔余量 5. 提高铰孔前底孔位置精度与质量或增加铰孔余量 6. 选用合格铰刀 7. 修磨刃带宽度 8. 根据具体情况减少铰刀齿数，加大容屑槽空间或采用带刃倾角的铰刀，使排屑顺利 9. 定期更换铰刀，刃磨时把磨削区磨去 10. 铰刀在刃磨、使用及运输过程中，应采取保护措施，避免碰伤 11. 对已碰伤的铰刀，应用特细的磨石将碰伤的铰刀修好，或更换铰刀 12. 用磨石修整到合格，采用前角为 5°~10° 的铰刀

（续）

铰孔质量问题	产生原因	预防方法
铰刀寿命低	1. 铰刀材料不合适 2. 铰刀在刃磨时烧伤 3. 切削液选择不合适，切削液未能顺利地流到切削处 4. 铰刀刃磨后表面粗糙度值太大	1. 根据加工材料选择铰刀材料，可采用硬质合金铰刀或涂层铰刀 2. 严格控制刃磨切削用量，避免烧伤 3. 经常根据加工材料正确选择切削液 4. 经常清除切屑槽内的切屑，用足够压力的切削液，经过精磨或研磨达到要求
铰出的孔位置精度超差	1. 导向套磨损 2. 导向套底端距工件太远 3. 导向套长度短、精度差 4. 主轴轴承松动	1. 定期更换导向套 2. 加长导向套，提高导向套与铰刀间隙的配合精度 3. 及时维修机床 4. 调整主轴轴承间隙
铰刀刀齿崩刃	1. 铰孔余量过大 2. 工件材料硬度过高 3. 切削刃摆差过大，切削负荷不均匀 4. 铰刀主偏角太小，使切削宽度增大 5. 铰深孔或不通孔时，切屑太多，又未及时清除 6. 刃磨时刀齿已磨裂	1. 修改预加工的孔径尺寸 2. 降低材料硬度或改用负前角铰刀或硬质合金铰刀 3. 控制切削刃摆差在合格范围内 4. 加大主偏角 5. 注意及时清除切屑或采用带刃倾角铰刀 6. 注意刃磨质量
铰刀柄部折断	1. 铰孔余量过大 2. 铰锥孔时，粗、精铰削余量分配及切削用量选择不合适 3. 铰刀刀齿容屑空间小，切屑堵塞	1. 修改预加工的孔径尺寸 2. 修改铰削余量分配，合理选择切削用量 3. 减少铰刀齿数，加大容屑空间
铰孔后孔的中心线不直	1. 铰孔前的钻孔偏斜，特别是孔径较小时，由于铰刀刚性较差，不能纠正原有的弯曲度 2. 铰刀主偏角过大 3. 导向不良，使铰刀在铰削中易偏离方向 4. 切削部分倒锥过大 5. 铰刀在断续孔中部间隙处位移 6. 手铰孔时，在一个方向上用力过大，迫使铰刀向一端偏斜，破坏了铰孔的垂直度	1. 增加扩孔或镗孔工序校正孔 2. 减小铰刀主偏角 3. 调整合适的铰刀 4. 调换有导向部分或加长切削部分的铰刀 5. 注意正确操作

三、小结

在本任务中，学习了铰刀和铰孔的相关知识，能根据孔径大小选择合理的铰削余量，掌握手铰、机铰和锥铰等铰孔的操作技能，分析了铰孔时出现的质量问题及解决方法。

【思考题】

1）铰刀由哪几部分组成？各部分的作用是什么？

2）如何确定铰削余量？铰削余量大小对铰孔有哪些影响？

3）铰孔时孔径增大的原因有哪些？如何预防？

任务4 攻 螺 纹

螺纹零件主要用于密封、连接、紧固及传递运动和动力等，在生产和生活中应用非常广泛。螺纹加工是钳工装配中经常用到的一项技能。通过攻螺纹操作，能明确攻螺纹前底孔直径与不通孔螺纹的底孔深度的计算方法，掌握攻螺纹的正确操作要领，能较熟练地进行内螺纹加工。

 技能目标

◎ 了解丝锥的结构和种类，合理选用丝锥。

◎ 能根据不同材料，正确计算螺纹底孔直径，以及不通孔螺纹的底孔深度。

◎ 初步掌握攻螺纹的操作技能。

◎ 能根据丝锥的损坏情况和螺纹孔的质量分析、查找原因，提高攻螺纹操作技能。

一、基础知识

攻螺纹是指用丝锥在孔中切削加工内螺纹的方法。

1. 攻螺纹工具

（1）丝锥 丝锥是用高速钢制成的一种成形多刃刀具。丝锥由柄部和工作部分组成，如图 2-127 所示。柄部是攻螺纹时被夹持的部分，起传递转矩的作用。工作部分由切削部分和校准部分组成，切削部分起切削作用，校准部分有完整的牙型，用来修光和校准已加工出的螺纹，并引导丝锥沿轴向前进。

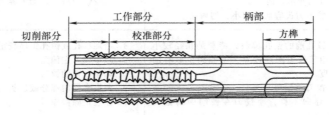

图 2-127　丝锥的结构

丝锥的种类有手用丝锥、机用丝锥、管螺纹丝锥、挤压丝锥等，如图 2-128 所示。丝锥的结构简单，使用方便，既可手工操作，也可以在机床上工作，应用非常广泛。

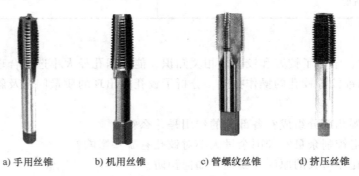

a) 手用丝锥　　　b) 机用丝锥　　　c) 管螺纹丝锥　　　d) 挤压丝锥

图 2-128　丝锥的种类

手用丝锥是手工攻螺纹时用的一种丝锥，如图 2-128a 所示，它常用于单件小批生产及各种修配场合。机用丝锥是通过攻螺纹夹头，装夹在机床上使用的一种丝锥，如图 2-128b 所示，它的形状与手用丝锥相仿，不同的是其柄部除铣有方榫外，还割有一条环槽。

（2）铰杠　铰杠是手工攻螺纹时用来夹持丝锥的工具。铰杠分普通铰杠和丁字铰杠两类，如图 2-129 所示。各类铰杠又可分为固定式和可调式铰杠两种。

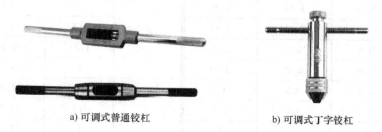

a) 可调式普通铰杠　　　　　　　　b) 可调式丁字铰杠

图 2-129　铰杠的种类

2. 攻螺纹前底孔直径与深度的确定

（1）攻螺纹前底孔直径的确定　丝锥的切削刃除了起切削作用外，还对工件的材料产生挤压作用，被挤压出来的材料凸出在工件螺纹牙型的顶端，嵌在丝锥刀齿根部的空隙中。此时，如果丝锥刀齿根部与工件螺纹牙型的顶端之间没有足够的空隙，丝锥就会被挤压出来的材料扎住，造成崩刃、折断和工件螺纹烂牙。因此，攻螺纹之前的底孔直径应稍大于螺纹小径。

螺纹底孔直径应该根据工件材料的塑性和钻孔时的扩张量来考虑，使攻螺纹时既有足够的空隙来容纳被挤压出来的材料，又能保证加工出来的螺纹具有完整的牙型。加工普通螺纹底孔的钻头直径按下列公式计算：

1）对于钢和塑性较大的材料、扩张量中等的条件：

$$d_0 = D - P$$

式中　d_0——攻螺纹钻螺纹底孔用钻头直径（mm）；

D——螺纹大径（mm）；

P——螺距（mm）。

2）对于铸铁和塑性较小的材料、扩张量较小的条件：

$$d_0 = D - (1.05 \sim 1.1)P$$

加工普通螺纹底孔的钻头直径也可直接按表 2-16 选用。

（2）螺纹底孔深度的确定　如图 2-130 所示，攻不通孔螺纹时的钻孔深度等于所需螺孔的深度 $+0.7D$，即

$$H_{钻} = h_{有效} + 0.7D$$

式中　$H_{钻}$——底孔深度（mm）。

$h_{有效}$——螺纹有效深度（mm）；

D——螺纹大径（mm）。

表 2-16 攻螺纹前钻底孔的直径　　　　　　　　　　　　（单位：mm）

| 螺纹直径 D | 螺距 P | 钻头直径 d_0 | | 螺纹直径 D | 螺距 P | 钻头直径 d_0 | |
		铸铁 青铜 黄铜	钢 可锻铸铁 纯铜			铸铁 青铜 黄铜	钢 可锻铸铁 纯铜
2.5	0.45	2.05	2.05		1.75	10.1	10.2
	10.36	2.15	2.15	12	1.5	10.4	10.5
3	0.5	2.5	2.5		1.25	10.6	10.7
	0.35	2.65	2.65		1	10.9	11
4	0.7	3.3	3.3		2	11.8	12
	0.5	3.5	3.5	14	1.5	12.4	12.5
6	1	4.9	5		1	12.9	13
	0.75	5.2	5.2		2	13.8	14
8	1.25	6.6	6.7	16	1.5	14.4	14.5
	1	6.9	7		1	14.9	15
	0.75	7.1	7.2		2.5	15.3	15.5
10	1.5	8.4	8.5		2	15.8	16
	1.25	8.6	8.7	18	1.5	16.4	16.5
	1	8.9	9		1	16.9	17
	0.75	9.1	9.2				

二、任务实施

工具准备：游标卡尺、钻头（ϕ5mm、ϕ8.5mm、ϕ12mm）、手用丝锥（M6、M10）、机用虎钳、压板、铰杠等。

【任务要求】 如图 2-131 所示，能按图样要求攻通孔螺纹 M10 和不通孔螺纹 M6。

【实施方案】 首先准备好工件，根据图样对工件进行划线，打上样冲眼；然后对上一任务中 ϕ8mm 孔用 ϕ8.5mm 钻头进行扩孔后用手用丝锥 M10 进行攻通孔螺纹；再对工件装夹后按图样要求计算钻孔深度，后用 ϕ5mm 钻头钻孔后，孔口倒角后，用手用丝锥 M6 进行攻不通孔螺纹。

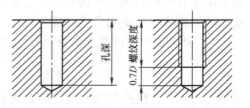

图 2-130 螺纹底孔深度的确定

实施方案重、难点：计算螺纹底孔直径和不通孔深度，进行手工攻螺纹。

【操作步骤】

操作一 划线，打样冲眼

按图样要求划线、检查划线并用样冲打上样冲眼。

操作二 攻通孔螺纹 M10

对上一任务中已经钻好的 ϕ8mm 孔进行扩孔至 ϕ8.5mm 孔口倒角后，进行攻螺纹 M10，如图 2-131 所示。

1）攻螺纹前螺纹底孔要倒角，通孔螺纹两端孔都要倒角。这样可使丝锥容易切入并防止攻螺纹后孔口的螺纹崩裂。

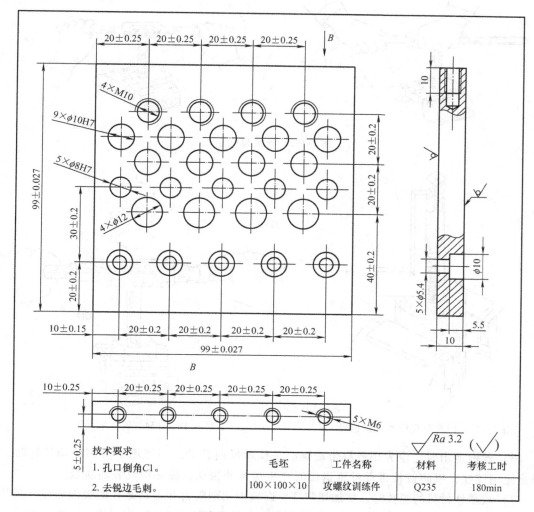

图 2-131 攻螺纹训练件

2）攻螺纹前，工件的装夹位置要正确，应尽量使螺孔中心线置于水平或垂直位置，其目的是使攻螺纹时便于判断丝锥是否垂直于工件平面。

3）开始攻螺纹时应把丝锥放正，用右手掌按住铰杠中部沿丝锥中心线用力加压，此时左手配合做顺时针方向旋进；或两手握住铰杠两端平衡施加压力，并将丝锥顺时针方向旋进，保持丝锥中心与孔中心线重合，不能歪斜，如图 2-132 所示。

4）当切削部分切入工件 1~2 圈时，用目测或直角尺检查和找正丝锥与工件表面的垂直度，如图 2-133 所示。当切削部分全部切入工件时，应停止对丝锥施加压力，只须平稳地转动铰杠靠丝锥上的螺纹自然旋进，要间断性地倒转 1/4~1/2 圈进行断屑和排屑，如图 2-134 所示。

5）攻通孔螺纹时，丝锥校准部分不应全部攻出头，否则会扩大或损坏孔口最后几牙螺纹。

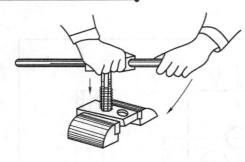 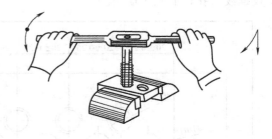

图 2-132　丝锥起攻方法

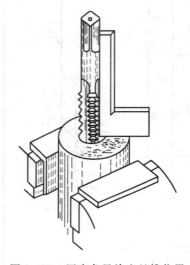

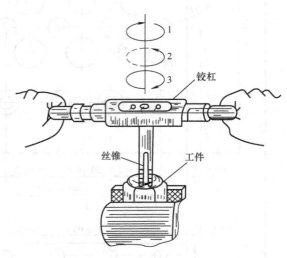

图 2-133　用直角尺检查丝锥位置　　　　　　图 2-134　铰杠正反转

6）丝锥退出时，应先用铰杠带动螺纹平稳地反向转动，当能用手直接旋动丝锥时，应停止使用铰杠，以防铰杠带动丝锥退出时产生摇晃和振动，破坏螺纹表面质量。

7）攻塑性材料的螺孔时，要加切削液，以减少切削阻力和提高螺孔的表面质量，延长丝锥的使用寿命。一般用机油或浓度较大的乳化液，要求高的螺孔也可用菜油或二硫化钼等。

操作三　攻不通孔螺纹 M6

对上一任务中已经钻好的 $\phi8.5mm$ 进行攻螺纹 M10，如图 2-131 所示。

1）确定底孔直径。根据公式 $D_孔 = D - P$ 或查表 2-16 得，底孔直径为 8.5mm。

2）确定底孔深度。根据公式 $H_钻 = h_{有效} - 0.7D = (10 + 0.6 \times 6)\ mm = 13.6mm$，圆整后取 $H_钻 = 14mm$。

3）调整台式钻床的床身高度，装夹工件，根据样冲眼位置钻孔 $\phi8.5mm$ 深 14mm。

4）攻不通孔螺纹 M10。攻不通孔螺纹时，要经常退出丝锥，排除孔中的切屑。当将要攻到孔底时，更应及时排出孔底积屑，以免攻到孔底丝锥被卡住。

操作四　检查工件质量

先对工件棱边去毛刺，再根据图样要求正确测量孔径、孔距。

操作五　对所攻螺纹质量及丝锥损坏情况进行分析

攻螺纹主要质量问题、产生原因及预防方法见表 2-17。

表 2-17 攻螺纹主要质量问题、产生原因及预防方法

螺纹质量问题	产生原因	预防方法
螺纹牙深不够	1. 攻螺纹前底孔直径太大 2. 丝锥磨损	1. 正确计算底孔直径 2. 刃磨或更换丝锥
烂牙	1. 螺纹底孔直径太小，丝锥不易切入，孔口烂牙 2. 换用二锥、三锥时，与已切出的螺纹没有旋合好就强行攻削 3. 头锥攻螺纹不正确，用二锥、三锥时强行纠正 4. 对塑性材料未加切削液或丝锥不经常倒转，而把已切出的螺纹啃伤 5. 丝锥磨钝或切削刃有粘屑 6. 丝锥铰杠掌握不稳，攻铝合金等强度较低的材料时，容易被切烂	1. 正确计算底孔直径 2. 在更换丝锥时待正确旋合后再进行攻削 3. 头锥攻螺纹要正确攻削，多检查丝锥位置 4. 对塑性材料加切削液，丝锥经常倒转 5. 刃磨或更换丝锥 6. 提高丝锥铰杠在攻削时的稳定性
滑牙	1. 攻不通孔螺纹时，丝锥已到底仍继续扳转 2. 在强度较低的材料上攻较小螺纹孔时，丝锥已切出螺纹仍继续加压力，或攻完退出时连铰杠转出	1. 丝锥已到底时要及时退出或在丝锥上做出深度记号 2. 丝锥已切出螺纹不再施加压力，或攻完退出时不能连铰杠转出
螺孔攻歪	1. 丝锥与工件端平面不垂直 2. 机攻螺纹时丝锥与螺孔不同心	1. 起削时要使丝锥与工件端平面垂直，要注意检查与校正 2. 机攻螺纹应使工件一次装夹，以保证同轴度要求
螺纹表面粗糙度值过大	1. 丝锥的刃磨参数选择不合适 2. 工件材料硬度过低 3. 丝锥刃磨得质量不好 4. 切削液选择不合理 5. 切削速度过高 6. 丝锥使用时间过长，磨损大	1. 加大丝锥前角，减少切削锥角 2. 进行热处理，适当提高工件硬度 3. 保证丝锥前刀面有较小的表面粗糙度值 4. 选择润滑性好的切削液 5. 适当降低切削速度 6. 更换已磨损的丝锥
丝锥折断	1. 底孔直径偏小，排屑差造成切屑堵塞 2. 攻不通孔螺纹时，钻孔的深度不够 3. 切削速度太高 4. 机用丝锥与螺纹底孔直径不同轴 5. 被加工件硬度不稳定 6. 丝锥使用时间过长，过度磨损	1. 正确选择螺纹底孔的直径 2. 钻底孔深度要达到规定的标准 3. 按标准适当降低切削速度 4. 保证其同轴度符合要求 5. 保证工件硬度符合要求 6. 丝锥磨损应及时更换
丝锥崩齿	1. 丝锥前角选择过大 2. 丝锥每齿切削厚度太大 3. 丝锥使用时间过长而磨损严重	1. 适当减少丝锥前角 2. 适当增加切削锥的长度 3. 及时更换丝锥
丝锥磨损过快	1. 切削速度过高 2. 丝锥刃磨参数选择不合适 3. 切削液供给不充分 4. 工件的材料硬度过高 5. 丝锥刃磨时，产生烧伤现象	1. 适当降低切削速度 2. 减少丝锥前角，加长切削锥长度 3. 选用润滑性好的切削液 4. 对被加工件进行适当的热处理 5. 正确地刃磨丝锥

三、拓展训练

在实际生产过程中加工内螺纹时，经常因操作者经验不足、技能欠佳、方法不当或丝锥质量不高而发生丝锥折断的情况。下面介绍几种从螺孔中取出折断丝锥的方法

1）当折断的丝锥折断部分露出孔外时，可用尖嘴钳夹紧后拧出，或用尖錾子轻轻地剔出；也可以在断锥上焊一个六角螺母，然后再用扳手轻轻地扳动六角螺母将断丝锥退出，如图 2-135 所示。其缺点是：太小的断入物无法焊接；对焊接技巧要求极高，容易烧坏工件；焊接处容易断，能取出断入物的概率小。

2）当丝锥折断部分在孔内时，可用带方榫的断丝锥上拧两个螺母，用钢丝（根数与丝锥槽数相同）插入断丝锥和螺母空槽中，然后用铰杠按退出方向扳动方榫，把断丝锥取出，如图 2-136 所示。

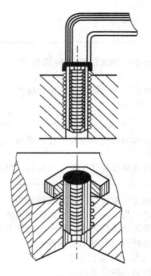

图 2-135　堆焊法取出断丝锥

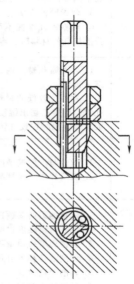

图 2-136　双螺母插钢丝取出断丝锥

3）丝锥的折断往往是在受力很大的情况下突然发生的，致使断在螺孔中的半截丝锥的切削刃紧紧地楔在金属内，一般很难使丝锥的切削刃与金属脱离，为了使丝锥能够在螺孔中松动，可以用振动法。振动时可用一个冲头或一把尖錾抵在丝锥的容屑槽内，用锤子按螺纹的正反方向反复轻轻敲打，直到丝锥松动即可，如图 2-137a 所示。这种方法的缺点是只适宜脆性断入物，将断入物敲碎，然后慢慢剔出；如断入物太深、太小都无法取出，且容易破

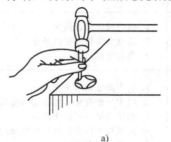

a)

b)

图 2-137　冲头或尖錾敲击或专用工具取出断丝锥

坏原有孔。

4）对一些精度要求不高的工件，也可用乙炔火焰或喷灯使丝锥退火，然后用钻头去钻，此时钻头直径应比底孔直径小，钻孔也要对准中心，防止将螺纹钻坏，孔钻好后打入一个扁形或方形冲头再扳手旋出丝锥。这种方法的缺点是：对锈死或卡死的断入物无用；对大型工件无用；对太小的断入物无用；且耗时、费事。

5）对一些精度要求高且容易变形的工件，则可利用电火花对断丝锥进行电蚀加工。这种方法的缺点是：对大型工件无用，无法放入电火花机床工作台；耗时；太深时容易积炭，打不下去。

6）目前已有成套的专用丝锥取出器，如图2-137b所示。

四、小结

在本任务中学习了攻螺纹的相关知识，能计算螺纹的底孔直径以及不通孔的底孔深度，掌握攻螺纹的操作技能，分析了攻螺纹时出现的螺纹缺陷与丝锥损坏情况，并对攻螺纹时丝锥断在螺纹孔中的情况提出了针对性的解决措施。

【思考题】

1）分别在钢件和铸铁件上攻 M18 的不通孔内螺纹，若螺纹的有效长度为 30mm，求攻螺纹前底孔直径及钻孔深度。

2）分析攻螺纹时产生废品的原因及预防方法。

3）分析攻螺纹时丝锥损坏的原因及预防方法。

任务5 套 螺 纹

螺纹加工不仅有攻螺纹还有套螺纹，两者均是装配钳工中的一项操作技能。通过套螺纹件的操作，会计算套螺纹前的圆杆直径，掌握套螺纹的操作方法。

 技能目标

◎掌握套螺纹圆杆直径的计算方法。
◎掌握套螺纹的操作方法。

一、基础知识

用板牙在圆杆或管子上切削出外螺纹的方法，称为套螺纹。

1. 套螺纹工具

（1）板牙 板牙是一种标准的多刃螺纹加工工具，按其外形和用途分为圆板牙（见图2-138a）、管螺纹圆板牙（见图2-138b）、六角板牙（见图2-138c）、硬质合金板牙（见图2-138d）等，其中以圆板牙应用最广。

a) 圆板牙　　b) 管螺纹圆板牙　　c) 六角板牙　　d) 硬质合金板牙

图2-138 板牙的种类

（2）板牙架　板牙架是装夹板牙的工具，板牙放入后用螺钉紧固，如图 2-139 所示。目前在生产中为便于维修与加工，丝锥与板牙有成套组合，如图 2-140 所示。

图 2-139　板牙架

图 2-140　丝锥板牙套装

2. 套螺纹前圆杆直径的确定

套螺纹时，金属材料因受板牙的挤压而产生变形，牙顶将被挤得高一些，所以套螺纹前圆杆直径应稍小于螺纹大径。圆杆直径的计算公式为

$$d_{\text{杆}} = d - 0.13P$$

式中　$d_{\text{杆}}$——套螺纹前圆杆直径（mm）；

d——螺纹大径（mm）；

P——螺距（mm）。

二、任务实施

工具准备：游标卡尺、板牙（M6、M10）、板牙架等。

【任务要求】　能按图 2-141 所示要求对 M6、M10 双头螺柱进行套螺纹。

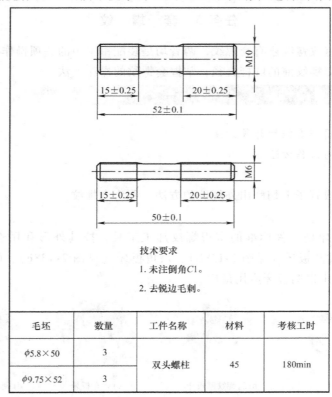

技术要求

1. 未注倒角C1。

2. 去锐边毛刺。

毛坯	数量	工件名称	材料	考核工时
$\phi5.8 \times 50$	3	双头螺柱	45	180min
$\phi9.75 \times 52$	3			

图 2-141　双头螺柱

124

【实施方案】　首先准备好工件，根据图样对工件进行划线；对 $\phi5.8mm$、$\phi9.75mm$ 圆杆进行套螺纹。

实施方案重、难点：计算套螺纹前的圆杆直径，进行手工套螺纹。

【操作步骤】

操作一　划线

按图样要求划线、检查划线，如图 2-141 所示。

操作二　套孔螺纹 M6、M10

对 $\phi5.8mm$、$\phi9.75mm$ 圆杆进行套螺纹，达到 M6、M10 尺寸要求。

1）将套螺纹的圆杆顶端倒角 $15°\sim20°$，如图 2-142 所示，以方便板牙套螺纹时切入。

2）选择一个 M6 圆板牙，一把板牙架，一副钳口，动植物润滑油等。

3）将圆杆夹正、夹紧在软钳口内，不宜伸出过长。

4）板牙开始套螺纹时，要检查找正，使圆板牙平面与圆杆垂直，如图 2-143 所示。

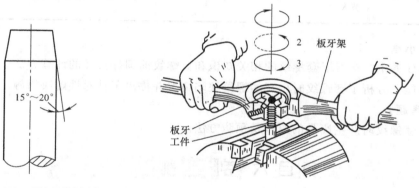

图 2-142　圆杆顶端倒角　　　　图 2-143　套螺纹的方法

5）在开始套螺纹时，可用手掌按住板牙中心，适当施加压力并转动铰杠。当板牙切入圆杆 $1\sim2$ 圈时，应目测检查和校正板牙的位置。当板牙切入圆杆 $3\sim4$ 圈时，应停止施加压力，平稳地转动板牙架，靠板牙螺纹自然旋进切出螺纹。与攻螺纹要求一样要经常反转，使切屑断碎并及时排屑。

6）圆板牙下端至划线处时退出板牙，注意退出板牙时不能让板牙掉落。

操作三　对所套螺纹质量进行分析

套螺纹质量问题、产生原因及预防方法见表 2-18。

表 2-18　套螺纹质量问题、产生原因及预防方法

螺纹质量问题	产生原因	预防方法
烂牙	1. 圆杆直径太大 2. 板牙磨钝 3. 套螺纹时，板牙没有经常倒转 4. 板牙架掌握不稳，套螺纹时，板牙左右摇摆 5. 板牙歪斜太多，套螺纹时强行修正板牙，切削刃上具有积屑瘤	1. 正确计算圆杆直径 2. 更换板牙 3. 套螺纹时板牙及时倒转 4. 套螺纹时拿稳板牙架 5. 放正板牙架，及时清除切屑

（续）

螺纹质量问题	产生原因	预防方法
烂牙	6. 用带调整槽的板牙套螺纹，第二次套螺纹时板牙没有与已切出螺纹旋合就强行套螺纹 7. 未采用合适的切削液	6. 与已切出螺纹正确旋合后再套螺纹 7. 采用合适的切削液
螺纹歪斜	1. 板牙端面与圆杆不垂直 2. 用力不均匀，板牙架歪斜	1. 确保板牙端面与圆杆垂直 2. 用力均匀，使板牙架平衡
螺纹中径小（齿形瘦）	1. 板牙已切入仍施加压力 2. 由于板牙端面与圆杆不垂直而多次纠正，使部分螺纹切去过多	1. 板牙已切入后不施加压力 2. 确保板牙端面与圆杆垂直
螺纹牙深不够	1. 圆杆直径太小 2. 用带调整槽的板牙套螺纹时，直径调节太大	1. 正确计算圆杆直径 2. 合理调节板牙套直径

三、小结

在本任务中，学习了套螺纹的相关知识和套螺纹前圆杆直径的计算方法，学会了套螺纹的操作技能，分析了套螺纹时出现的螺纹缺陷情况并提出了针对性解决措施。

【思考题】

分析套螺纹时产生废品的原因及预防方法。

项目六 刮 削

刮削是指用刮刀在加工过的工件表面上刮去微量金属，以提高表面形状精度、改善配合表面间接触状况的钳工作业。

 学习目标

◎掌握刮削的原理及其在机械加工中的作用。

◎熟悉刮刀的种类及应用。

◎掌握刮削工艺及刮削质量的检查方法。

精密工件的表面，常要求达到较高的几何精度和尺寸精度。在一般机械加工中，如车、刨、铣加工后的表面应达到上述精度要求。因此，如机床导轨和滑行面之间、转动的轴和轴承之间的接触面、工具量具的接触面以及密封表面等，常用刮削方法进行加工。同时，由于刮削后的工件表面会形成比较均匀的微浅凹坑，给存油创造了良好的条件。

任务1 刮刀的刃磨与热处理

刮刀是刮削的主要工具，必须具有较高的硬度和锋利的刃口。一般刮刀材料用碳素工具钢 T10、T12、T12A 和滚动轴承钢 GCr15 制成，经热处理后硬度可达 60HRC 左右。当刮削硬度很高的工件表面时，也有用硬质合金刀片镶在刀杆上使用的。

技能目标

◎学会正确选用刮刀的材料。

◎掌握刮刀的热处理方法。

◎熟练地掌握刮刀的刃磨方法。

一、基础知识

1. 刮削的基本原理

刮削是机械制造和修理中最终精加工各种型面（如机床导轨面、连接面、轴瓦、配合球面等）的一种重要方法。图 2-144 所示为轴瓦的刮削。

2. 刮削的特点

刮削能获得很高的尺寸精度，使工件表面组织紧密和表面粗糙度值小，能形成比较均匀的微浅坑，创造良好的存油条件，减少摩擦阻力，能保证工件有较高的几何精度和互配件的精密配合。

3. 刮削的应用

刮削的应用很广，可用于零件要求较高的几何

图 2-144 刮削实例

精度和尺寸精度，互配件需要良好的配合，可获得良好的机械装配精度及零件需要得到美观的表面等场合。

4. 刮刀的种类

刮刀分平面刮刀和曲面刮刀两大类。

（1）平面刮刀 平面刮刀用来刮削平面和外曲面，平面刮刀又可分普通刮刀和活动刮刀两种。

如图 2-145 所示，普通刮刀按所刮表面精度不同，可分为粗刮刀、细刮刀和精刮刀三种。活动刮刀的刀头采用碳素工具钢制成，刀身则用中碳钢通过焊接或机械装夹而成。

图 2-145 平面刮刀

（2）曲面刮刀 曲面刮刀用来刮削内曲面，如滑动轴承等。曲面刮刀有三角刮刀和蛇头刮刀两种，如图 2-146 所示。

三角刮刀可由三角锉刀改制或用工具钢锻制。一般三角刮刀有三个长弧形切削刃和三条长的凹槽。蛇头刮刀由工具钢锻制成形。它利用两圆弧面刮削内曲面，其特点是有四个刃口。为了使平面易于磨平，在刮刀头部两个平面上各磨出一条凹槽。

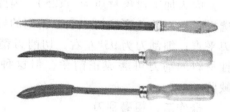

图 2-146 曲面刮刀

5. 刮刀的材料

刮刀头一般由碳素工具钢 T12A 制成。当工件表面较硬时，采用耐磨性较好的滚动轴承钢 GCr15 锻造并经磨制和热处理淬硬而成，也可以焊接高速钢或硬质合金刀头。

6. 刮刀的热处理

刮刀材料要达到硬度 60HRC 以上才能进行有效的刮削，为达到这个要求，采用淬火的热处理方法。淬火加热温度的控制是通过观察刮刀加热时呈现的颜色，因此要掌握好樱红色的特征。加热温度太低，刮刀不能淬硬；加热温度太高，会使金属内部组织的晶粒变得粗大，刮削时易出现丝纹。

7. 平面刮刀的几何角度

平面刮刀的几何角度如图 2-147 所示。

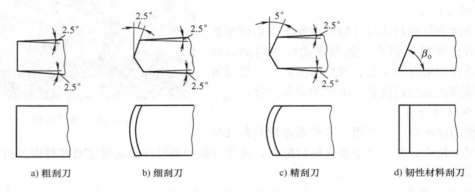

a) 粗刮刀　　　b) 细刮刀　　　c) 精刮刀　　　d) 韧性材料刮刀

图 2-147　平面刮刀的几何角度

二、任务实施

【任务要求】 磨削刮刀，刮削对象是尺寸为 300mm × 300mm、材质为 HT300 的平板。

【实施方案】 根据被刮削材料的性质确定刮刀的材料，不同的刮削阶段选用和刃磨不同的刮刀几何角度，同时明确热处理的方法。

实施方案重点：平面刮刀的刃磨。

实施方案难点：平面刮刀几何角度的确定。

【操作步骤】

操作一　分析被加工材料，合理选用刮刀

因为加工对象材质为 HT250，因此选用材料为 T12A 的平面刮刀。平面刮刀几何角度的选择：刮刀的角度按粗、细、精刮的要求而定；刮刀顶端角度，粗刮刀为 90° ~ 92.5°，切削刃平直；细刮刀为 95°左右，切削刃稍带圆弧；精刮刀为 97.5°左右，切削刃带圆弧。刮韧性材料的刮刀可磨成正前角，但这种刮刀只适用于粗刮。刮刀平面应平整光洁，刃口无缺陷。

操作二　粗磨刮刀

粗磨时分别将刮刀两平面贴在砂轮侧面，开始时应先接触砂轮边缘，再慢慢平放在侧面上，不断地前后移动进行刃磨，使两面都达到平整，在刮刀全宽上两平面互相平行。然后粗磨顶端面，把刮刀的顶端放在砂轮轮缘上，平稳地左右移动刃磨，要求端面与刀身中心线垂直，磨削时刮刀应先以一定倾斜度与砂轮接触，再逐步移动至水平。如直接按水平位置靠上砂轮，刮刀会出现颤抖而不易磨削，甚至会出事故。

操作三　刮刀的热处理

粗磨好的刮刀，头部长度为25mm左右，将其放在炉火中缓慢加热到780～800℃（呈樱红色），取出后迅速放入冷水中（或10%浓度的盐水中）冷却，浸入深度为8～10mm。刮刀接触水面时做缓缓平移和间断地少许上下移动，这样可不使淬硬部分留下明显界限。当刮刀露出水面部分呈黑色，由水中取出观察其刃部颜色为白色时，即迅速再把刮刀浸入水中冷却，直到刮刀全冷后取出即成。热处理后刮刀切削部分硬度应在60HRC以上，用于粗刮。精刮刀及刮花刮刀，淬火时可用油冷却，刀头不会产生裂纹，金属的组织较细，并且容易刃磨，切削部分硬度接近60HRC。

操作四　细磨刮刀

热处理后的刮刀要在细砂轮上细磨，基本达到刮刀的形状和几何角度要求。细磨刮刀如图2-148所示。刮刀刃磨时必须经常蘸水冷却，避免刀口部分退火。刃磨时要注意刮刀在磨石上应均匀移动，防止磨石因磨损产生凹陷而影响刀头的几何形状。

操作五　精磨刮刀

刮刀精磨须在磨石上进行。操作时在磨石上加适量机油，先磨两平面直至平面平整，表面粗糙度小于$Ra0.2\mu m$，然后精磨端面。刃磨时左手扶住手柄，右手紧握刀身，使刮刀直立在磨石上，略带前倾（前倾角度根据刮刀的不同楔角而定）地向前推移，拉回时刀身略微提起，以免磨损刃口，如此反复，直到切削部分形状、角度符合要求，且刃口锋利为止。

图2-148　细磨刮刀

三、拓展训练

【任务要求】 现需要刮削剖分式滑动轴承，如图2-149所示，轴承材料为巴氏合金，请按要求刃磨刮刀。

【实施方案】 本任务所用刮刀由三角锉刀进行改制，三角刮刀经粗磨后也必须用磨石精磨。

实施方案重点：刮刀的刃磨。

实施方案难点：刮刀的热处理。

【操作步骤】

操作一　分析图样，确定刮刀种类

因为是加工内曲面，所以采用曲面刮刀。

操作二　初磨刮刀的形状和尺寸

图2-149　刮削剖分式滑动轴承

三角锉刀先在砂轮上进行粗磨，将三角锉刀的一面对着砂轮进行粗磨（见图2-150a），粗磨时将刮刀以水平位置轻压在砂轮的外圆弧上，按切削刃的弧形来回摆动，直至把锉齿全部磨光；三面全部磨制完成，使三个面的交线形成弧形的切削刃。刃磨时要经常用水冷却，防止刃口退火。

操作三　磨容屑槽

在磨好的平面上开出容屑槽，将三个锉刀面对着砂轮的边缘平稳地上下移动开槽。槽应

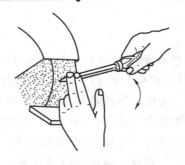

a) 在砂轮上粗磨三角刮刀　　　　　　　　b) 在磨石上细磨三角刮刀

图 2-150　三角刮刀的刃磨

开在两刃的中间，并使两刃边都只能留 2～3mm 的棱边。

操作四　细磨刮刀

先在磨石上涂一层机油，在沿着磨石长度方向来回移动的同时，还要按切削刃的弧形做上下摆动，使表面纹理均匀光亮，切削刃边线条圆滑，刃口锋利，三面交替进行刃磨，直到符合切削刃锋利的要求为止（见图 2-150b）。

四、小结

在本任务中，要根据被刮削零件的材料性质和几何形状正确选用刮刀的种类、材质、切削部分的几何角度等，合理选择淬火温度，严格遵守安全操作规程，保障刮刀热处理和刃磨时的安全文明生产要求，从而完成零件表面刮削的任务要求。

【思考题】

1）为什么在机械加工精度非常高的今天，还要用刮削这么原始的加工方法？

2）刮刀一般是用什么材料制作的？

3）刮刀淬火的温度是多少？刮刀淬火部分的长度为多少合适？

4）刮削有什么特点？刮刀的种类有哪些？

5）三角刮刀适合加工哪些零件？

任务 2　原始平板的刮削方法

校准平板是检验、划线及刮削中的基本工具，要求非常精密。校准平板可以在已有的校准平板上用研合显点的方法刮削。如果没有校准平板，则可用三块平板互研互刮的方法，刮成原始的精密平板。

 技能目标

◎掌握原始平板的刮削原理。

◎掌握平面刮削的姿势和动作要领。

一、基础知识

1. 刮削前的准备工作

（1）工作场地的选择　刮削场地的光线应适当，太强或太弱都可能看不清研点。当刮削大型精密工件时，还应有温度变化小、坚实地基的地面和良好环境卫生的场地，以保证刮削后工件不变形。

（2）工件的支承 工件必须安放平稳，使刮削时不产生晃动。安放时要选择合理的支承点，使工件保持自由状态，不应因支承不当而使工件受到附加压力。对于刚性好、质量大、面积大的工件（如机器底座、大型平板等），应该用垫铁三点支承；对于细长易变形工件，可用垫铁两点支承。在安放工件时，工件刮削面位置的高低要方便操作，便于发挥力量。

（3）工件的准备 应去除工件刮削面上的毛刺，锐边要倒角，以防划伤手指，擦净刮削面上油污，以免影响显示剂的涂布和显示效果。

（4）刮削工具的准备 根据刮削要求应准备所需的粗刮刀、细刮刀、精刮刀及校准工具和有关量具等。

2. 刮削方法

（1）平面刮削方法 平面刮削的姿势有手刮法和挺刮法两种。平面刮削可按粗刮、细刮、精刮和刮花四个步骤进行。

手刮法是用右手握住手柄，左手握住刀体距切削刃 50~80mm 处。刮削时左手向下压，同时左脚前跨，上身前倾，以增加左手压力，利用两臂前后摆动向前推挤，每完成一个动作，将刮刀提起，如图 2-151 所示。

挺刮法是将刮刀的柄部抵在右下腹部，双手握住刀体的前部，距切削刃 80~100mm 处。刮削开始时，利用腿部、臀部和腰部的力量将刮刀向前推挤，同时双手施加压力，推挤结束的瞬间，立即将刮刀提起，从而完成一次刮削动作，如图 2-152 所示。

采用挺刮法进行粗刮时要有力，用连续推刮的方式；细刮和精刮必须采用挑点的方法，纹路要交叉。

图 2-151 手刮法

图 2-152 挺刮法

（2）曲面刮削方法 曲面刮削一般是指内曲面刮削，其刮削原理和平面刮削一样，只是刮削方法及所用的刀具不同。一般是以标准轴（也称工艺轴）或与其相配合的轴作为内曲面研点的校准工具。研合时将显示剂涂在轴的圆周上，使轴在内曲面中旋转显示研点，然后根据研点进行刮削，如图 2-153 所示。

提示

在刮削中对黑点按宽、浓、淡的要求在用力上应有轻重之分，对宽点、大浓黑点用力要大，对大多数的浓黑点用力要适中，对淡黑点则保留不刮，待下轮显示后变黑时再刮。

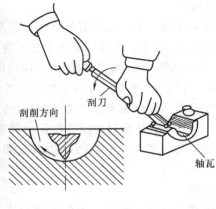

图 2-153　曲面刮削

二、任务实施

【任务要求】现有三块尺寸为 300mm×300mm、材料为 HT300 的平板，要求采用原始平板刮削方法进行刮削，精度要求达到每 25mm×25mm 方框内的研点数为 12～16 点。

【实施方案】该平板加工面较大，但形状简单，可采用挺刮法。刮削原始平板和刮削一般平板相似，但不用标准平板校研，而是以三块平板依次循环互研互刮的方式来达到平面度和接触精度的要求。要合理选择刮刀，确定刮削的顺序。

实施方案重、难点：原始平板的刮削原理。

【操作步骤】

操作一　刮削准备工作

先将三块平板单独进行粗刮，去除机械加工的刀痕和锈斑等。然后将原始平板分别编号为 A、B、C。

操作二　确定刮削思路

如图 2-154 所示，确定分别以平板 A、B、C 为基准，对其他平板进行对研对刮。一次循环结束后，根据平板实际情况进行下一次的循环，最终消除平板表面的不平情况，达到刮削要求。

图 2-154　原始平板的刮削

操作三　一次循环

先设以 A 平板为基准，与 B 平板互研互刮，使 A、B 平板贴合。再找 C 平板与 A 平板互研，单刮 C 平板，使 A、C 平板贴合。然后用 B、C 平板互研互刮，这时 B、C 平板的平面度略有提高。

操作四 二次循环

在上一次 B 与 C 平板互研互刮的基础上，按顺序以 B 平板为基础，A 与 B 平板互研，单刮 A 平板，然后用 C 与 A 平板互研互刮。这时 C 和 A 平板的平面度又有了提高。

操作五 三次循环

在上一次 C 与 A 平板互研互刮的基础上，按顺序以 C 平板为基础，B 和 C 平板互研，单刮 B 平板，然后用 A 和 B 平板互研互刮，这时 A 和 B 平板的平面度进一步提高。推研时应先直研（纵、横向）以消除纵向起伏产生的平面误差，几次循环后必须对角推研，以消除平面扭曲产生的平面度误差。重复上述三个顺序依次循环进行刮削，循环次数越多则平板的平面度越高，直到三块平板中任取两块对研，显点基本一致，即在每 25mm × 25mm 方框内达到 12 个研点以上，表面粗糙度小于 $Ra0.8\mu m$，且刀迹排列整齐美观，刮削即完成。

提示

1）平板对研时，两块平板互相移动距离不得超过平板的 1/3，以防平板滑落。

2）每次研点前，平板都要擦拭干净，以避免细刮、精刮时研点有划痕。

三、拓展训练

【任务要求】 刮削材料为 HT300，尺寸为 100mm × 100mm × 35mm 的铸铁平板，要求刮削两个平行面，直到符合精度要求。

【实施方案】 要求平行度公差为 0.01mm，精度较高，但尺寸不大，以标准平板为研点基准，采用挺刮法，使用百分表测量平行度。

【操作步骤】

操作一 刮削基准面

先确定被刮削的一个平面为基准面，首先进行粗刮、细刮、精刮，达到单位面积研点数的要求。

操作二 粗刮平行面

以此面为基准面，再刮削对应面的平行面。刮削前用百分表测量该面对基准面的平行度误差，确定粗刮时各刮削部分的刮削量，并以标准平板为测量基准，结合显点刮削，以保证平面度要求。

操作三 细刮平行面

在保证平面度和初步达到平行度要求的情况下，进入细刮工序。细刮时除了用显点方法来确定刮削部位外，还要结合百分表进行平行度测量，以做必要的刮削修正。

操作四 精刮平行面

达到细刮要求后可进行精刮，直到单位面积的研点数和平行度都符合要求为止。

四、小结

刮削是一种比较古老的加工方法，也是一项比较繁重的体力劳动，但也是一种精度很高的加工方法，正确的刮削方法可以提高刮削速度和保证精度的基本要求。粗刮时刮削量要大，细刮和精刮时刮削量要小，挑点准确，刀迹细小光整；从粗刮到细刮过程中，显示剂要由干到稀，由厚到薄。

【思考题】

1）平板的作用有哪些？

2）原始平板刮削的原理是什么？

任务3 剖分式滑动轴承（轴瓦）的刮削

剖分式滑动轴承主要用在重载、大中型机器上，如冶金矿山机械、大型发电机、球磨机、活塞式压缩机及运输车辆等。其材料主要为巴氏合金，少数情况下采用铜基轴承合金。在装配时，一般都采用刮削的方法来达到其精度要求，保证其使用性能。因此，刮削的质量对机器的运转至关重要。削刮质量不好，机器在试车时就会很容易在极短的时间内使轴瓦由局部粘损而达到大部分粘损，直至轴被粘着咬死，轴瓦损坏不能使用。所以在刮削轴瓦时都由技术经验丰富的钳工操作。

 技能目标

◎掌握曲面的刮削原理。

◎掌握曲面的刮削方法。

◎熟练地掌握刮削精度的检验。

一、基础知识

滑动轴承是在滑动摩擦下工作的轴承。在液体润滑条件下，滑动表面被润滑油分开而不发生直接接触，还可以大大减小摩擦损失和表面磨损，油膜还具有一定的吸振能力；但起动摩擦阻力较大。轴被轴承支承的部分称为轴颈，与轴颈相配的零件称为轴瓦。为了改善轴瓦表面的摩擦性质而在其内表面上浇铸的减摩材料层称为轴承衬。轴瓦和轴承衬的材料统称为滑动轴承材料。滑动轴承主要应用于工作转速很高、要求对轴的支承位置特别精确、承受巨大的冲击与振动载荷、特重型的载荷及径向尺寸受限制的场合。

1. 滑动轴承的分类

滑动轴承种类很多，根据所承受载荷的方向不同，滑动轴承可分为径向轴承、推力轴承两大类。根据轴系和拆装的需要，滑动轴承可分为整体式滑动轴承和剖分式滑动轴承两类。根据轴颈和轴瓦间的摩擦状态，滑动轴承可分为液体摩擦滑动轴承和非液体摩擦滑动轴承。根据工作时相对运动表面间油膜形成原理的不同，液体摩擦滑动轴承又分为液体动压润滑轴承和液体静压润滑轴承，简称动压轴承和静压轴承。

2. 滑动轴承的特点

滑动轴承属于面接触，工作平稳、可靠、无噪声、承载能力高，径向尺寸小且零件数量少、制造更精确。

3. 滑动轴承的结构

（1）整体式滑动轴承 整体式滑动轴承是一种常见的整体式向心滑动轴承，如图2-155所示，用螺栓与机架连接，构造相对简单。

（2）剖分式滑动轴承 剖分式滑动轴承主要由轴承座、轴承盖、剖分的上下轴瓦组成，如图2-156所示。剖分式轴承装拆方便，应用较广。

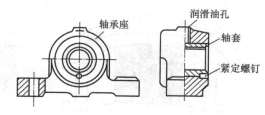

图 2-155　整体式滑动轴承

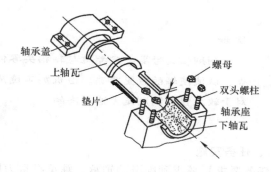

图 2-156　剖分式滑动轴承

4. 常用轴承材料

滑动轴承常用材料主要有轴承合金、铜合金、铸铁和粉末冶金等。

5. 滑动轴承的失效形式

滑动轴承的失效主要有磨粒磨损、胶合、点蚀和腐蚀等形式。

6. 滑动轴承的研点要求

滑动轴承轴瓦刮削时应选用曲面刮刀，采用手刮法进行。对滑动轴承轴瓦的研点要求，可参照表 2-19 中的数值要求，对轴瓦进行刮削和检验。

表 2-19　滑动轴承的研点数

滑动轴承直径/mm	机床或精密机械主轴轴承			锻压设备、通用检修轴承		动力设备、冶金设备轴承	
	高精度	精密	普通	重要	普通	重要	普通
	每 25mm×25mm 内的研点数						
≤120	25	20	16	12	8	8	5
>120		16	10	8	6	6	2

7. 刮研轴瓦时应注意几个问题

1）上、下轴瓦刮削面与轴接触面积要求分布均匀，接触范围角 α 一般为 120°，如重载及其他要求则为 90°，如图 2-157 所示。

2）在轴瓦中间接触点一般要求应稀些，以便形成楔形油膜。

3）不许用砂布擦瓦片，砂布上的砂粒很容易脱落并且依附在瓦面上，在运转中将对轴颈和轴瓦造成损伤。

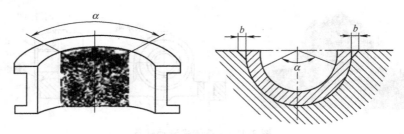

图 2-157　接触范围角 α

提示

　　刮削轴瓦时要充分考虑与轴相关零件情况，如中心距偏差和与轴接触状况等，以便使轴的位置准确。由机加工造成的较小误差可通过刮削得到消除，但对于较大误差刮削是无法解决的。

二、任务实施

　　【任务要求】要求刮削滑动轴承，轴承材料为巴氏合金，使轴颈与滑动轴承均匀细密接触，又要有一定的配合间隙。

　　【实施方案】将精车后的瓦片与所装配的轴研合（轴要涂上色粉），用三角刮刀刮去瓦片上所附上的粉色，随研随刮，直到瓦片上附色面积超过全瓦面的 85%。瓦片上存在的刀痕是瓦片贮存润滑油的微型贮槽。在刮削时，每刮一遍应改变一次方向，使刮痕之间呈 60°~90°交角。继续数次，接触点逐渐增加，最后色斑均匀分布，达到规定的标准为止，如图 2-158 所示。

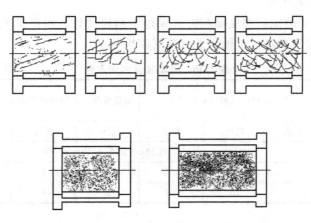

图 2-158　剖分式滑动轴承（轴瓦）的刮削步骤

【操作步骤】

操作一　初步确定刮削余量

　　首先将新的上、下瓦合在一起，用内径千分尺测量内径与轴颈进行比较，明确加工余量。

操作二　粗刮轴瓦

将上、下瓦的机械加工刀痕轻刮一遍，要求瓦面应全部刮到，刮削均匀，将加工痕迹刮掉。

在轴上涂色，与上瓦、下瓦研点粗刮几遍，然后将上、下瓦分别镶入瓦座与瓦盖上，瓦上涂色，用轴研点粗刮，待接触面积与研点分布均匀后，可转入细刮。

操作三　细刮轴瓦

细刮轴瓦时，上、下瓦应加垫（瓦口接合面）装配后刮削两端轴瓦，在瓦上涂色，用轴研点。开始压紧装配时，压紧力应均匀，轴不要压得过紧，能转动即可，随刮随撤垫、随压紧。此时也应注意不要将瓦口刮亏了，经多次刮削后，轴瓦接触面斑点分布均匀、较密即可。

操作四　精刮轴瓦

精刮的目的是要将接触斑点及接触面积刮削达到图样规定的要求，研点方法与粗刮相同，点子由大到小，由深到浅，由疏到密，大的点子在削刮过程中可用刮刀破开变成密集的小点子，经过多次削刮，逐渐刮至符合要求为止。在精刮将要结束时，将润滑油楔（开瓦口）、侧间隙刮削出来，使其达到轴瓦的使用性能。

操作五　刮出润滑油楔

润滑油楔位于接触范围角 α 值之内油槽带与轴瓦的连接处，由手工刮削而成（俗称刮瓦口）。润滑油楔部分是由两段不规则的圆弧组成的一个圆弧楔角，它将油槽带和轴瓦工作接触面光滑地连接起来。与油槽带连接部分要刮得多一些，并将油槽带连接处加工棱角刮掉，在润滑楔角中部至接触面过渡处，刮成圆弧楔角形。油槽带与润滑楔角连接处尺寸视轴瓦的大小，一般为 0.10 ~ 0.40mm。

三、小结

曲面刮削原理与平面刮削相同，刮削时，刀具所做的运动是螺旋运动，刀痕与曲面内孔中心线约成45°，以防产生波纹；一般情况下轴承孔的前后端磨损快，因此前后端的研点要多些，中间段的研点可以少些。

【思考题】

1）轴承刮削如何显点？

2）曲面刮削应注意哪些事项？

任务4　刮削质量检验

刮削主要是运用显示凸点和微量切削来提高工件的精度和表面质量。在工件与校准工具或是工件与其配合件之间的配合面上涂上显示剂，经相互对研后显出工件表面的高点，即是刮削的内容，用刮刀刮去高点，使工件的表面精度提高，如此反复，同时又可用来进行刮削精度的检查，常用刮削研点（接触点）的数目来检查，其标准用在边长为25mm的正方形面积内研点的数目来表示。

 技能目标

◎了解显示剂的种类。

◎掌握不同显示剂的用法及应用场合。

◎掌握常用的几种显点方法。

◎掌握刮削精度检查的方法。

一、基础知识

1. 校准工具

校准工具也称研具，它是用来合磨研点和检验刮削面准确性的工具，如图 2-159 所示。常用的校准工具有标准平板、校准直尺和角度直尺三种。

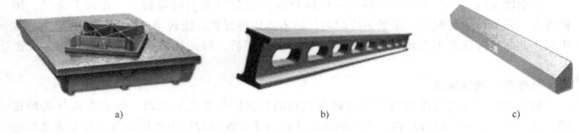

a)   b)   c)

图 2-159　校准工具

（1）标准平板　标准平板主要用来检验较宽的平面，其面积尺寸有多种规格。选用时，其面积一般应不大于刮削面的 3/4。其结构和形状如图 2-159a 所示。

（2）校准直尺　校准直尺主要用来校验狭长的平面，常用的有桥式直尺和工字形直尺两种。桥式直尺主要用来检验大导轨的直线度。工字形直尺分单面和双面两种。单面工字形直尺的一面经过精刮，精度较高，常用来检验较短导轨的直线度；双面工字形直尺（见图 2-159b）的两面都经过精刮并且互相平行，它常用来检验狭长平面相对位置的准确性。

（3）角度直尺　角度直尺主要用来校验两个刮面成角度的组合平面，如燕尾导轨的角度等。其结构和形状如图 2-159c 所示。两基准面经过精刮，并成为所需的标准角度，如 55°等。第三面只是作为放置时的支承面，所以不必经过精密加工。

2. 涂色剂

涂色剂用以涂抹在标准工具上或工件上，两者对研，凸起处就被着色，以便根据着色部位来判断误差后进行刮削，刮削常用红丹粉和蓝油进行研点，如图 2-160 所示。

红丹粉广泛用于铸铁和钢件上的涂色。蓝油用于精密工件和非铁金属及合金（如铜合金、铝合金）工件上的涂色。

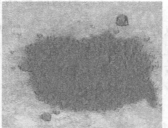

图 2-160　涂色剂及其应用

涂色剂的使用是否正确与刮削质量有很大关系。粗刮时，可调得稀些，精刮时，应调得干些。研点的方法应根据不同的形状和刮削面积的大小有所区别。

（1）中、小型工件的研点 一般是校准平板固定不动，工件被刮面在平板上推研。推研时压力要均匀，避免失真。

（2）大型工件的研点 将工件固定，平板在工件的被刮面上推研，平板要超出工件被刮面长度的1/5。

（3）形状不对称工件的研点 推研时应在工件（或研具）某个部位托或压，但力度大小要适当、均匀。

提示

应当注意：刮削研点时如果两次研点情况不一样，应该分析原因，正确判断，谨慎处理。

3. 刮削精度的检验

刮削精度的检验有检验一般接触精度的方法（见图2-161a）、几何精度的检验方法（见图2-161b）和尺寸精度的检验方法（见图2-161c）。

接触精度最常用的检验方法是根据接触点的数目来判断，见表2-20，即将刮削表面与校准工具对研后，用25mm×25mm面积内的研点数多少来判断刮削面接触精度的高低。几何公差精度采用百分表、标准圆柱棒或塞尺进行检验。尺寸精度则采用千分尺或百分表与量块进行检验。

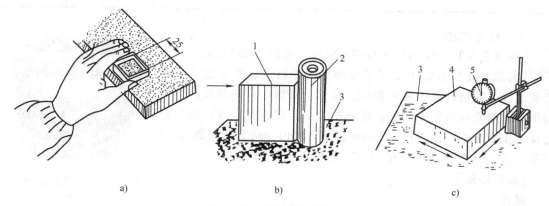

a)　　　　　　　　　　　　b)　　　　　　　　　　　　c)

图 2-161 刮削精度的检查

1、4—工件 2—标准圆柱 3—标准平板 5—百分表

表 2-20 各种平面接触精度研点数

平面种类	每25mm×25mm内的研点数	应用
一般平面	2～5	较粗糙机件的固定接合面
	5～8	一般接合面
	8～12	机器台面、一般基准面、机床导向面、密封接合面
	12～16	机床导轨及导向面、工具基准面、量具接触面

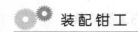

（续）

平面种类	每 25mm × 25mm 内的研点数	应用
精密平面	16 ~ 20	精密机床导轨、直尺
	20 ~ 25	1 级平台、精密量具
超精密平面	25	0 级平台、高精度机床导轨、精密量具

4. 刮削质量缺陷分析

刮削是一种精密加工，每刮一刀去除的余量很少，故一般不易产生废品。但在刮削精度要求比较高的工件时，也容易产生缺陷。刮削质量缺陷分析见表 2-21。

表 2-21 刮削质量缺陷分析

缺陷形式	缺陷特征	产生原因
深凹痕	刮削面研点局部稀少或刀迹与显示研点高低相差太多	1. 粗刮时用力不均、局部落刀太重或多次刀迹重叠 2. 切削刃弧形磨得过大
撕痕	刮削面上有粗糙的条状刮痕，较正常刀迹深	1. 切削刃不光洁或不锋利 2. 切削刃有缺口或裂纹
振痕	刮削面上出现有规则的波痕	多次同向刮削，刀迹没有交叉
划道	刮削面上划出深浅不一的线条	研点时夹有砂粒、切屑等杂质，或显示剂不清洁
出现假点子	显点情况无规律地变化	1. 推磨研点时压力不均，研具伸出工件太多 2. 研具本身精度不够高 3. 研具过重或工件刚性太差

二、任务实施

【任务要求】 方箱的刮削与精度检验，如图 2-162 所示。

【实施方案】 方箱主要用于零部件的平行度、垂直度等的检验和划线。方箱检定的环境条件：常温、常湿。方箱精度：对于刮削的方箱除检验平面度外，还要检验平行度、垂直度，用涂色法检验接触斑点。在边长为 25mm 的正方形内，任意研点数为：1 级不少于 25 点，2 级不少于 20 点，3 级不少于 12 点。

图 2-162 方箱的刮削与
精度检验

【操作步骤】

操作一

平面度误差应在 0.003mm 以下，定义为 A 面。

操作二

以 A 面为基准，测量平行平面 B，除达到接触点数和平面度要求外，还要用千分表检查其对 A 面的平行度误差不大于 0.006mm。

操作三

以 A、B 两面为基准，测量 C 面，除达到自身的平面度要求外，还应保证其对 A、B 面的垂直度误差不大于 0.01mm。

操作四

以 A、B 面为基准，刮垂直面 E，保证接触点数及垂直度、平面度要求。

操作五

刮 V 形槽，刮削前卡盘分度头用合适的心轴和千分表测量出 V 形槽中心线对底面 A 和侧面 C 或 E 的平行度误差大小及方向。

三、小结

在刮削中要勤于思考、善于分析，随时掌握工件的实际误差情况，并选择适当的部位进行修正，能以较少的加工量和刮削时间达到技术要求。

【思考题】

1）刮削平面的精度如何检验?

2）刮削平面的平行度如何检验?

3）刮削中使用的显示剂有哪些?

项目七　研　磨

研磨是用研磨工具和研磨剂从工件表面磨掉一层极薄的金属，使工件表面获得精确的尺寸、形状、极小的表面粗糙度值的加工方法。研磨可用于加工各种金属和非金属材料，加工的表面形状有平面，内、外圆柱面和圆锥面，凸、凹球面，螺纹，齿面及其他型面。研磨加工的尺寸公差等级可达 IT5 ~ IT01，表面粗糙度可达 $Ra0.63 ~ Ra0.01\mu m$。

 学习目标

◎了解研磨的作用及原理。

◎掌握磨料的种类、性能及应用。

◎了解各种研具的构造和用途。

◎掌握研磨的工艺方法。

任务 1　研具与研磨剂的选用

研磨是一种古老、简便可靠的表面光整加工方法，属自由磨粒加工。研具和工件之间的磨粒与研磨剂在相对运动中分别起物理和化学作用。

 技能目标

◎正确选用研具。

◎正确选用研磨剂。

一、基础知识

1. 研磨

研磨是以物理和化学综合作用去除零件表层金属的一种加工方法。研磨的实质是利用涂敷或压嵌在研具上的磨料颗粒，通过研具与工件在一定压力下的相对运动对加工表面进行的精整加工（如切削加工），如图 2-163 所示。

（1）研磨中的物理作用　研磨时要求研具材料比

图 2-163　研磨

被研磨工件的材料稍软。涂在研具表面上的研磨剂中的磨料在受到压力后，有一部分会嵌入研具表面上形成无数的切削刃。由于研具和工件的相对运动，半固定或浮动的磨粒则在工件和研具之间做运动轨迹不重复的滑动和滚动，因而对工件产生微量的切削作用，均匀地从工件表面切去一层极薄的金属。借助于研具精确的型面，从而使工件逐渐地得到准确的尺寸精度、几何精度及极小的表面粗糙度值。

（2）研磨中的化学作用　研磨剂中有的研磨液（如氧化铬、硬脂酸等化学材料）在研磨时起化学作用。在研磨过程中，加了这些研磨剂后，工件表面与空气接触，很快形成一层极薄的氧化膜，而氧化膜又很容易被磨粒磨掉，这就是研磨中的化学作用。

提示

在研磨过程中，氧化膜迅速形成（化学作用），又不断地被磨掉（物理作用）。经过这样的多次反复，工件表面很快地达到预定要求。由此可见，研磨加工体现了物理作用和化学作用的综合效果。

2. 研具

研具是研磨加工成形的模型，能把本身的几何形状精度在一定程度上复制给工件；它是研磨剂的载体，用以涂敷和镶嵌磨料，在它与工件的相对运动过程中对工件进行研磨加工，以使工件获得正确的几何形状和表面质量。

（1）研具的要求

1）研具应具有保持磨料磨粒的能力。干研时应具有良好的嵌砂性。湿研时则应贮存多余的磨料，防止研磨剂堆积，还应具有良好的散热和排屑能力。

2）研具表面应具有一定的几何形状精度和足够的刚性，以保持形状正确。

3）研具的材质应紧密、无夹杂物，硬度均匀。其硬度应低于工件的硬度，具有良好的耐磨性和精度保持性。

（2）研具的种类　研具一般分为有槽平板、光滑平板、研磨环、研磨棒、研磨塞、靠铁等，如图 2-164 所示。

图 2-164　研具

（3）研具的常用材料　研具是使工件研磨成形的工具，同时又是研磨剂的载体，硬度应低于工件的硬度，又有一定的耐磨性，常用的研具材料有铸铁、软钢、黄铜、纯铜、玻璃、硬木。

1）铸铁。铸铁的耐磨性和润滑性能好，研磨质量和效率高，适用于精细研磨，制造容易，成本低，适用于各种材料的研磨。铸铁是能较全面地满足研具各项要求的良好材料，用它制作研磨平板时，多采用硬度为 120～140HBW 的普通铸铁。

2）软钢。研磨 M5 以下的螺纹和形状复杂的小型工件时，常用软钢研具。

3）黄铜和纯铜。黄铜和纯铜的研磨效率高，但研磨后的工件表面粗糙度值大，适用于工件余量较大的粗研和宝石的研磨，精研时还应用于铸铁。

4）硬木。硬木适用于研磨铜和其他软金属。

5）软金属。软金属采用锡、铅等软金属作为研具，由于研具的材料很软，其研具形状可以随工件的形状变化，因此不能提高工件的几何形状精度，只能提高工件的表面质量。

3. 研磨剂

（1）磨料 磨料在研磨中起切削作用，研磨工作的效率、精度和表面质量都与磨料有密切关系。

（2）常用磨料的种类 常用的磨料有棕刚玉（A）、白刚玉（WA）、黑碳化硅（C）、绿碳化硅（GC）、铬刚玉（PA）、立方碳化硅（SC）、碳化硼（BC）、人造金刚石（JR）、氧化铬、氧化铁、氧化镁、氧化钵、单晶刚玉（SA）、微晶刚玉（MA）等，具体可查阅相关手册或 GB/T 16458—2009《磨料磨具术语》。

1）棕刚玉（A）。棕刚玉以铝矾土和无烟煤为主要原料，在电弧炉内经高温冶炼而成，主要化学成分为 Al_2O_3，韧性高、价格便宜，可用于加工普通钢、合金钢、可锻铸铁、硬青铜等材料。

2）白刚玉（WA）。白刚玉以铝粉为原料，在电弧炉内炼成，Al_2O_3 的质量分数一般高于98%，与棕刚玉相比韧性稍低，有较好的切削性能，适于合金钢、淬火钢零件和刀具的精加工。

3）黑碳化硅（C）。黑碳化硅以硅砂和石油焦炭为原料，在电阻炉内经高温冶炼而成，呈黑色结晶，显微硬度较高，性脆而锋利，并具有一定的导电性和导热性，适合铸铁、铜、大理石、花岗岩、玻璃的加工。

4）绿碳化硅（GC）。绿碳化硅的制法与黑碳化硅相同，但所用材料较纯，结晶呈鲜绿色，性硬脆而锋利，适用于硬质合金和各种高硬度材料的加工。

5）铬刚玉（PA）。铬刚玉是白刚玉的派生品种之一，呈粉红色，由于结晶中含有少量 Cr_2O_3，比白刚玉有较好的韧性，适于加工韧性大的材料。

6）立方碳化硅（SC）。立方碳化硅的结晶呈黄绿色，强度大，棱角锋利，多用于高硬度精密零件的加工。

7）碳化硼（BC）。碳化硼是一种从工业硼酸（B_2O_3）和低灰分炭素原料（石油焦炭）的混合物中熔炼得到的，硬度仅次于金刚石，粉碎后的磨粒几乎都带有锋利的刃尖，其切削能力与金刚石相近，常作为天然金刚石的代用磨料，主要用来加工硬质合金、淬硬钢、光学玻璃和宝石等。

8）人造金刚石（JR）。人造金刚石是以石墨为原料，在触媒的作用下于高温高压下转化而成的一种高硬度材料，密度为 3.3～3.5g/cm³，莫氏硬度为 10，显微硬度为 106～110GPa。它的硬度与天然金刚石基本接近，但比天然金刚石略脆，强度稍低，颗粒表面粗糙，棱角锋利，但自锐性较天然金刚石佳。人造金刚石是至今人造磨料中最硬的一种，广泛用来代替天然金刚石研磨硬质合金、光学玻璃等高硬度工件。

9）氧化铬、氧化铁、氧化镁、氧化钵等。这类磨料的硬度最低，磨粒软而细，仅用于工件表面光整加工中的精研磨及抛光工作。氧化铬特别适用于淬硬钢件的精研和抛光，氧化铁、氧化镁、氧化铈多用于抛光硬脆材料，如光学玻璃、水晶等。

10）单晶刚玉（SA）。单晶刚玉的颜色因含杂质不同而有差异，一般呈浅黄色或白色。它与棕刚玉和白刚玉相比，有较高的强度和韧性以及抗破碎性，宜用来加工韧性较大、硬度较高的钢材。

11）微晶刚玉（MA）。微晶刚玉的颜色和化学成分与棕刚玉相似，但它的磨粒由许多微小尺寸的晶体组成，具有强度高、韧性和自锐性良好的特点，适于加工不锈钢、碳素钢、轴承钢和特种球墨铸铁等。

（3）研磨液　研磨液在加工过程中起调和磨料、冷却和润滑的作用，它能防止磨料过早失效和减少工件（或研具）的发热变形。常用的研磨液有煤油、汽油、10 号和 20 号机械油、淀子油等。研磨液应具有一定的黏度和稀释能力，有良好的润滑、冷却作用，对工件无腐蚀性，且不会影响人体健康。

二、小结

正确合理选用研具和研磨剂，通过研磨能获得其他机械加工较难达到的稳定、高精度表面，研磨过的表面其表面粗糙度值小，耐磨性、耐蚀性良好。

【思考题】

1）研磨的原理是什么？

2）研磨有什么作用？

3）研磨的精度能达到多少？

4）研磨的余量如何确定？

5）研具有哪些种类？

6）研具有哪些要求？

7）磨料的作用是什么？

任务 2　一般平面与狭窄平面的研磨

 技能目标

◎熟练掌握一般平面的研磨方法。

◎熟练掌握狭窄平面的研磨方法。

一、基础知识

1. 平面研磨方法

一般平面研磨分手工研磨和机械研磨两种。手工研磨分湿研、干研和半干研三种。

（1）湿研　湿研又称敷砂研磨，把液态研磨剂连续加注或涂敷在研磨表面，磨料在工件与研具间不断滑动和滚动，形成切削运动。湿研一般用于粗研磨，所用微粉磨料粒度比 W7 粗。

（2）干研　干研又称嵌砂研磨，把磨料均匀地压嵌在研具表面层中，研磨时只须在研具表面涂以少量的硬脂酸混合脂等辅助材料。干研常用于精研磨，所用微粉磨料粒度细于 W7。

（3）半干研　半干研类似湿研，所用研磨剂是糊状研磨膏。

研磨既可用手工操作，也可在研磨机上进行，工件在研磨前须先用其他加工方法获得较高的预加工精度。

2. 狭窄平面研磨方法

在研磨狭窄平面时，为了防止研磨平面产生倾斜和圆角，可采用金属方块作为依靠，金属方块和工件紧密地靠在一起，并跟工件一起研磨，如图 2-165 所示，以保持研磨面与侧面的垂直度。

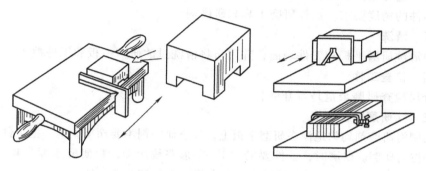

图 2-165　狭窄平面的研磨

3. 研磨压力和速度

1）研磨时，压力和速度对研磨效率和研磨质量有很大影响。压力太大，研磨切削量虽大，但表面质量差，且容易把磨料压碎而使表面划出深痕。一般情况下，粗磨时压力可大些，精磨时压力应小些。

2）速度也不应过快，否则会引起工件发热变形，尤其是研磨薄形工件和形状规则的工件时更应注意。一般情况下，粗研磨速度为 40~60 次/min；精研磨速度为 20~40 次/min。

4. 平面研磨运动轨迹的形式

平面研磨运动轨迹分为往复直线运动轨迹、摆动式直线运动轨迹、螺旋形运动轨迹、8 字形或仿 8 字形运动轨迹，如图 2-166 所示。

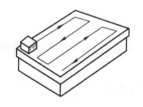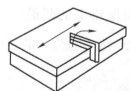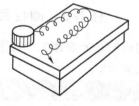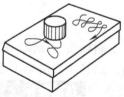

图 2-166　平面研磨的部分运动轨迹

二、任务实施

【任务要求】现有一个材料为 T8A 的零件，如图 2-167 所示，在粗磨、精磨后要求用手工平面研磨达到图样要求，并进行质量检查。

【实施方案】根据零件手工平面研磨的准备工作任务要求，确定任务实施方案，首先要分析图样和工艺文件，明确手工平面研磨的任务

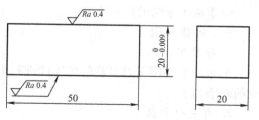

图 2-167　T8A 零件

要求，其次是检查 T8A 零件的形状和尺寸是否符合图样要求，然后选择研具和磨料。

实施方案重、难点：研具和磨料的合理选择、研磨轨迹是否正确以及研磨质量。

【操作步骤】

操作一　分析图样，明确要求

识读零件图，分析手工平面研磨图样，了解零件尺寸、表面粗糙度值等精度要求。

操作二　选择研具和磨料

根据零件的精度要求，选择研磨工具和研磨剂。

操作三　清洗

用煤油清洗研磨平板和工件表面，并用布将清洗过的研磨平板和工件擦干。

操作四　检查工件

用千分尺检查研磨余量是否合格。

操作五　涂研磨剂、研磨

用软毛刷将研磨剂均匀地涂在研磨平板上，注意研磨剂不要涂得太多。把工件放在研磨平板上，用手按着研磨。研磨时，工件要沿"8"字形路线运动，粗研磨速度为40～60次/min，精研磨速度为20～40次/min，每研磨30s左右将工件旋转90°一次。

操作六　清洗、检测、清理场地

把工件用煤油清洗干净，并按图样要求检查精度。工作完毕后，清理工作现场。

三、小结

在本任务中，关键要掌握平面研磨过程中被研磨工件与研磨工具的相对运动轨迹，能根据不同的表面形状选择研磨工具；在狭窄平面的研磨过程中必须要有相应的导块做依靠，以保证平面的平整。

【思考题】

1）平面的研磨方法有哪几种？

2）研磨时为何速度不能太快或太慢？

3）研磨运动的轨迹有哪些？

任务3　圆柱面与圆锥面的研磨

圆柱面与圆锥面的研磨是研磨加工中很重要的操作技能。用手工工具研磨外圆柱和圆锥面，使其达到研磨工艺要求。

 技能目标

◎熟练地正确选用研磨环、研磨棒、研磨剂、车床和自定心卡盘。

◎掌握千分尺的使用方法。

一、基础知识

1. 研磨用车床

车床是主要用车刀对旋转的工件进行车削加工的机床。也可将工件安装在车床上进行相应的研磨加工。

2. 自定心卡盘

自定心卡盘是指利用均布在卡盘体上的三个活动卡爪的径向移动，把工件夹紧和定位的机床附件。

3. 研磨环、研磨棒

研磨环是用于研磨圆柱面的研磨工具，研磨棒是用于研磨圆锥面的研磨工具，如图 2-168 所示。

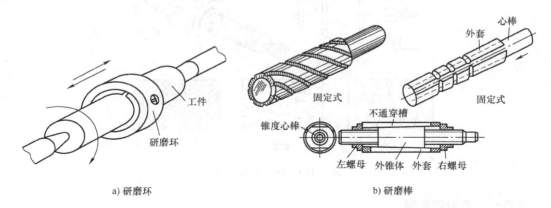

a) 研磨环　　　　　　　　　　　b) 研磨棒

图 2-168　研磨环、研磨棒

二、任务实施

【任务要求】　现有一个圆柱面工件需要进行研磨加工，要求达到研磨工艺要求。

【实施方案】　根据研磨工艺要求，确定任务实施方案时首先要识读图样，了解零件尺寸精度和表面粗糙度要求，明确研磨任务要求，其次是检查工件的形状和尺寸是否符合图样要求，然后选择研磨工具，最后对工件进行清洗和检测。

实施方案重、难点：掌握研磨的方法。

【操作步骤】

操作一　分析图样，明确要求

识读零件图，了解零件的尺寸精度、表面粗糙度。

操作二　选择研磨环和研磨剂

根据零件的尺寸和表面粗糙度要求，选择研磨环和研磨剂，可调式研磨环要调节好研磨环的内径，研磨环内径通常比工件外径大 0.025 ~ 0.05mm。

操作三　清洗检测

用煤油清洗工件和研磨环，用布将清洗过的工件和研磨环擦干，用千分尺检查工件的研磨余量是否合格。

操作四　装夹

将工件装夹在车床主轴上，调整车床主轴转速，工件直径小于 80mm 时，转速为 100r/min；工件直径大于 100mm 时，转速为 50r/min。

操作五　涂研磨剂

用软毛刷将研磨剂均匀地涂在工件表面上，研磨剂不能涂得太多。

操作六　研磨

将研磨环套在工件上，起动车床主轴进行研磨。研磨时，手握研磨环，沿工件表面做轴向往复移动，严禁研磨环在工件某一段停留。同时，研磨环还要经常断续转动，当工件直径不一致时，大直径处应多磨几次。研磨外圆柱面如图 2-169 所示。研磨环的往复运动速度，可根据工件在研磨时表面上出现的网纹来控制。当出现45°交叉网纹时，说明往复运动速度适宜。

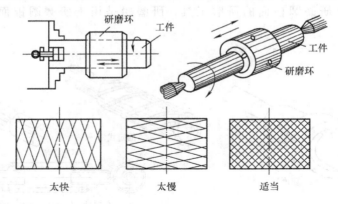

图 2-169　研磨外圆柱面

操作七　添加研磨剂

研磨时，要经常添加研磨剂，但快要达到图样要求时停止添加。

操作八　调头研磨

断开车床主轴离合器，待车床主轴停止转动后，将工件调转180°安装，按照操作六中的步骤研磨。关闭车床电动机，卸下研磨环，用煤油把工件清洗干净，并用布擦干净。

操作九　精度检验

将工件冷却到室温，按图样要求用千分尺检查零件精度。如未达到要求，应继续按操作六～操作八的步骤研磨至零件合格。当采用可调式研磨环时，要经常调节研磨环直径，保持研磨环与工件的间隙基本不变。

提示

研磨圆柱孔与研磨圆柱体基本操作步骤相同，但研磨时需将研磨棒安装在车床上，手持工件进行研磨。研磨棒外径比工件孔径小0.01～0.025mm，研磨棒长度一般为工件长度的2～3倍。

三、小结

在本任务中，关键要掌握被研磨工件和研磨工具之间的相对速度与轴向移动速度的快慢程度，这直接影响工件的研磨质量，以轨迹交叉45°为佳。

【思考题】

1）圆柱外表面的研磨有哪些注意事项？

2）圆柱面研磨时，工件的转速如何控制？

任务4　研磨质量分析

 技能目标

◎明确研磨时产生废品的形式、原因。

◎掌握研磨时产生废品的防止方法。

一、基础知识

1. 研磨质量检验

研磨后一般采用光隙判别法进行质量检验。观察时，以光隙的颜色来判断其直线度误差，如没有灯箱也可用自然光源。当光隙颜色为亮白色或白光时，其直线度误差小于0.02mm；当光隙颜色为白光或红光时，其直线度误差大于0.01mm；当光隙颜色为紫或蓝光时，其直线度误差大于0.005mm；当光隙颜色为蓝光或不透光时，其直线度误差小于0.005mm。研磨质量检验如图2-170所示。

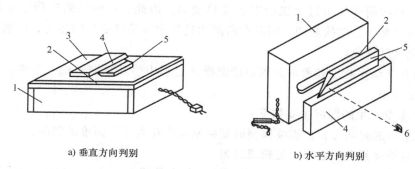

a) 垂直方向判别　　　　　　　　b) 水平方向判别

图 2-170　研磨质量检验

1—灯箱　2—荧光灯　3—玻璃板　4—标准平尺　5—工件　6—眼睛

2. 研磨质量的分析

研磨时产生废品的形式、原因及防止方法见表2-22。

表 2-22　研磨时产生废品的形式、原因及防止方法

废品形式	废品产生原因	防止方法
表面不光洁	1. 磨料过粗 2. 研磨液选用不当 3. 研磨剂涂得太薄	1. 正确选用磨料 2. 正确选用研磨液 3. 研磨剂涂布应适当
表面拉毛	研磨剂中混入杂质	做好清洁工作
平面成凸形或孔口扩大	1. 研磨剂涂得太厚 2. 孔口或工件边缘被挤出的研磨剂未擦去就继续研磨 3. 研磨棒伸出孔口太长	1. 研磨剂应涂适当 2. 被挤出的研磨剂应及时清理 3. 研磨棒伸出长度应适当
孔成椭圆形或有锥度	1. 研磨时没有变换运动方向 2. 研磨时没有调头研	1. 研磨时应变换方向 2. 研磨时应经常调头研
薄形工件拱曲变形	1. 工件发热后仍继续研磨 2. 装夹不正确引起变形	1. 研磨时工件温度应≤50℃ 2. 装夹牢固且不能过紧
尺寸或几何形状精度超差	1. 测量时没有在标准温度20℃下进行 2. 不注意经常测量温度	1. 不要在工件发热时精密测量 2. 注意在常温下测量

二、任务实施

【**任务要求**】现有一个工件研磨加工后出现质量问题，要求进行产生质量问题的原因分析。

【实施方案】根据任务要求，确定任务实施方案时首先要识读图样，了解零件尺寸精度和表面粗糙度要求，明确研磨后的精度要求，对工件检测后进行产生质量问题的原因分析。

实施方案重、难点：产生质量问题的原因分析。

【操作步骤】

1）研磨时表面磨焦烧伤产生的原因是研磨压力过大或平板压砂不均匀，研磨时只要保持适当的研磨压力，另对平板重新研磨压砂，做到压砂均匀即可。

2）量块磨弯常产生于 2mm 以下的薄量块，原因主要是研磨量块的一面使用时间过长引起发热变形，其次研磨压力过大也会引起发热变形。因此，在修磨的过程中要经常翻面研磨，多备些量块夹子，轮换修理，同时在研磨的过程中要保持适当的压力，研磨时间不宜过长，就可避免这种现象。

3）掉角和平面平行度超差的原因是研磨操作过程中手劲掌握不稳。平常应多练手劲的功夫，特别是新手。

4）塌边现象产生的原因主要如下：

① 手拿量块的时间过长，连续修磨时受到室温变化太急等温度的影响。

② 量块夹子夹紧力不适当，过松或过紧。

消除的方法：首先应尽量减少温度的影响；其次是调整夹紧力达到适当即可。

5）表面粗糙度值超差的原因主要是研磨配用的混合剂砂粒不均匀、平板压砂不匀，另一方面是用天然磨石打磨平板不匀造成的。对此应重新配制砂粒均匀的混合剂，重新研磨平板，同时注意对研磨后的平板要打磨均匀。

三、小结

在本任务中，研磨的误差和缺陷的产生一般是由于研磨过程中用力不匀或工件变形引起的，在研磨过程中要特别注意，应及时检查和纠正。

【思考题】

1）研磨时为什么会发生表面磨焦烧伤？

2）研磨中塌边现象产生的原因是什么？

3）研磨液一般要求应具备哪些条件？

项目八 矫正与弯形

矫正与弯形是机械加工中的一道重要工序，主要应用于薄壁零件的加工。在生产过程中，许多机械产品在加工前会出现缺陷，如工件在加工前会出现不平、不直或翘曲等缺陷，这时就需要对工件进行矫正。

 学习目标

◎了解矫正的概念、所用工具及矫正方法。

◎能正确选择矫正方法对不同的工件进行矫正。

◎会计算弯形前坯料长度并选择正确的方法对工件进行弯形。

任务 1　矫 正 条 料

矫正是钳工专业中很重要的基本操作技能，是对有缺陷的工件（如不平、不直或翘曲等）进行加工的最有效的方法，它直接影响后续工序的精度。

 技能目标

◎熟练并正确地使用矫正工具。

◎掌握手工矫正工件的方法并实际操作。

一、基础知识

1. 矫正

矫正是消除金属材料或工件不平、不直或翘曲等缺陷的方法。矫正的实质就是让金属材料产生新的塑性变形，来消除原来不应存在的塑性变形。因此，只有塑性好的材料才能进行矫正。矫正按矫正时工件的温度可分为冷矫正和热矫正两种；按矫正方法的不同，又可分为手工矫正、机械矫正、火焰矫正及高频热点矫正等。

2. 手工矫正的工具

（1）平板和铁砧　平板、铁砧及台虎钳等都可以作为矫正板材、型材或工件的基座，如图 2-171 和图 2-172 所示。

图 2-171　平板

图 2-172　铁砧

（2）锤子　矫正一般材料均可采用钳工锤。矫正已加工表面、薄钢件或非铁金属制件时，应采用铜锤（见图 2-173）、木锤（见图 2-174）或橡胶锤（见图 2-175）等软锤。

图 2-173　铜锤

图 2-174　木锤

图 2-175　橡胶锤

（3）抽条和拍板　抽条是采用条状薄板料制成的简易手工工具。它用于抽打较大面积的板料，如图 2-176 所示。拍板是使用质地较硬的檀木制成的专用工具，用于拍打板料，如图 2-177 所示。

（4）螺旋压力工具　螺旋压力工具适用于矫正较大的轴类工件或棒料，如图 2-178 所示。

3. 矫正方法

钳工常用的手工矫正是将材料或工件放在平板、铁砧或台虎钳上，采用锤击、弯形、延展或伸张等方法进行矫正。

图 2-176　抽条

图 2-177　檀木拍板

图 2-178　螺旋压力工具

（1）条料和角钢的矫正

1）条料扭曲变形时，可用台虎钳夹紧或用活扳手弯形法来扭转条料进行矫正，如图 2-179 所示。

图 2-179　条料的矫正

2）角钢变形有外弯、内弯、扭曲、角变形等多种形式。一般可在铁砧上用锤击法矫正角钢的扭曲，如图 2-180 所示。当角钢发生角变形时，可以在 V 形块或平台上用锤击法矫正，如图 2-181 所示。

图 2-180　在铁砧上用锤击法矫正

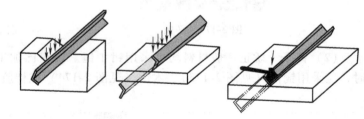

图 2-181　在 V 形块或平台上用锤击法矫正

（2）棒类、轴类零件的矫直　棒类和轴类零件的变形主要是弯曲。对于直径较小的棒类、轴类零件的矫直，一般用锤击的方法进行矫直。而对于直径较大的棒类、轴类零件的矫直，则必须先把轴类工件或棒料装在径向跳动仪的顶尖上，用百分表测量找出弯曲部位，然后放在 V 形块上，用螺旋压力工具校直，如图 2-182 所示。

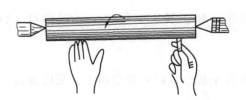
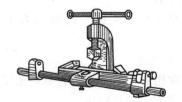

图 2-182　径向跳动仪的测量和螺旋压力工具校直

（3）板料的矫正

1）中间凸起板料的矫正。板料中间凸起是由于变形后中间材料变薄引起的，如果直接锤击凸起部位，则会使凸起的部位变得更薄，这样不但达不到矫正的目的，反而使凸起更为严重，如图2-183a所示。矫正时可锤击板料边缘，使边缘材料延展变薄，厚度与凸起部位的厚度越趋近则越平整，如图2-183b中箭头所示方向。

2）中间平、四周呈波浪形的板料矫正。如果板料四周呈波浪形而中间平整，矫平时应由四周向中间锤击，密度逐渐变密，力量逐渐增大，经过反复多次锤击，使板料达到平整，如图2-184所示。

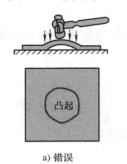
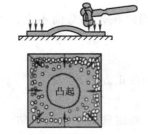

a) 错误　　　　　　　b) 正确

图2-183　中间凸起板料的矫正

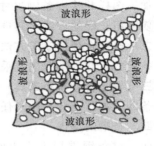

图2-184　中间平、四周呈波浪形板料的矫正

3）薄而软板料的矫正。如果厚度很薄而材质很软的铜箔一类的材料出现不平整时，可用平整的木块在平板上推压材料表面，使其达到平整，如图2-185a所示。有些材料不允许有锤击印痕时，可用木锤或橡胶锤锤击，如图2-185b所示。

（4）细长线料的矫直　卷曲的细长线料可用伸张法来矫直。将卷曲的

a) 用平木块推压矫正　　b) 用木锤敲平

图2-185　薄而软板料的矫正

线料一端夹在台虎钳上，从钳口处的一端开始，把线在圆木上绕一圈，握住圆木向后拉，使线材伸张而矫直，如图2-186所示。

图2-186　细长线料的矫直

二、任务实施

【**任务要求**】矫正图2-187所示宽为30mm的条钢在宽度方向的弯曲变形，以达到图样

加工要求。

【实施方案】 根据矫正条钢宽度方向的弯曲变形前的准备工作及任务要求，确定任务实施方案时首先要分析图样和工艺文件，明确矫正的任务要求，其次是选择合适的矫正方法与矫正工具，最后进行矫正达任务要求。

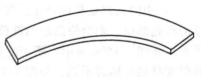

图 2-187　条钢弯曲变形

实施方案重、难点：合理地选择矫正方法与矫正工具。

【操作步骤】

操作一　分析图样，明确要求

分析加工图样并检查条钢尺寸，可以确定该条钢弯曲不直，不能作为加工零件毛坯使用，故需要使用正确的方法对其进行矫正。

操作二　选择合适的矫正方法

观察条钢的弯曲程度，确定采用锤击的矫正方法。

操作三　确定合适矫正工具

根据条钢的加工图样与矫正任务要求，确定选用平板或铁砧、铜锤为矫正工具。

操作四　条钢的清理

矫正前，对条钢进行去飞边处理，以免在矫正中造成人员受伤。

操作五　条钢的矫正

在平板或铁砧上，使用铜锤按高点、次高点的顺序对条钢进行锤击，如图 2-188 所示，直至达到图样加工要求。

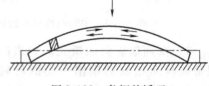

图 2-188　条钢的矫正

> **提示**
>
> 应当注意：矫正后的金属材料表面会产生硬度提高、性质变脆的现象，给继续矫正或下道工序加工带来困难，必要时应进行退火处理，恢复材料原来的力学性能。

三、小结

在本任务中，要通过对矫正基础知识的学习，认识矫正的概念及矫正工具，然后通过矫正方法（延展法、弯形法、扭转法和伸张法）有效地对任务进行操作，能真正达到学做合一，灵活运用所学知识。

【思考题】

1）矫正的定义及实质是什么？

2）矫正的工具有哪些？

3）矫正的方法有哪些？这些方法各适用于矫正何种工件？

4）矫正分成哪几种类型？简述矫正的注意事项。

任务 2 弯形前坯料长度的确定

弯形是钳工专业中重要的基本操作技能，通过本项目前两个任务的学习，已经基本掌握了弯形的基本知识，本任务为实践环节，自主动手弯制多直角工件。

 技能目标

◎熟练并正确地使用弯形工具。

◎掌握手工弯形工件的方法并实际操作。

一、基础知识

1. 弯形

弯形是将坯料（如板料、条料或管子等）弯成所需要形状的加工方法。图 2-189 所示为对直角形工件的弯形。

弯形是通过使材料产生塑性变形实现的，因此只有塑性好的材料才能进行弯形。弯形后外层材料伸长，内层材料缩短，中间一层材料长度不变称为中性层。弯形部分材料虽然产生拉伸和压缩，但其截面积保持不变，如图 2-190 所示。

图 2-189 弯形

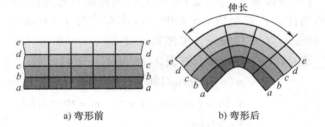

a) 弯形前　　　　b) 弯形后

图 2-190 弯形时中性层的位置

 提示

应当注意：弯形时必须限制材料的弯形半径，通常材料的弯形半径应大于 2 倍的材料厚度。

2. 弯形前坯料长度的计算

坯料弯形后只有中性层的长度不变，因此，弯形前坯料长度可按中性层的长度进行计算。但材料弯形后，中性层一般并不在材料的正中，而是偏向内层材料一边。实验证明，中性层的实际位置与材料的弯形半径 r 和材料的厚度 t 有关。

表 2-23 为中性层位置系数 X_0 的值。从表中 r/t 的值可以看出，当弯形半径 $r/t \geqslant 16$ 时，中性层在材料的中间（即中性层与几何中心重合）。在一般情况下，为简化计算，当 $r/t \geqslant 8$ 时，可取 $X_0 = 0.5$ 进行计算。

表 2-23 中性层位置系数 X_0 的值

r/t	0.25	0.5	0.8	1	2	3	4	5	6	7	8	10	12	14	$\geqslant 16$
X_0	0.2	0.25	0.3	0.35	0.37	0.4	0.41	0.43	0.44	0.45	0.46	0.47	0.48	0.49	0.5

圆弧部分中性层长度的计算公式为

$$A = \pi (r + X_0 t) \alpha/180°$$

式中　A——圆弧部分中性层长度（mm）；

　　　r——内弯形半径（mm）；

　　　X_0——中性层位置系数；

　　　t——材料厚度（mm）；

　　　α——弯形角（°）。

内面弯形成不带圆弧的直角制件时，其弯形部分可按弯形前后毛坯体积不变的原理进行计算，一般采用经验公式 $A = 0.5t$ 计算。

3. 弯形方法

弯形方法有冷弯和热弯两种。在常温下进行的弯形称为冷弯；当弯形材料厚度不小于 5mm 及对半径较大的板料和管料工件弯形时，常需要将工件加热后再弯形，这种方法称为热弯。弯形虽然是塑性变形，但也有弹性变形存在，为抵消材料的弹性变形，弯形过程中应多弯些。

二、任务实施

【任务要求】把厚度 $t = 4$mm 的钢板坯料弯成图 2-191 所示的制件，若弯形角 $\alpha = 120°$，内弯形半径 $r = 16$mm，边长 $l_1 = 60$mm，$l_2 = 120$mm，求坯料长度 L。

解：$r/t = 16/4 = 4$，查表 2-23 得 $X_0 = 0.41$，故

$$A = \pi(r + X_0 t)\alpha/180°$$

$$= 3.14 \times (16 + 0.41 \times 4)\,\text{mm} \times 120°/180°$$

$$= 36.93\text{mm}$$

$$L = l_1 + l_2 + A = (60 + 120 + 36.93)\text{mm} = 216.93\text{mm}$$

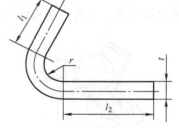

图 2-191　弯形坯料长度计算

三、拓展训练

【任务要求】把厚度 $t = 3$mm 的钢板坯料弯成图 2-192 所示的制件，若 $l_1 = 60$mm，$l_2 = 100$mm，求坯料长度 L。

【实施方案】因弯形制件内面带直角，所以

$$L = l_1 + l_2 + A$$

$$= l_1 + l_2 + 0.5t$$

$$= (60 + 100 + 0.5 \times 3)\text{mm}$$

$$= 161.5\text{mm}$$

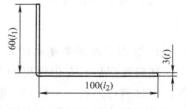

图 2-192　弯形坯料长度计算

由于材料本身性质的差异和弯形工艺及操作方法的不同，理论上计算的坯料长度和实际需要的坯料长度之间会有误差，因此，成批生产时要采用试弯的方法确定坯料长度，以免造成大量废品。

四、小结

在本任务中，要通过对弯形基础知识的学习，学会计算并掌握弯形方法。工件在弯形前首先要确定坯料的长度，故要求学会弯形前坯料长度的计算方法，根据计算结果合理选择坯料，再通过有效的方法按要求对坯料进行弯形。

【思考题】

1）什么是弯形？

2）什么样的材料才能进行弯形？

3）什么是中性层？弯形时中性层的位置与哪些因素有关？

4）弯形后内、外层材料如何变化？

5）用 $\phi6mm$ 的圆钢弯成外径为 48mm 的圆环，求圆钢的落料长度。

6）弯形的方法有哪些？

任务3　弯制多直角工件

弯形是钳工专业中重要的基本操作技能，是将坯料（如板料、条料或管子等）弯成所需要形状的加工方法，是一些加工中必不可少的环节。

 技能目标

◎熟练并正确地使用弯形工具。

◎选择合适的方法对工件进行多直角弯形。

一、任务实施

【任务要求】一块长度为300mm、宽度为30mm的需弯制成图2-193a所示各段均等的工件。

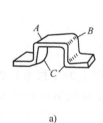
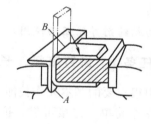
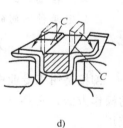

a)　　　　　　　　b)　　　　　　　　c)　　　　　　　　d)

图2-193　弯形

【实施方案】弯形方法如图2-193b、c、d所示，可用木垫或金属垫作为辅助工具进行弯形。

【操作步骤】

1）按图样在长度方向划出各段50mm均等的折弯线。

2）如图2-193b所示，将工件按划线夹入角铁内衬弯 A 角。

3）如图2-193c所示，再用角铁内衬弯 B 角。

4）如图2-193d所示，最后用角铁内衬弯 C 角。

二、小结

本任务属于实训环节，主要是结合本项目前面两个任务的内容动手操作，根据任务要求学会弯制多直角工件。

【思考题】

求图2-194所示弯形工件的毛坯长度。已知：$a = 100mm$，$b = 120mm$，$c = 200mm$，$r = 5mm$，$t = 5mm$。

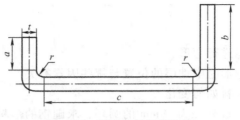

图 2-194　弯形坯料长度计算

项目九　铆接与粘接

铆接与粘接是机械加工中的一道重要工序，主要用于连接两个或两个以上的零件或构件。在装配过程中，零件之间的连接需要用到铆接与粘接。

 学习目标

◎通过学习铆接的概念，知道铆接有哪些形式。

◎学会查表确定铆钉直径及通孔直径，并通过计算确定铆钉长度。

◎针对不同的工件正确选择铆接形式。

◎理解粘接的概念。

◎知道两种不同的粘结剂并能正确使用。

任务1　铆钉直径、长度及钉孔直径的确定

铆接是钳工专业中很重要的基本操作技能，它是用来连接两个或两个以上的零件或构件的操作方法，它具有操作简单、连接可靠、抗振和耐冲击好等优点，故在机械装配中广泛应用。

 技能目标

◎通过学习铆接的种类，会针对不同零件的连接正确选择铆接方法。

◎了解铆接形式及铆距的种类及使用场合。

◎根据零件要求，正确确定铆钉直径、长度及钉孔直径。

一、基础知识

1. 铆接

如图 2-195 所示，铆接是将两件厚度不大的材料，通过在其连接部位上钻孔，然后将铆钉放进去，用铆钉枪或铆钉冲将铆钉铆死，从而将两件材料连接在一起的方法。

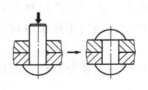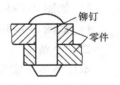

图 2-195　铆接

目前，在很多零件连接中铆接已被焊接代替，但因铆接具有操作简单、连接可靠、抗振和耐冲击等特点，在机器和工具制造等方面仍有较多的使用。

2. 铆接的种类

（1）铆接按使用要求分类

1）活动铆接：结合件可以相互转动，不是刚性连接，如剪刀、钳子。

2）固定铆接：结合件不能相互活动，是刚性连接，如角尺、铭牌、桥梁建筑。

3）密封铆接：铆缝严密，不漏气体、液体，是刚性连接。

（2）铆接按方法分类

1）冷铆。冷铆是指铆接时，铆钉不需加热，直接全部镦出铆合头。

2）热铆。热铆是指把整个铆钉加热到一定的温度，然后再铆接。

3）混合铆。用混合铆铆接时，只加热铆钉的铆合头端部。对细长的铆钉，常采用这种方法，以免铆接时铆钉杆弯曲。

3. 铆接的工艺过程

（1）手工铆接　手工铆接时按钻孔、锪窝孔、去毛刺、插入铆钉、顶模顶住铆钉、镦紧、镦粗、修整、铆成、罩形的顺序进行铆接，如图 2-196 所示。

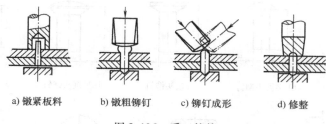

a) 镦紧板料　　b) 镦粗铆钉　　c) 铆钉成形　　d) 修整

图 2-196　手工铆接

（2）旋铆机铆接　旋铆机铆接按钻孔、锪窝孔、去毛刺、插入铆钉、顶模顶住铆钉、旋铆机铆成形的顺序进行铆接。

提示

　　应当注意：窝孔成形后表面应光滑洁净，不允许有棱角和划伤，不能有飞边、裂纹和破边；窝孔的锥角应与铆钉头部的锥角一致，窝孔深度应比铆钉头高度小 0.02 ~ 0.05mm。

4. 铆接形式与铆距

（1）铆接形式　铆接结构按铆接应用形式可分为平板间搭接、平板间对接、平板间角接和平板与型材铆接。因此，根据铆接时的构件结构要求不同，对应的铆接形式则分为搭接、对接、角接等几种形式，如图 2-197 所示。

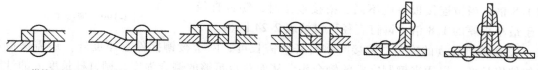

a) 搭接(两块平板、一块板折边)　　b) 对接(单盖板式、双盖板式)　　c) 角接(单角钢式、双角钢式)

图 2-197　铆接形式

（2）铆距　铆距是指铆钉间或铆钉与铆接板边缘的距离。

5. 铆钉与铆接工具

（1）铆钉　铆钉是钉形物件，在铆接中利用自身形变或过盈连接被铆接的零件。铆钉种类很多，而且不拘形式。铆钉材料应具有一定的韧性和塑性，按其材料可分为钢质铆钉、铜质铆钉和铝质铆钉；按其形状不同分，常用的有半圆头铆钉、平锥头铆钉、沉头铆钉、扁平头铆钉、空心铆钉和标牌铆钉等，如图 2-198 所示。

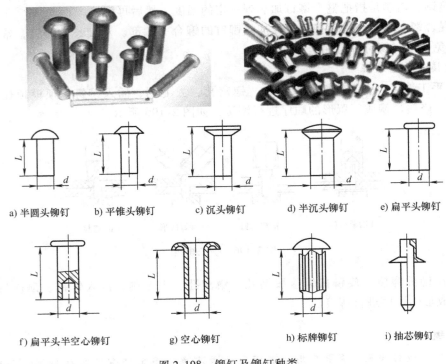

a) 半圆头铆钉　　b) 平锥头铆钉　　c) 沉头铆钉　　d) 半沉头铆钉　　e) 扁平头铆钉

f) 扁平头半空心铆钉　　g) 空心铆钉　　h) 标牌铆钉　　i) 抽芯铆钉

图 2-198　铆钉及铆钉种类

（2）铆接工具　手工铆接工具除锤子外，还有压紧冲头、罩模、顶模等，如图 2-199 所示。罩模用于铆接时镦出完整的铆合头；顶模用于铆接时顶住铆钉原头，这样既有利于铆接又不损伤铆钉原头。

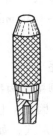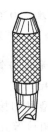

a) 压紧冲头　　b) 罩模　　c) 顶模

图 2-199　铆接工具

6. 铆钉直径、长度及钉孔直径的确定

（1）铆钉直径的确定　铆钉直径的大小与被连接板的厚度有关，当被连接板的厚度相同时，铆钉直径等于板厚的1.8倍；当被连接板厚度不同、搭接连接时，铆钉直径等于最小板厚的1.8倍。铆钉直径可以按表2-24圆整。

（2）铆钉长度的确定　铆接时铆钉杆所需长度，除了被铆接件总厚度外，还需保留足够的伸出长度，以用来铆制完整的铆合头，从而获得足够的铆合强度。铆钉杆长度 L 的计算公式如下：

表 2-24 铆钉直径及钉孔直径（摘自 GB/T 152.1—1988） （单位：mm）

铆钉直径 d		2.0	2.5	3.0	3.5	4.0	5.0	6.0	8.0	10.0
钉孔直径 d_0	精装配	2.1	2.6	3.1	3.6	4.1	5.2	6.2	8.2	10.3
	粗装配	—	—	—	—	—	—	6.5	8.5	11

1）半圆头铆钉杆长度

$$L = \sum \delta + (1.25 \sim 1.5) d$$

2）沉头铆钉杆长度

$$L = \sum \delta + (0.8 \sim 1.2) d$$

式中 $\sum \delta$——被铆接件总厚度（mm）；

d——铆钉直径（mm）。

（3）钉孔直径的确定 铆接时钉孔直径应随着连接要求不同而有所变化。如钉孔直径过小，使铆钉插入困难；钉孔直径过大，则铆合后的工件容易松动。合适的钉孔直径应按表 2-24 选取。

二、任务实施

【任务要求】用沉头铆钉搭接连接 2mm 和 5mm 的两块钢板，选择铆钉直径、长度及钉孔直径。

【实施方案】铆钉直径 d 为

$$d = 1.8t = 1.8 \times 2\text{mm} = 3.6\text{mm}$$

按表 2-24 圆整后，取 $d = 4\text{mm}$。则铆钉长度 L 为

$$\begin{aligned} L &= \sum \delta + (0.8 \sim 1.2) d \\ &= 2\text{mm} + 5\text{mm} + (0.8 \sim 1.2) \times 4\text{mm} \\ &= 10.2 \sim 11.8\text{mm} \end{aligned}$$

钉孔直径精装配时为 4.1mm，粗装配时为 4.5mm。

三、小结

在本任务中，通过对铆接的概念、铆接及铆钉的种类和应用及铆接形式进行学习，通过查表的方法确定铆钉直径及通孔直径，再利用公式对铆钉长度进行计算。根据任务要求，进行任务实施，提高自主解决问题的能力。

【思考题】

1）什么是铆接？

2）按使用要求不同铆接分哪两种？按铆接方法不同铆接又分为哪几种？

3）冷铆、热铆、混合铆各适用于什么场合？

4）简述半圆头铆钉的铆接过程。

5）用半圆头铆钉搭接连接厚度为 8mm 和 2mm 的两块钢板，选择铆钉直径和长度。

任务 2　粘结剂的选用

粘接是钳工专业中重要的基本操作技能，用粘结剂把不同或相同材料牢固地连接在一起，在各种机械设备修复过程中得到广泛应用。

技能目标

◎明确粘接的特点及适用场合。

◎通过学习粘结剂的分类，能正确选择粘结剂来粘接零件。

一、基础知识

1. 粘接

粘接是借助粘结剂在固体表面上所产生的粘合力，将同种或不同种材料牢固地连接在一起的方法，如图 2-200 所示。粘接是一种先进的工艺方法，它具有工艺简单、操作方便、连接可靠、变形小以及密封、绝缘、耐水、耐油等特点。所粘接的工件不需经过高精度的机械加工，也无需特殊的设备和贵重原材料，特别适用于不易铆焊的场合。粘接的缺点是不耐高温、粘接强度较低。目前，它以快速、牢固、节能、经济等优点代替了部分传统的铆接、焊接及螺纹连接等工艺。

图 2-200　粘接

2. 粘结剂的选用

（1）有机粘结剂　有机粘结剂是一种高分子有机化合物，常用的有机粘结剂有环氧粘结剂和聚丙烯酸酯粘结剂两种。

1）环氧粘结剂。其粘合力强，硬化收缩小，能耐化学药品、溶剂和油类的腐蚀，电绝缘性能好，使用方便，并且只需施加较小的接触压力，在室温或不太高的温度下就能固化。其缺点是脆性大、耐热性差。由于它对各种材料都有良好的粘接性能，因而得到了广泛的应用。

粘接前，粘接表面一般要经过机械打磨或用砂布仔细打光，粘接时，用丙酮清洗粘接表面，待丙酮风干挥发后，将环氧树脂涂在粘接表面，涂层为 0.1 ~ 0.15mm，然后将两粘接件压合在一起，在室温或不太高的温度下即能固化。

2）聚丙烯酸酯粘结剂。这类粘结剂常用的牌号有 501 和 502。其特点是无溶剂，呈一定的透明状，可室温固化。其缺点是固化速度快，不宜大面积粘接。

（2）无机粘结剂　无机粘结剂由磷酸溶液和氧化物组成，在维修中应用的无机粘结剂主要是磷酸一氧化铜粘结剂。它有粉状、薄膜、糊状、液体等几种形态，其中以液体状态使用最多。无机粘结剂虽然有操作方便、成本低的优点，但与有机粘结剂相比还有强度低、脆性大和使用范围小的缺点。

无机粘结剂可用于螺栓紧固、轴承定位、密封堵漏等，但它不适宜粘接多孔性材料和间隙超过 0.3mm 的缝隙。粘接前，应进行粘接面的除锈、脱脂和清洗操作。粘接后的工件须经适当的干燥硬化才能使用。

随着高分子材料的发展，新的高技能的粘结剂不断产生，粘接在量具和刃具制造、设备装配维修、模具制造及定位件的固定等方面的应用日益广泛。

二、小结

通过本任务了解粘接的基础知识，知道粘接是通过粘结剂来实现的一种操作方法，掌握粘结剂的分类及在实际应用中如何选择粘结剂，并正确地使用粘结剂。

【思考题】

1）什么是粘接？

2）粘接有哪些特点？

3）简述粘结剂的分类及使用场合。

4）简述有机粘结剂的种类。

 模块总结

本模块以装配钳工各项基本操作内容为例，介绍了划线、錾削、锯削、锉削、孔加工、刮削、研磨、矫正与弯形、铆接与粘接等装配钳工基本操作的教学内容。通过对本模块的学习，明确装配钳工基本操作的具体内容和要求，学会装配钳工的各项基本操作方法，并学会分析加工和装配中出现的各种质量问题。

模块三

典型机构装配

本模块学习装配基础知识、装配技术要求和装配工艺及各典型机构装配技能，掌握螺纹连接、键连接、销连接、过盈连接的装配，掌握带传动机构、链传动机构、齿轮传动机构、蜗杆传动机构、螺旋传动机构、液压传动机构、联轴器和离合器的装配与调整，了解轴承和轴组的装配。

前面学习了钳工各项基本操作技能的基本内容和要求等知识，并进行了相关的任务实施和技能训练。通过学习和训练，学生能够明确装配钳工所必需的专业技能。通过本模块的学习和训练，使学生掌握典型机构的装配技能。

 学习目标

◎ 学习装配基础知识、装配工艺规程和装配方法。
◎ 掌握固定连接件的装配、传动机构的装配与调整。
◎ 了解轴承和轴组的装配。

项目一 装配的基础知识

装配是机器设备制造和修理的重要环节，其质量的好坏对机构的正常运转、使用性能和使用寿命有较大的影响。装配是一项非常重要而又十分细致的工作，一般复杂的机器设备都由许多零件和部件组成，若装配不当，机器设备的性能很难达到要求，还可能造成设备破坏或人身事故。因此，装配必须根据设备的性能指标，严格执行技术规范。

 学习目标

◎ 了解装配工艺过程和装配工作组织形式。
◎ 掌握常用装配方法和制订装配工艺规程。
◎ 了解装配尺寸链的计算和旋转件的平衡。

任务1　装配工艺过程

装配工艺过程一般包括装配前的准备工作、装配、检验和调整四个阶段。

技能目标

◎熟悉装配、套件、组件、部件、机器等概念。

◎认识零件、套件、组件、部件的区别。

一、基础知识

1. 装配前的准备工作

了解机器设备及各部件总成装配图和有关技术文件，熟悉各零部件的结构特点、作用、相互连接关系及连接方式。

1）根据零部件的结构特点和技术要求、装配工艺规程，选择装配方法，确定装配顺序，准备装配时所用的工具、夹具、量具和材料。

2）按清单检测各准备安装零件的尺寸精度，核查技术要求，有不合格者一律不得装配。

3）零件装配前必须清理、清洗，保持干净。

2. 装配

装配是将若干个零件和套件装成一个组件或部件，或将若干个零件、套件、组件和部件装成产品的操作过程。

（1）套件与套装 在一个基准零件上，装上一个或若干个零件就构成一个套件；套装是在一个基准零件上，装上一个或若干个零件形成一个最小装配单元的装配过程。套件与套件装配系统图如图3-1所示。

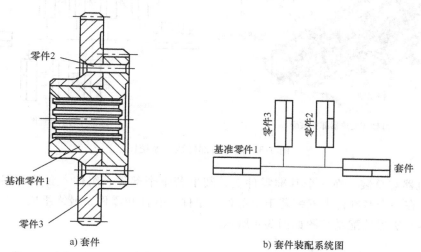

a) 套件　　　　　　　　　　b) 套件装配系统图

图 3-1 套件与套件装配系统图

（2）组件与组装 在一个基准零件上，装上一个或若干个套件和零件就构成一个组件，没有显著完整的作用，如主轴箱中轴与其上的齿轮、套、垫片、链和轴承组合体；组装是在一个基准零件上装上若干个套件及零件构成组件装配单元的装配过程。组件与组件装配系统图如图3-2所示。

（3）部件与部装 在一个基准零件上，装上若干个组件、套件和零件就构成部件，在

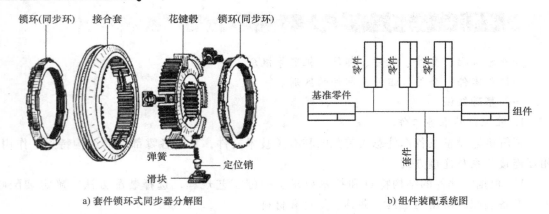

a) 套件锁环式同步器分解图　　　b) 组件装配系统图

图 3-2　组件与组件装配系统图

机器中具有完整的功能与用途；部装是在一个基准零件上装上若干个组件、套件和零件构成部件装配单元的装配过程。部件与部件装配系统图如图 3-3 所示。

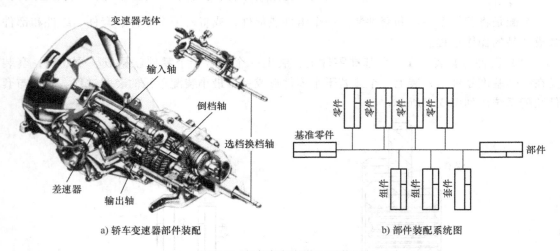

a) 轿车变速器部件装配　　　b) 部件装配系统图

图 3-3　部件与部件装配系统图

（4）机器与总装　在一个基准零件上，装上若干个部件、组件、套件和零件就成为机器；总装是在一个基准件上安装若干个部件、组件、套件和零件，最终组成一台机器的装配过程。机器与机器装配系统图如图 3-4 所示。

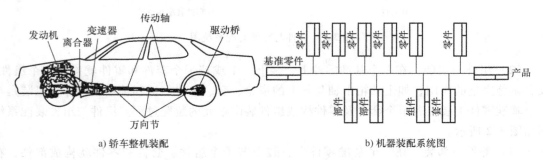

a) 轿车整机装配　　　b) 机器装配系统图

图 3-4　机器与机器装配系统图

3. 装配单元系统图

装配单元系统图是指表示装配单元的划分及其装配先后顺序的图。它能清晰地表示装配顺序，用一个长方格表示一个零件或装配单元，即用该长方格可以表示参加装配的零件、套件、组件、部件和机器。

绘制装配单元系统图时，首先选择装配的基准件。基准件可选一个零件，也可选低一级的装配单元。基准件先进入装配，然后根据装配结构的具体情况，按先下后上、先内后外、先难后易、先重大后轻小、先精密后一般的规律，确定其他零件或装配单元的装配顺序。

4. 检验

依据产品图样、装配工艺规程以及产品标准，检查零、部件的装配工艺是否正确，装配是否符合设计图样的规定的过程，称为检验。

5. 调整

在检验后，不符合规定的部位，重新按装配工艺技术要求装配，以保证机器设备达到规定的技术要求和使用性能的过程，称为调整。

提示

　　应当注意：装配是机器制造过程中的最后阶段，虽然某些零件的制造精度不是很高，但经过仔细的修配和精确的调整后，仍可能装配出性能良好的产品。

二、任务实施

【任务要求】　图 3-5 所示为卧式车床床身装配简图，分别确定套件、组件、部件。

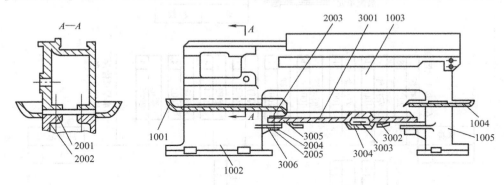

图 3-5　卧式车床床身装配简图

【实施方案】　根据卧式车床床身装配简图，确定任务实施方案时首先要分析图样，明确装配单元，填写装配单元名称、编号、件数；其次是分清装配简图中的部件、组件、套件、零件，再次能绘出装配单元系统合成图。

实施方案重点：绘出装配单元系统合成图。

实施方案难点：分析图样。

【操作步骤】

操作一　分析图样

该装配简图由主视图和 A—A 剖视图组成，简图从上往下反映车床床身的组成，主要由

167

导轨、左托盘、右托盘、前床脚、后床脚、螺栓组、油盘及油盘总成等。表3-1列出了卧式车床床身装配单元零件明细。

表 3-1　卧式车床床身装配单元零件明细

装配单元名称	编号	件数	单元属性	装配单元名称	编号	件数	单元属性
床身	1003	1	部件	垫圈	2004	4	零件
左托盘	1001	1	零件	螺母	2005	4	零件
前床脚	1002	1	零件	油盘总成	3001	1	部件
右托盘	1004	1	零件	支架	3002	2	零件
后床脚	1005	1	零件	筛板	3003	1	零件
右垫板	2001	1	零件	漏斗	3004	1	零件
螺钉	2002	4	套件	油盘	3005	1	零件
螺栓	2003	4	零件	板	3006	2	零件

操作二　绘出床身部件装配工艺系统图

按照操作一结果，将部件、组件、套件、零件用装配单元表达，如图3-6所示；基准零件画在左边，床身总成画在右边，中间是零件、套件、部件，用直线连接，完成装配工艺系统图。

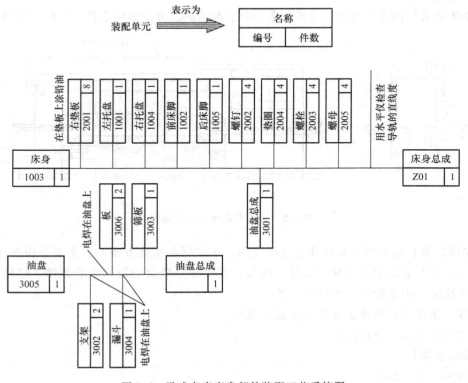

图 3-6　卧式车床床身部件装配工艺系统图

三、小结

在本任务中，要熟悉装配、套件、组件、部件、机器等概念，熟练运用所学装配单元划分方法，认真分析装配图样，明确装配的任务要求，从而完成装配工艺过程。

【思考题】

1）装配工艺过程一般包括哪几个过程？

2）装配前的准备工作有哪些？

3）什么是装配？装配过程可以分为哪四种装配单元？

4）什么是套件、组件、部件和机器？什么是套装、组装、部装和总装？

5）什么是机器的装配单元系统图？装配单元系统图的作用有哪些？

6）何谓检验？

任务2 装配工作组织形式

各个生产企业根据产品结构特点和生产批量的不同，装配工作组织形式也不相同，对其选择很重要。

 技能目标

◎掌握装配工作的两种组织形式。

一、基础知识

根据产品结构特点和生产批量的不同，装配工作可以采用不同的组织形式和生产类型。

1. 装配工作的组织形式

装配工作的组织形式一般有固定式装配和移动式装配两种。

（1）固定式装配 固定式装配是指将产品或部件的全部装配工作安排在一个固定的工作地点进行。在装配过程中产品的位置不变，装配所需的零件也集中放在工作地点附近。根据产品的结构和生产类型，固定式装配有以下三种形式：

1）集中固定式装配：全部装配工作由一组工人在一个工作地点集中完成。这种形式要求工人的技术水平高，而且装配时间长，多适用于单件小批生产。

2）分散固定式装配：这种形式是把产品的全部装配过程分解为组部件装配和总装配，分别在多个工作地点进行。各组部件的装配和产品的总装由几组工人在不同的工作地点分别进行。这种形式可使装配操作专业化，装配周期短，生产场地的使用率和生产率较高。

3）产品固定式流水装配：将装配过程分成若干个独立的装配工序，分别由几组工人负责。各组工人按工序顺序依次到各装配地点对固定不动的装配对象根据本组的要求进行装配。这是固定式装配的高级形式，工人专业化程度高，产品质量稳定，装配周期短，适用于重型和大型产品的成批生产。

（2）移动式装配 移动式装配是指装配工人和工作地点固定不变；装配对象不断地通过每个工作地点，在一个工作地点完成一个或几个工序，在最后一个工作地点完成装配工作。这种形式的特点是各装配时间重合或部分重合，因而装配周期短，工人专业化程度高，工作地点固定，降低了劳动强度。移动式装配有自由移动式装配、强制移动式装配和间歇移动式装配三种形式。

1）自由移动式装配：装配对象由工人或运输装置运送到各个工作地点，完成有关的装配工作。在一个工作地点完成某一工序后，再送到下一个工作地点进行其他工序的装配。装配进度是自由调节的。应尽量使各工序的装配时间相同，不同时可用储备件来调节。

2）强制移动式装配：装配对象由传送带或传送链连续或间歇地由一个工作地点移向下一个工作地点，在各个工作地点进行不同的装配工序，最后完成全部装配工作。装配进度是强制调节的。连续移动式装配是工人在装配对象移动过程中进行装配，装配时间和运输时间重合，所以生产率高，但是移动时易产生振动，工作条件变差，不易检验和找正，装配质量不高。

3）间歇移动式装配：装配对象分别在各工作地点停留相同的时间，在此期间内，工人要完成一定量的装配工作。这种形式装配的产品质量高，装配工作按照严格的节拍进行，是装配流水线的基本形式，适用于大批大量生产。

2. 装配工作的生产类型

机器装配根据生产批量大致可分为大批大量生产、成批生产和单件小批生产三种类型。生产类型与装配工作的组织形式、装配工艺方法、工艺过程、工艺装备、手工操作要求等方面的联系见表3-2。

表3-2　各种生产类型的装配工作特点

生产类型		大批大量生产	成批生产	单件小批生产
基本特性		产品固定，生产活动长期重复，生产周期一般较短	产品在系列化范围内变动，分批交替投产或多品种同时投产，生产活动在一定时期内重复	产品经常变换，不定期重复生产，生产周期一般较长
装配工作特点	组织形式	多采用流水装配线：有连续移动、间歇移动及可变节奏等移动方式，还可采用自动装配机或自动装配线	笨重、批量不大的产品多采用固定流水装配，批量较大时采用流水装配，多品种平行投产时采用可变节奏流水装配	多采用固定装配或固定式流水装配进行总装，同时对批量较大的部件也可采用流水装配
	装配工艺方法	按互换法装配，允许有少量简单的调整，精密偶件成对供应或分组供应装配，无任何修配工作	主要采用互换法，但灵活运用其他保证装配精度的装配工艺方法，如调整法、修配法及合并法，以节约加工费用	以修配法及调整法为主，互换件比例较少
	工艺过程	工艺过程划分很细，力求达到高度的均衡性	工艺过程的划分须适合于批量的大小，尽量使生产均衡	一般不制订详细工艺文件，工序可适当调度，工艺也可灵活掌握
	工艺装备	专业化程度高，宜采用专用高效工艺装备，易于实现机械化、自动化	通用设备较多，但也采用一定数量的专用工具、夹具、量具，以保证装配质量和提高工效	一般为通用设备及通用工、夹、量具
	手工操作要求	手工操作比例小，熟练程度容易提高，便于培养新工人	手工操作比例较大，技术水平要求较高	手工操作比例大，要求工人有高的技术水平和多方面的工艺知识
应用实例		汽车、拖拉机、内燃机、滚动轴承、手表、缝纫机、电气开关	机床、机车车辆、中小型锅炉、矿山采掘机械	重型机床、重型机器、汽轮机、大型内燃机、大型锅炉

二、任务实施

某企业生产××××轻型设备，批量为中小批生产，请你判断该企业装配车间应采用什么样的组织形式。

【任务要求】根据装配工作的组织形式，判断本任务的组织形式，并进行小结。

【实施方案】确定实施方案时首先要分析产品的结构和生产类型；其次了解目前装配工作的组织形式有几种类型，综合产品的结构和生产类型，确定本任务的组织形式；最后举一反三，总结装配工作的组织形式与产品结构、生产类型的关系。

实施方案重点：综合产品结构和生产类型，确定本任务的组织形式。

实施方案难点：总结装配工作的组织形式与产品结构、生产类型的关系。

【操作步骤】

操作一　分析产品的结构和生产规模

本任务中给出某产品是一种轻型设备，批量为中小批生产。

操作二　确定本任务的组织形式

目前在机械行业中，装配工作的组织形式主要分为两大类，一类是固定式装配，另一类是移动式装配。固定式装配又分为集中固定式装配、分散固定式装配、产品固定式装配三种形式，移动式装配又分为自由移动式装配、强制移动式装配、间歇移动式装配三种形式。所以根据这些装配工作组织形式的特点，结合本任务中产品的结构和生产类型，确定本任务装配工作的组织形式采用分散固定式装配。

操作三　总结装配工作的组织形式与产品结构、生产规模的关系（表3-3）

表 3-3　各种生产方式的装配方法、组织形式与特点

生产规模	装配方法与组织形式	特点
单件生产	手工（使用简单工具）装配，无专用和固定工作台位	生产率低，装配质量在很大程度上取决于装配工人的技术水平和责任心
小批生产	装配工作台位固定，备有装配夹具、模具和各种工具，可分为部件装配和总装配，也可组成装配对象固定而装配工人流动的流水线	有一定生产率，能满足装配质量要求，需用设备不多；工作台位之间一般不用机械化输送
成批生产	每个工人只完成一部分工作，装配对象用人工依次移动（可带随行夹具），装备按装配顺序布置	生产率较高，对工人技术水平要求相对较低，装备费用不高；装配工艺相似的多品种流水线可采用自由节拍移动
成批或大批生产	一种或几种相似装配对象专用流水线，有周期性间歇移动和连续移动两种方式	生产率高，节奏性强，待装零、部件不能脱节，装备费用较高
大批大量生产	半自动或全自动装配线，半自动装配线部分上、下料和装配工作采用人工方法	生产率高，质量稳定，产品变动灵活性差，装备费用昂贵

三、小结

在本任务中，要了解装配工作组织形式的种类，能根据企业具体生产情况，熟练运用装配基础知识，判断企业装配工作的组织形式。

【思考题】

1）根据产品的结构和生产类型，固定式装配有哪几种组织形式？

2）装配工作组织形式一般有哪几种？

3）什么是固定式装配？根据产品的结构和生产类型，固定式装配有哪几种形式？各适用于什么场合？

4）什么是移动式装配？移动式装配有哪几种形式？各适用于什么场合？

5）成批生产中的装配工艺有哪些？

6）大批量生产中装配的特点有哪些？

任务3　常用装配方法

机械产品装配方法有很多，常见的装配方法有互换装配法、选配装配法、修配装配法和调整装配法四种。

 **技能目标**

◎熟悉机械产品装配中常见的装配方法。

◎根据企业装配生产情况判断产品装配方法。

一、基础知识

1. 互换装配法

在装配时各配合零件不经修理、选择或调整即可达到装配精度的方法称为互换装配法。

互换装配法装配质量稳定可靠，装配工作简单、经济、生产率高，零、部件有互换性，便于组织流水装配和自动化装配，是一种比较理想和先进的装配方法。因此，只要各零件的加工在技术上经济合理，就应该优先采用。尤其是在大批大量生产中广泛采用互换装配法。根据互换程度分为完全互换法和部分互换法两种形式。

（1）完全互换法　在同类零件中任取一个零件，不经任何选择或修配就能进行装配，并达到装配精度要求。这种装配方法操作简单，生产率高，维修方便，有利于组织流水作业与协作生产，对操作人员的技术要求较低，但对零件的加工精度要求较高，生产成本将增加。主要在配合零件较少、精度要求不太高或机械产品大批大量生产时采用。

（2）部分互换法　有少数零件的装配精度达不到装配精度要求，配合零件不完全是100%的具有互换性。这种装配方法成本低，放大了零件制造公差，有极小部分产品达不到装配精度，在装配时出现少量返修调整的情况下采用。

2. 选配装配法

将零件的制造公差适当放宽，装配时挑选相应尺寸的零件进行装配的方法，称为选配装配法。

选配装配法分为直接选配法、分组选配法和复合选配法三种。

（1）直接选配法　由装配钳工直接从一批零件中，凭装配经验选合适的零件进行装配的方法。该方法具有操作简单，选配时间长，装配效率不低，装配精度取决于装配钳工的技术水平，不宜在有节拍的生产中采用。

（2）分组装配法　先将一批零件逐个进行测量，按照严格的尺寸范围将零件分成若干组，然后将各组的配合零件按照相对应尺寸，大的与大的相配，小的与小的相配，从而达到装配精度要求。这种装配方法的特点是零件加工精度要求不高，但能获得高的装配精度；同组零件可以互换；增加零件的存贮量和零件的测量分组工作，使零件的贮存运输工作复杂化。该方法仅适用于大批大量生产中装配精度要求严，而影响装配精度的相关零件很少的情况下。

（3）复合选配法　它是直接选配法和分组装配法两种方法的复合。其做法是把零件预先分组，装配时装配工直接在对应的组中选配。

3．修配装配法

装配过程中修去某配合件上的预留修配量，使配合零件达到规定的装配精度，这种装配方法称为修配装配法。

修配装配法使装配工作复杂化并增加了装配时间，但在加工零件时可适当降低其加工精度，不需要采用高精度的设备，节省机械加工时间，从而使产品成本降低。这种方法常用在生产精度高的成批机械产品或单件小批生产中。

4．调整装配法

装配过程中，调整一个或几个零件的位置，以消除零件的积累误差，从而达到装配要求的装配方法称为调整装配法。

调节调整件相对位置的方法有可动调整法、固定调整法和误差抵消调整法三种。调整法能获得比较理想的装配精度，在实际生产中应用较广。可动调整法和误差抵消调整法适用于小批生产，固定调整法则主要适用于大批量生产。

二、任务实施

【任务要求】根据所学基础知识，总结各装配方法与生产纲领、装配精度的关系。

【实施方案】用表格方式总结各装配方法与生产纲领、装配精度的关系，见表 3-4。

表 3-4 各种装配方法与生产纲领、装配精度的关系

装配方法		生产纲领	装配精度
互换装配法	完全互换法	在配合零件较少、精度要求不太高或机械产品批量较大时采用	装配精度不高
	部分互换法	装配时出现少量返修调整的情况下采用，即在单件生产中使用	装配后精度高
选配装配法	直接选配法	在单件小批生产中使用	装配精度取决于装配钳工的技术水平
	分组装配法	适用于大批大量生产中装配精度要求严，而影响装配精度的相关零件很少的情况下	装配精度高
	复合选配法	直接选配法和分组装配法两种方法的复合	装配精度高
修配装配法		用在成批生产精度高的机械产品或单件小批生产中	装配精度高
调整装配法	可动调整法	用于小批生产中	装配后精度高
	固定调整法	用于大批量生产中	
	误差抵消调整法	用于小批生产中	

三、小结

在本任务中，要熟悉机械产品装配中常见的四大类装配方法，了解各种装配方法与生产纲领、装配精度的关系；根据企业装配生产情况判断产品装配方法。

【思考题】

1）机械产品常见装配方法有哪些？

2）什么是互换装配法？其特点是什么？根据互换程度可分为哪两种形式？

3）什么是选配装配法？它可分为哪三种形式？

4）什么是修配装配法？它适用于什么场合？

5）什么是调整装配法？根据调节调整件相对位置，可分为哪三种方法？它适用于什么场合？

任务4　装配工艺规程的制订

装配工艺规程是用文件形式规定下来的装配工艺过程，是制订装配计划和技术准备，指导装配工作和处理装配工作问题的重要依据。它对保证装配质量，提高装配生产效率，降低成本和减轻工人劳动强度等都有积极的作用。

 技能目标

◎ 理解装配工艺规程制订的原则及步骤。

◎ 根据装配图，能制订装配工艺规程。

一、基础知识

1. 装配工艺规程

装配工艺规程是指规定产品或部件装配工艺规程和操作方法等的工艺技术文件。

在装配工艺规程中，规定了产品及其部件的装配顺序、装配方法、装配技术要求及检验方法、装配所需设备和工具以及装配时间定额等主要起指导装配工作的技术文件；装配生产计划及技术准备的主要依据；设计或改建装配车间的基本文件。

2. 装配工艺规程的制订原则

1）保证机械产品装配质量，并力求提高其质量，以延长产品的使用寿命。

2）合理安排装配工序，尽量减少钳工装配的工作量，提高装配效率以缩短装配周期。

3）尽可能减少车间的生产面积，以提高单位面积的生产率。

3. 制订装配工艺规程所需的原始资料

这些资料包括机械产品的总装图和部件装配图、机械产品验收的技术条件、机械产品的生产纲领（或年产量）及现有生产条件。

4. 制订装配工艺规程的步骤

（1）研究机械产品装配图和验收技术条件

1）仔细地研究机械产品的装配图及验收技术条件。

2）通过上述技术文件的研究，要深入了解机械产品及其各部件的具体结构。

3）研究机械产品及各部件的装配技术要求；保证机械产品装配精度的方法，以及机械产品的试验内容、方法等。

（2）确定装配工作的组织形式　机械产品装配工艺规程的制订与装配工作的组织形式有关。装配工作组织形式的选择主要取决于机械产品尺寸、大小与重量等结构特点和生产批量。

（3）划分装配单元，确定装配顺序

1）装配单元的划分，就是从工艺角度出发，将机械产品分解成可以独立装配的组件及各级分组件。

2）机械产品装配单元的划分及其装配的顺序，可通过装配单元系统图表示。每一零件、分组件或组件都用长方格表示，长方格的上方注明装配单元的名称，左下方填写装配单元的编号，右下方填写装配单元的数量。

提示

应当注意：装配时应遵循先轻后重、先小后大、先铆后装、先装后焊、先里后外、先低后高的顺序，注意前后工序的衔接，使操作者感到方便、省力和省时的原则。

3）装配单元的编号必须和装配图及零件明细栏中的编号相一致。

（4）划分装配工序

1）装配顺序确定后，还要将装配工艺过程划分为若干工序，并确定各个工序的工作内容、所需设备、工夹具和工时定额等。

2）装配工序应包括检验和试验工序。

（5）制订装配工艺规程卡片

1）在单件小批生产时，通常不制订工艺规程卡片。装配钳工按装配图和装配工艺系统图进行装配。

2）成批生产时，应根据装配工艺系统图分别制订总装和部装的装配工艺规程卡片。

3）卡片的每一工序内应简要地说明工序的工作内容、所需设备和工夹具的名称及编号、装配钳工技术等级、时间定额等。

二、任务实施

装配单元系统图能简明直观地反映出机器的装配顺序，从而确定常用的装配方法及装配工作的组织形式，完成装配工艺过程并达到装配技术要求。图3-7所示是某减速器低速轴组件的结构图，根据装配要求，以低速轴为基准零件，其余各零件按一定顺序装配，装配工作的过程可用装配单元系统图来表示。

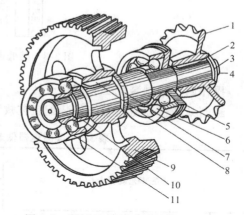

【任务要求】 保证产品质量，延长产品使用寿命，提高劳动生产率，绘制某减速器低速轴组件装配单元系统图。

图3-7　某减速器低速轴组件的结构图
1—链轮　2、8—平键　3—轴端挡圈　4—螺母
5—可通盖组件　6、11—滚珠轴承　7—低速轴
9—齿轮　10—套筒

【实施方案】 根据任务要求和已知条件，第一，分析产品图样和装配时应满足的技术要求；第二，确定装配工作的组织形式；第三，划分装配单元，确定装配顺序；第四，划分装配工序；第五，编制装配工艺规程卡片。

【操作步骤】

操作一　分析产品图样和装配时应满足的技术要求

检查文件和零件的完备情况，熟悉图样和零件清单、装配任务，选择合适的工具、量具和辅助工具。

操作二　确定装配工作的组织形式

按生产批量和减速器低速组件结构大小，装配采用分散固定式装配。

操作三　划分装配单元，确定装配顺序

绘制某减速器低速轴组件装配单元系统图，如图3-8所示。其步骤如下：

1）先画一条竖线（或横线）。

2）竖线上端画一个小长方格，代表基准零件。在长方格中注明装配单元名称、编号和数量。

3）竖线的下端也画一个小长方格，代表装配的成品。

4）竖线自上至下表示装配的顺序。直接进行装配的零件画在竖线右边，组件画在竖线左边。

由装配单元系统图可以清楚地看出，成品的装配顺序以及装配所需零件的名称、编号和数量，如图3-8所示。因此，装配单元系统图可起到指导和组织装配工艺的作用。

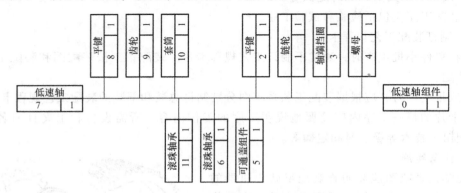

图 3-8　某低速轴组件装配单元系统图

操作四　编制装配工艺规程卡片

编制某减速器低速轴组件装配工艺规程卡片，见表3-5。

表 3-5　某减速器低速轴装配组件装配工艺规程卡片

装配工艺规程卡片			产品型号		部件图号		共　页
			产品名称	某减速器低速轴组件	部件名称		第　页
工序号	工序名称	工序内容	装配部门	设备及工艺装备		辅助材料	工时定额
1	准备	1-1 装配前的准备工作					
		1-2 检查零件的完备情况					
		1-3 熟悉图样和零件清单、装配任务，准备合适的工具、量具					
		1-4 去毛刺并清洗零件		清洗机、空压机、磨石		清洁布	
2	装配（1）	2-1 低速轴左端安装平键		纯铜棒、橡胶锤			
		2-2 低速轴左端安装齿轮		纯铜棒、橡胶锤			
		2-3 低速轴左端安装套筒		纯铜棒、橡胶锤			
		2-4 低速轴左端安装轴承		压力机、纯铜棒、橡胶锤			

（续）

工序号	工序名称	工序内容	装配部门	设备及工艺装备	辅助材料	工时定额
3	装配（2）	3-1 低速轴右端安装轴承		压力机、纯铜棒、橡胶锤		
		3-2 低速轴右端安装键		压力机、纯铜棒、橡胶锤		
		3-3 低速轴右端安装链轮		纯铜棒、橡胶锤		
		3-4 低速轴右端安装轴端挡圈		纯铜棒、橡胶锤		
		3-5 低速轴右端安装螺母		活扳手		
4	检查	4-1 检查各部件传动是否灵活				

标记	处数	更改文件号	签字	日期	标记	处数	更改文件号	签字	日期	编制	审核	会签

三、小结

在本任务中，要了解装配工艺规程的要求，了解制订装配工艺规程的步骤，通过某减速器低速轴组件装配工艺规程的制订来提高制订装配工艺规程的水平。

【思考题】

1）如何进行装配单元的划分？

2）装配工艺规程卡片的填写要注意哪些细节？

3）什么是装配工艺规程？

4）装配工艺规程制订的原则有哪些？需哪些原始资料？

5）制订装配工艺规程的步骤有哪些？

任务5　装配尺寸链的计算

产品或部件在装配过程中，由相关零部件的有关尺寸（表面或中心线间距离）或相互位置关系（平行度、垂直度或同轴度）所组成的尺寸链称为装配尺寸链。装配尺寸链是保证装配精度的依据。

 技能目标

◎掌握装配尺寸链的概念、组成和分类。

◎掌握如何建立装配尺寸链的原则、步骤及方法。

◎熟练掌握用极值法计算直线装配尺寸链尺寸公差及偏差。

一、基础知识

1. 装配尺寸链的组成

装配零件中具有相互关联的尺寸，按一定的顺序排列成一个封闭尺寸组，称为尺寸链。

（1）装配尺寸链简图　如图3-9所示，齿轮孔与轴配合间隙 A_0 的大小，与孔径 A_1 和轴径 A_2 的大小有关；为了简便，通常不绘出具体结构，也不必按照严格的比例，依次绘出所有的尺寸，排列成为封闭的外形，形成尺寸链简图。

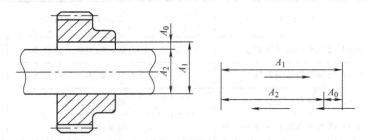

图 3-9　装配尺寸链简图

（2）装配尺寸链的组成　装配尺寸链是由封闭环和组成环组成的。

1）封闭环。一个尺寸链只有一个封闭环，装配尺寸链中的封闭环就是装配的技术要求。封闭环通常用来表达装配精度要求，用 A_0 表示。

2）组成环。尺寸链中除了封闭环以外的环称为组成环。通常由相关零件的尺寸来表达，用 A_1、A_2、A_3、…表示。组成环包括增环和减环。

① 增环。在其他条件不变的条件下，当某个组成环增大时，封闭环随之增大，那么这个组成环就称为增环。

② 减环。在其他条件不变的条件下，当某个组成环增大时，封闭环随之减小，那么这个组成环就称为减环。

（3）封闭环极限尺寸及公差

1）封闭环的公称尺寸。

　　封闭环的公称尺寸 = 所有增环公称尺寸之和 − 所有减环公称尺寸之和

2）封闭环的上极限尺寸。

　　封闭环的上极限尺寸 = 所有增环上极限尺寸之和 − 所有减环下极限尺寸之和

3）封闭环的下极限尺寸。

　　封闭环的下极限尺寸 = 所有增环下极限尺寸之和 − 所有减环上极限尺寸之和

4）封闭环的公差。

封闭环的公差 = 所有组成环的公差之和 = 封闭环的上极限尺寸 − 封闭环的下极限尺寸

2. 建立装配尺寸链

用装配尺寸链分析和解决装配精度问题，首先要查明和建立尺寸链，即确定封闭环，并以封闭环为依据查明各组成环，然后确定保证装配精度的工艺方法和进行必要的计算。

（1）确定封闭环　在装配过程中，装配尺寸链封闭环就是装配精度要求。如图 3-9 所示的齿轮孔与轴配合间隙 A_0 就是装配过程最后形成的一环，即装配的技术要求。

（2）查找组成环　从封闭环任意一端开始，沿着装配精度要求的位置方向，将与装配精度有关的各零件尺寸依次首尾相连，直到封闭环另一端相接为止，形成一个封闭形的尺寸图，如图 3-9 所示的齿轮孔与轴尺寸即是组成环。

（3）绘制装配尺寸链图，判别组成环的性质　从装配基准出发，按装配顺序依次画出各环，环与环之间不间断，最后用封闭环构成一个封闭回路。在封闭环符号 A_0 上面按任意方向画一箭头，沿一定箭头方向在每个组成符号上画一个箭头，与封闭环箭头相异者为增环，相同者为减环，如图 3-9 所示的齿轮孔与轴配合中 A_1 为增环，A_2 为减环。

3. 装配尺寸链建立的原则

（1）封闭原则 尺寸链的封闭环和组成环一定要构成一个封闭的环链。

（2）最短路线原则 装配尺寸链应力求组成环最少，以便于保证装配精度。

（3）精确原则 当装配尺寸链要求较高时，组成环除了有长度尺寸环外，还有几何公差环。

二、任务实施

双联转子泵轴向装配尺寸简图如图 3-10 所示，冷态下的轴向装配间隙为 0.05 ～ 0.15mm，$A_1 = 41$mm，$A_2 = A_4 = 17$mm，$A_3 = 7$mm，求各组成环的公差及偏差。

【任务要求】用极值法求解各组成环的公差及偏差。

【实施方案】根据任务要求和已知条件，第一，分析双联转子泵轴向装配尺寸简图；第二，建立装配尺寸链图，确定封闭环尺寸，判断增环、减环；第三，确定各组成环公差；第四，计算相关尺寸偏差；第五，确定各组成环公差及偏差。

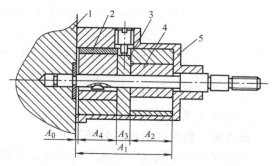

图 3-10 双联转子泵轴向装配尺寸简图
1—机体 2—外转子 3—隔板 4—内转子 5—壳体

【操作步骤】

操作一 分析双联转子泵轴向装配尺寸简图

双联转子泵轴和轴上零件相关组成数有 5 个，从左至右顺序号分别为零件 1 ～ 5，零件 2 ～ 4 为组成环，其轴向公称尺寸分别为 $A_4 = 17$mm，$A_3 = 7$mm，$A_2 = 17$mm，零件 5 孔深为 $A_1 = 41$mm。

操作二 建立装配尺寸链简图，确定封闭环尺寸，判断增环、减环

由上述分析，建立双联转子泵轴向装配尺寸链简图，如图 3-11 所示。

封闭环尺寸为 $A_0 = 0^{+0.15}_{+0.05}$mm，增环为 A_1，减环为 A_2、A_3、A_4。

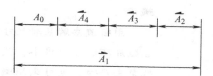

图 3-11 双联转子泵轴向装配尺寸链简图

操作三 确定各组成环公差

封闭环公差

$$T_0 = \mathrm{ES}_{A0} - \mathrm{EI}_{A0} = 0.15\text{mm} - 0.05\text{mm} = 0.1\text{mm}$$

各组成环平均公差

$$T_i = \frac{T_0}{5-1} = \frac{0.1}{4}\text{mm} = 0.025\text{mm}$$

由于 A_1 尺寸在生产上受限制较少，故选为"相依尺寸"。A_2、A_3、A_4 尺寸较容易测量，取较小公差，故应小于平均公差，查表选取 A_2、A_3、A_4 零件加工尺寸公差等级为 IT7，A_2、

A_3、A_4零件为被包容件，采用基轴制。故

$$A_2 = A_4 = 17 _{-0.018}^{0} \, \text{mm} \quad （\text{IT7}）$$

$$A_3 = 7 _{-0.015}^{0} \, \text{mm} \quad （\text{IT7}）$$

A_1为相依尺寸。

操作四　计算相依尺寸偏差

$$\text{ES}_{A0} = \text{ES}_{A1} - \text{EI}_{A2} - \text{EI}_{A3} - \text{EI}_{A4}$$

$$+ 0.15\text{mm} = \text{ES}_{A1} - （-0.018\text{mm}）-（-0.015\text{mm}）-（-0.018\text{mm}）$$

$$\text{ES}_{A1} = + 0.099\text{mm}$$

$$\text{EI}_{A0} = \text{EI}_{A1} - \text{ES}_{A2} - \text{ES}_{A3} - \text{ES}_{A4} + 0.05\text{mm}$$

$$= \text{EI}_{A1} - 0 - 0 - 0$$

$$\text{EI}_{A1} = + 0.05\text{mm}$$

故尺寸 A_1 为 $41_{+0.050}^{+0.099} \text{mm}$。

操作五　确定各组成环公差及偏差

绘制双联转子泵轴向装配尺寸链各组成环公差及偏差，见表3-6。

表3-6　双联转子泵轴向装配尺寸链各组成环公差及偏差　　　　（单位：mm）

公称尺寸	组成环性质	ES	EI
$A_1 = 41$	增环	+ 0.099	+ 0.05
$A_2 = 17$	减环	0	− 0.018
$A_3 = 7$	减环	0	− 0.015
$A_4 = 17$	减环	0	− 0.018
$A_0 = 0$	封闭环	+ 0.15	+ 0.05

提示

　　用极值法解装配尺寸链简便可靠，但当封闭环公差较小、组成环数较多时，各组成环公差会很小，使零件加工困难，制造成本高。对于组成环数较多且大批量生产时，也可采用概率法进行计算。

三、小结

在本任务中，要求掌握装配尺寸链的概念、组成和分类，掌握建立装配尺寸链的原则、步骤及方法，熟练掌握用极值法计算直线装配尺寸链的尺寸公差及偏差。

【思考题】

1）什么是装配尺寸链？装配尺寸链可分为哪几种形式？

2）装配尺寸链由哪些环组成？什么是封闭环？什么是组成环？什么是增环？什么是减环？

3）建立装配尺寸链的步骤和原则是什么？

4）装配尺寸链的计算类型有哪几种？常用解算方法是什么？如何解算？

5）封闭环的偏差如何计算？

任务6 旋转件的平衡

常用机器中包含大量的做旋转运动的零部件，例如各种传动轴、主轴、电动机和汽轮机的转子等，由于材质不均匀或毛坯缺陷、加工及装配中产生的误差，甚至设计时就具有非对称的几何形状等多种因素，引起机械振动，产生了噪声，加速轴承磨损，缩短了机械的寿命，严重时可能造成破坏性事故。因此机械装配时要进行静平衡和动平衡工作。调整平衡的方法有加配质量、去除质量和改变平衡块位置等。

 技能目标

◎了解旋转件进行平衡的目的。

◎掌握旋转件平衡的分类、概念及平衡条件。

◎掌握静平衡操作的三种方法。

一、基础知识

由于旋转件的结构形状不对称、制造安装不准确或材质不均匀等原因，在转动时产生的离心力和离心力偶矩不平衡，致使旋转件内部产生附加应力，在运动副上引起了大小和方向不断变化的动压力，降低了机械效率，产生振动，影响机械的工作质量和寿命。

旋转件平衡的目的就是调整回转件的质量分布，使旋转件工作时离心力系达到平衡，以消除附加动压力，尽可能减轻有害的机械振动。对于转速较高、运转平稳性要求高的旋转零部件装配前必须进行平衡工作，有时包括整机也需要进行平衡工作。

1. 平衡的分类

旋转件平衡时，根据需要可以进行静平衡或动平衡。

（1）静平衡 用去重或配重的方法消除旋转件的偏重，使旋转体达到平衡，这种方法称为静平衡。对于轴向宽度小（轴向长度 L 与外径 D 的比值 $L/D \leqslant 0.2$）的旋转件，例如砂轮、飞轮、盘形凸轮等，其偏心质量在同一回转面内的，可采用静平衡，如图 3-12 所示。一般常用平衡杆、平衡块和三点平衡等方法进行静平衡。

图 3-12 静平衡示例

静平衡的条件：平衡后转子的各偏心质量（包括平衡质量）的惯性力合力为零。即 $\sum F = 0$。

（2）动平衡 对于运动不平衡旋转体，通过选定两个回转平面 Ⅰ 及 Ⅱ 作为平面基面，再分别在这两个面上增加或除去适当的平衡质量，使旋转体在运转时各偏心质量所产生的惯性力和惯性力偶矩同时得以平衡，这种平衡方法称为动平衡。对于轴向宽度大（$L/D > 0.2$）的回转件，如机床主轴、电动机转子等，其质量不是分布在同一回转面内的，则要采用动平衡。动平衡一般需要在专用的动平衡机上进行，如图 3-13 所示。

图 3-13　动平衡

动平衡的条件：各偏心质量（包括平衡质量）产生的惯性力的矢量和为零，以及这些惯性力所构成的力矩矢量和也为零。即 $\sum F = 0$，$\sum M = 0$。

2. 对旋转件不平衡量的找正方法

1）配重：用补焊、铆接、粘接或螺纹连接等方法加配重量。

2）减重：用钻削、铣削、磨削或锉削等方法去除重量。

3）在预制的平衡槽内改变平衡块的位置和数量（如砂轮静平衡常用此法）。

二、任务实施

【任务要求 1】要求对齿轮进行静平衡。

【实施方案】用平衡杆进行齿轮静平衡，如图 3-14 所示。首先安装齿轮，其次做好标记，再调试平衡，最后钻孔。

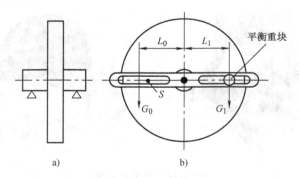

图 3-14　用平衡杆进行静平衡

【操作步骤】

操作一　安装齿轮

装上齿轮，并将组件放在水平的静平衡架上。

操作二　做好标记

齿轮缓慢转动，待静止后在其正下方做一标记 A，重复转动齿轮若干次，若标记 A 处始终位于最下方，就说明有偏重，其方向指向标记 A 处。

操作三　调试平衡

沿偏重方向装上平衡杆，调整平衡块，使平衡力矩 $L_1 G_1$ 等于中心偏移所形成的力矩，则该组件处于静平衡。

操作四　钻孔

在零件的偏重一边离中心 L_0（$L_0 = L_1$）处钻孔去除 G_0（$G_0 = G_1$）的金属，使 $L_0 G_0 = L_1 G_1$，就可以消除静不平衡。

【任务要求 2】 要求对万能磨床砂轮进行静平衡。

【实施方案】 对于万能磨床砂轮的平衡，通常采用平衡块的方法使其平衡，如图 3-15 所示。首先进行安装，其次做好标记，最后调试平衡。

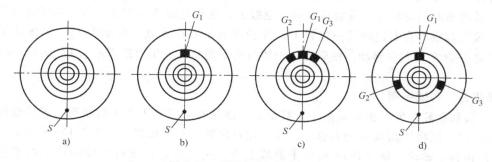

图 3-15　用平衡块进行静平衡

【操作步骤】

操作一　安装

将砂轮套在平衡心轴上。

操作二　做好标记

在平衡架上找出偏重方向，做标记 S，如图 3-15a 所示。

操作三　调试平衡

1）在偏重的相对位置上紧固第一块平衡块 G_1，不再移动，如图 3-15b 所示。

2）将砂轮放在静平衡架上试验，如果在任何位置上都能够静止，则用一块平衡块就可以平衡。若仍不平衡，分别在 G_1 的两侧放平衡块 G_2 和 G_3，如图 3-15c 所示。

3）根据偏重情况同时移动并紧固两平衡块 G_2 和 G_3，直到砂轮在任何位置上都能够停住为止，如图 3-15d 所示。

【任务要求 3】 对不能预先找出重心或偏重方向的砂轮进行静平衡。

【实施方案】 对于这种砂轮的平衡，通常采用三点平衡法使其平衡，如图 3-16 所示。首先安装平衡块，其次标记砂轮中心位置，最后调试平衡。

【操作步骤】

操作一　安装平衡块

将重量相等且为 G 的三个平衡块分别固定在砂轮的圆槽上，使三块平衡块的距离相等，

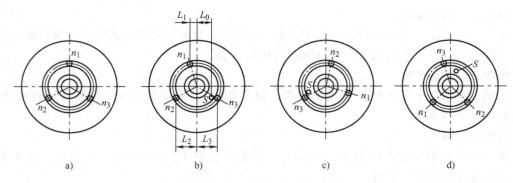

图 3-16　用三点平衡法进行静平衡

取其中一块 n_1 放在垂线的正上方，如图 3-16a 所示。

操作二　标记砂轮中心位置 S

若砂轮重心与旋转中心重合或在同一垂线上，则砂轮静止不摆动，若砂轮按顺时针方向转动，说明其重心在右边的某一位置上，即砂轮的重心在 S 处，偏重为 G_0，如图 3-16b 所示，须将平衡块 n_1 向左移动，使砂轮处于暂时的平衡状态，用力矩表示为 $GL_1 + GL_2 = GL_3 + G_0L_0$。

操作三　调试平衡

1）转动砂轮，使平衡块 n_2 处于垂线上方，砂轮有可能处于不平衡状态，若砂轮按逆时针方向转动，则将平衡块 n_2 向右移动，使砂轮再次处于平衡状态，如图 3-16c 所示。

2）再转动砂轮，使平衡块 n_3 处于垂线上方，用上述方法进行砂轮的第三次平衡，如图 3-16d 所示。

3）按上述两个步骤调整 3 块平衡块的位置，砂轮只是趋近于平衡，因为移动平衡块 n_3 后，会影响 n_1 的平衡，须重新调整 n_1，继而调整 n_2、n_3，需重复多次，才能使砂轮在任何位置均静止不动，达到平衡。

提示

为了保证设备的运转质量，凡转速较高或直径较大的旋转件，即使几何形状完全对称，也常常要求在装配前进行平衡，以抵消或减小所有不平衡的离心力，保证达到一定的平衡精度。

三、小结

在本任务中，通过学习要求了解旋转件进行平衡的目的，掌握旋转件平衡的分类、概念及平衡条件，掌握静平衡操作的三种方法。

【思考题】

1）旋转件调整平衡的方法有哪些？

2）旋转件平衡可分为哪两种？

3）什么是静平衡？静平衡的条件是什么？哪些旋转件用静平衡？

4）什么是动平衡？动平衡的条件是什么？哪些旋转件用动平衡？

5）齿轮静平衡如何调试？

6）磨床砂轮静平衡如何调试？

7）对不能预先找出重心或偏重方向的砂轮静平衡如何调试？

项目二 固定连接的装配

固定连接是钳工装配中最基本的一种装配方法，在机械制造中应用广泛。常见的固定连接有螺纹连接、键连接、销连接、过盈连接等。根据拆卸后零件是否被破坏，固定连接又分为可拆卸的固定连接和不可拆卸的固定连接两类。

 学习目标

◎ 熟练掌握螺纹连接的装配。

◎ 掌握键连接、销连接的装配。

◎ 了解过盈连接的装配。

任务 1 螺纹连接的装配

螺纹连接是一种可拆的固定连接，它具有结构简单、连接可靠、拆卸方便等优点。连接时施加拧紧力矩后，螺纹副产生预紧力，螺纹连接紧固而可靠，在机械连接中应用极为普遍。

 技能目标

◎ 识别螺纹连接的常见种类和主要应用场合。

◎ 正确装配双头螺柱连接。

一、基础知识

1. 螺纹连接

螺纹连接的类型有很多，常用的有螺栓连接、双头螺柱连接和螺钉连接三种基本类型，常用标准零件如图 3-17 所示。

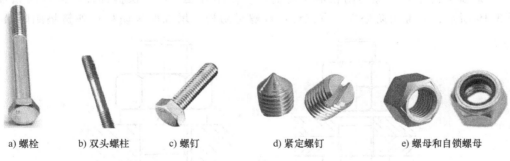

a) 螺栓　　　b) 双头螺柱　　　c) 螺钉　　　　d) 紧定螺钉　　　e) 螺母和自锁螺母

图 3-17　常用标准零件

（1）螺栓（包括精密螺栓）连接　无需在连接件上加工螺纹，连接件不受材料的限制。螺栓连接主要用于连接件厚度不大，并能从两边进行装配的场合，如图 3-18a 所示。

（2）双头螺柱连接　拆卸时只须旋下螺母，螺栓仍留在机体螺纹孔内，故螺纹不易损

185

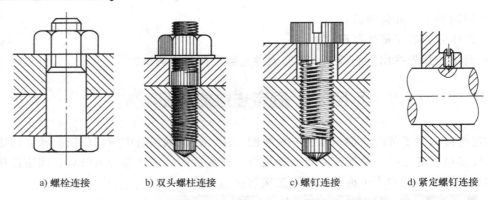

a) 螺栓连接   b) 双头螺柱连接   c) 螺钉连接   d) 紧定螺钉连接

图 3-18　螺纹连接的应用场合

坏，主要用于连接件较厚而又需经常装拆的场合，如图 3-18b 所示。

（3）螺钉（包括紧定螺钉）连接　螺钉连接（见图 3-18c）主要用于连接件较厚，或结构上受到限制，不能采用螺栓连接，且不需经常装拆的场合，紧定螺钉主要用于定位及传递较小转矩的场合，如图 3-18d 所示。

2. 螺纹连接的预紧和防松

（1）螺纹连接的预紧　预紧可以提高螺栓连接的可靠性、防松能力和螺栓的疲劳强度，增强连接的紧密性和刚性。事实上，大量的试验和使用经验证明：较高的预紧力对连接的可靠性和延长被连接件的寿命都是有益的，特别是对有密封要求的连接更为必要。当然，过高的预紧力，如若控制不当或者偶然过载，也常会导致连接的失效。因此，准确确定螺栓的预紧力是非常重要的。

（2）螺纹连接的防松　螺纹连接一般具有自锁性，此外，螺母及螺栓头部支撑面上的摩擦力也有防松作用，故拧紧后一般不会松脱。但在冲击、振动或变载荷作用下，以及在高温或温度变化较大时，螺纹之间的摩擦力会瞬时减小或消失，连接就可能松动。防松的关键就是防止螺旋件的相对转动。

防松方法按其工作原理可分为摩擦力防松、机械防松和永久防松三种。

1）摩擦力防松。摩擦力防松的结构简单、使用方便，可多次拆卸而不降低防松性能。如图 3-19 所示，摩擦力防松主要有三种：双螺母防松，增加摩擦防松；弹簧垫圈防松，利

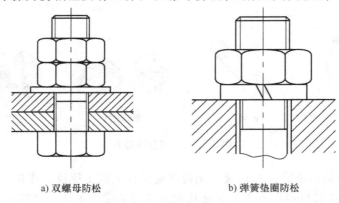

a) 双螺母防松   b) 弹簧垫圈防松

图 3-19　摩擦力防松

用收口的弹力使旋合螺纹间压紧；自锁螺母防松，增加摩擦防松。

2）机械防松。机械防松的结构简单、防松可靠，主要有开口销与六角开槽螺母防松、六角螺母止动垫圈防松、圆螺母止动垫圈防松和串联金属丝防松三种，如图3-20所示。

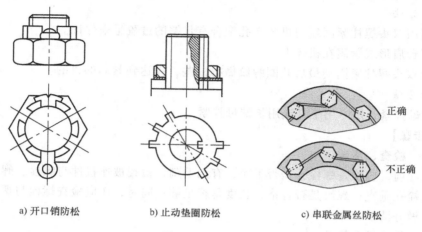

a) 开口销防松   b) 止动垫圈防松   c) 串联金属丝防松

图 3-20 机械防松

3）永久防松。永久防松主要是通过破坏螺旋副运动关系来达到防松目的的，其结构简单、防松可靠，属于不可拆卸的防松，主要有点焊防松、冲点防松、（螺钉头部）铆合防松和涂防松胶粘剂等，如图3-21所示。

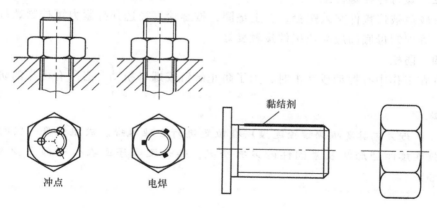

冲点   电焊

图 3-21 永久防松

二、任务实施

双头螺柱的装配，选取一块厚板、一板薄板，厚板预先钻好螺孔（直径自定），薄板钻好通孔（直径与螺孔大径相配）。操作分四个步骤进行，学会检验装配件是否符合装配要求，如何确定拧紧力矩，正确使用工具，按要求选择防松方法。

【任务要求】双头螺柱装配，装配要求如下：

1）应保证双头螺柱与机体螺纹的配合紧固性。

2）保证双头螺柱轴线与连接板表面垂直。

3）避免拧入时产生咬住现象。

【实施方案】 根据装配技术要求，确定任务实施方案时首先检查并清洁装配件；其次将螺栓拧入较厚连接件的螺孔；再次将薄连接件装入螺栓，用螺母拧在螺栓上，最后做好防松。

1. 防松方法

（1）利用双头螺柱紧固端与机体螺孔配合有足够的过盈量来保证。

（2）用台肩形式紧固在机体上。

（3）把双头螺柱紧固端最后几圈螺纹做得浅些，以达到紧固的目的。

2. 拧紧方法

两个螺母拧紧，用专用工具或用长螺母拧紧。

【操作步骤】

操作一　检查、清洁

螺栓装配前，应检查螺栓孔是否干净，有无毛刺，检查被连接件与螺栓、螺母接触的平面是否与螺栓孔垂直；螺纹是否合格，长度是否足够；同时，还应检查螺栓与螺母配合的松紧程度，并做好清洁工作。

操作二　螺栓拧入螺孔

一般将双头螺柱中螺纹长度短的一端拧入较厚被连接件的螺孔（不通孔螺纹）中，一直旋到近光杆处。装入前先用润滑油将螺栓、螺孔进行润滑，避免拧入时产生咬住现象，装入后确保螺栓不产生弯曲变形。

操作三　螺母拧在螺栓上

将另一较薄被连接件穿入螺栓，套上垫圈，按螺栓直径选择拧紧力矩拧紧螺母，不能过松或过紧，确保螺母底面应与连接件接触良好。

操作四　防松

连接件在工作中有振动或冲击时，为了防止螺钉或螺母松动，必须有可靠的防松装置。

提示

拧紧工具要根据螺栓连接所在位置进行合理选择。成组螺母拧紧时，应根据连接件的形状及紧固件的分布情况，按一定顺序逐次（一般 2 次或 3 次）拧紧。

三、小结

在本任务中，通过学习要求掌握识别螺纹连接的常见种类、主要应用场合及正确装配。

【思考题】

1）什么是螺纹连接？其特点是什么？

2）螺纹连接有哪三种基本连接？

3）什么是螺栓连接？适用场合是什么？

4）什么是双头螺栓连接？适用场合是什么？

5）什么是螺钉连接？适用场合是什么？

6）螺纹连接常用工具有哪些？

7）螺纹连接的防松方法有哪些？

8）双头螺柱连接的步骤有哪些？

任务 2 键连接的装配

键是用来连接轴和轴上的零件，使它们周向固定以传递转矩的一种机械零件。键主要用于齿轮、带轮、联轴器等许多零件的连接。

技能目标

◎识别键连接的常见种类和主要应用场合。

一、基础知识

1. 键连接

键连接是通过键实现轴和轴上零件间的周向固定以传递运动和转矩的，键连接可分为平键连接、半圆键连接、楔键连接和切向键连接等基本类型。

（1）平键连接 平键连接是靠键和键槽侧面挤压来传递转矩的，平键的两侧面为工作面，键的上表面和轮毂槽底之间留有间隙。平键连接按用途可分为普通平键连接（见图 3-22）、导向平键连接（见图 3-23）和滑键连接（见图 3-24）。平键连接具有结构简单、装拆方便、对中性好等优点，因而应用广泛。

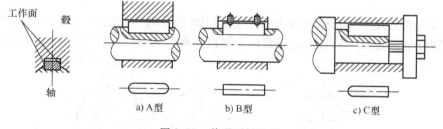

a) A型 b) B型 c) C型

图 3-22 普通平键连接

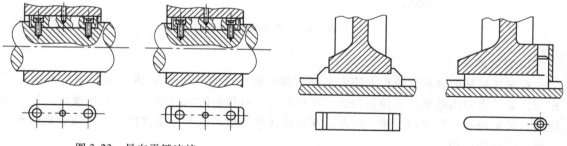

图 3-23 导向平键连接

图 3-24 滑键连接

（2）半圆键连接 半圆键连接的工作原理与平键连接相同。轴上键槽用与半圆键半径相同的盘形铣刀铣出，因此半圆键在槽中可绕其几何中心摆动以适应轮毂槽底面的斜度。半圆键连接的结构简单，制造和装拆方便，一般多用于轻载连接，尤其是锥形轴端与轮毂的连接中，如图 3-25 所示。

（3）楔键连接 楔键的上下表面是工作面，键的上表面和轮毂键槽底面均有 1:100 的斜度，钩头型楔键连接如图 3-26 所示。装配后，键楔紧固于轴槽和毂槽之间。工作时，依

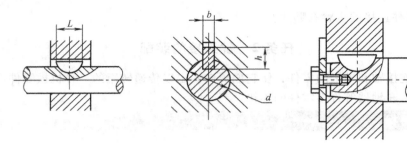

图 3-25　半圆键连接

靠键、轴、轮毂之间的摩擦力及键受到的挤压来传递转矩，同时能承受单方向的轴向载荷。

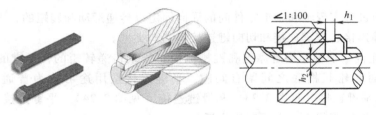

图 3-26　钩头型楔键连接

（4）切向键连接　切向键由两个斜度为 1 : 100 的普通楔键组成，如图 3-27 所示。装配时两个楔键分别从轮毂一端打入，使其两个斜面相对，共同楔紧在轴与轮毂的键槽内。

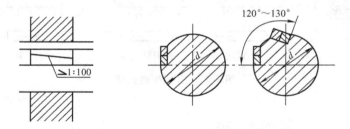

图 3-27　切向键连接

2. 花键连接

花键连接是由轴和轮毂孔上的多个键齿和键槽组成的，如图 3-28 所示。键齿侧面是工作面，靠键齿侧面的挤压来传递转矩。花键连接具有较高的承载能力，定心精度高，导向性能好，可实现静连接或动连接。因此，花键连接在飞机、汽车、拖拉机、机床和农业机械中得到了广泛的应用。

图 3-28　花键连接

花键按工作方式不同分为静连接和动连接。花键装配时的定心方式有大径定心、小径定心和齿侧定心三种，一般情况下常采用大径定心，以便获得较高的加工精度。

二、任务实施

用普通平键连接齿轮与轴的装配。

【任务要求】如图3-29所示的普通平键装配，要求如下：

1）键的两侧应有一些过盈量。

2）键顶面和轮毂槽底面之间须留有一定间隙。

3）键底面应与轴槽底面接触。

【实施方案】根据装配技术要求，确定任务实施方案时首先检查并清洁装配件；其次将键头与轴槽试配；再次锉配键长，最后将键压装入轴槽。

图3-29 普通平键装配

【操作步骤】

操作一 检查、清洁

平键装配前，应检查键和键槽是否干净，有无毛刺，并清理干净；检查键的平直度、键槽对轴线的对称度和歪斜程度。

操作二 将键头与轴槽试配

用键头与轴槽试配，应能使键紧紧地嵌在轮毂槽中。

操作三 锉配键长

锉配键长，使键头与轴槽间应有0.1mm左右的间隙。

操作四 装配

装配时在配合面加机油，用铜棒或带有软垫的台虎钳将键压装入轴槽中。按装配要求试配并安装齿轮。

> **提示**
>
> 为了保证键传动质量，装配前要对键和键槽用锉刀去飞边，清理干净后再试配。装配中不允许强行敲击，以免损坏零件。

三、小结

在本任务中，通过学习要求掌握键连接的常见种类、主要应用场合及正确装配。

【思考题】

1）什么是键？它有什么用途？

2）键连接有哪三种基本类型？

3）松键连接分为哪几种？其特点有哪些？装配要点有哪些？

4）紧键连接分为哪几种？

5）什么是切向键连接？它应用于什么场合？其装配要点是什么？

6）花键连接的特点是什么？其定心方式有哪几种？

7）简述普通平键的装配步骤。

任务3　销连接的装配

销是一种标准件，其形状和尺寸均已标准化、系列化。销连接主要用于零件之间的定位、连接或锁定零件，有时还可起到安全保险作用，适宜于传递不大的载荷。

技能目标

◎ 识别销连接的常见种类和主要应用场合。
◎ 正确掌握圆柱销和圆锥销连接的装配。

一、基础知识

1. 销连接

销连接是指用销将被连接件连成一体的可拆连接（见图3-30），可传递不大的载荷，有时也作为过载剪断的保险零件。销连接应用很广。销的类型很多，常见的有圆柱销、圆锥销、开口销三种。

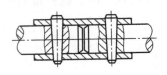

图 3-30　销连接

（1）圆柱销　圆柱销一般依靠过盈固定在孔中，用以固定零件、传递动力或作为定位元件。在两被连接零件相对位置调整、紧固的情况下，才能对两被连接件同时钻孔、铰孔，孔壁表面粗糙度小于 $Ra1.6\mu m$，以保证连接质量。其要求如下：

1）所采用的圆柱铰刀必须保证在圆柱销打入时有足够的过盈量。

2）圆柱销打入前应做好孔的清洁工作，销上涂机油后方可打入。

3）圆柱销装入后不能多次装拆，以防影响连接精度及连接的可靠性。

（2）圆锥销　在两被连接件相对位置调整、紧固的情况下，才能对两被连接件同时钻孔、铰孔，钻头直径为圆锥销的小端直径，铰刀锥度为1∶50，定位精度高，允许多次装拆，且便于拆卸。其要求如下：

1）铰刀铰入深度以圆锥销自由插入后，大端部露出工件表面3～4mm为宜。做好锥孔清洁工作，圆锥销涂上机油插入孔内后，再用锤子打入，销的大端露出不超过倒角，有时要求与被连接件一样平。

2）一般被连接零件定位用的定位销均为两个，注意两个销的装入深度基本要求一致。

3）销在拆卸时，一般从一端向外敲击即可，有螺尾的圆锥销可用螺母旋出，拆卸带内螺纹的销时可采用拔销器拔出。

（3）开口销　开口销是一种防松零件，不起定位作用，常与槽形螺母合用，锁紧其他紧固件。开口销的结构简单，工作可靠，装拆方便。

2. 销的材料

销大多用30钢、45钢制成，其形状和尺寸已标准化。销孔大多采用铰刀加工。

二、任务实施

用圆锥销连接完成两平板的装配。

【任务要求】 圆锥销连接装配，锥孔小端直径为 10mm，锥度为 1∶50，装配时应与孔进行涂色检查，其接触率不应小于配合长度的 60%，并应分布均匀，如图 3-31 所示。

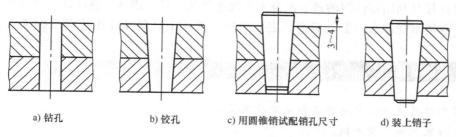

a) 钻孔   b) 铰孔   c) 用圆锥销试配销孔尺寸   d) 装上销子

图 3-31　圆锥销连接装配

【实施方案】 根据装配技术要求，确定任务实施方案时首先在两装配件上钻孔、铰孔；其次检查、清洁、试装；再将销压装入装配件，最后拆卸圆锥销。钻孔和铰孔时，被连接的两孔也应同时钻铰，用试装法控制孔径，孔径大小以圆锥销能自由地插入全长的 80% ~ 85% 为宜。

【操作步骤】

操作一　钻孔、铰孔

先在一个装配件上划出两个销孔的中心，将两装配件叠在一起在钻床上夹紧，用 ϕ8mm 麻花钻钻出孔，再用 ϕ9.8mm 的扩孔刀扩孔，最后用 ϕ10mm 锥度为 1∶50 的锥铰刀铰孔。

操作二　检查、清洁、试装

检查销、装配件是否有毛刺并清洁；将圆锥销涂上机油试插入装配件，对齐两装配件。

操作三　装配与拆卸

装配时用锤子敲入，销头部应与被连接件表面齐平或露出不超过倒角值，两销装入深度基本一致。拆卸圆锥销时，可从小头向外敲击。

提示

　　无论是圆柱销还是圆锥销，注不通孔中装配时，销上必须钻一通气小孔或在侧面开一道微小的通气小槽，供放气时使用。

三、小结

在本任务中，要求能识别销连接的常见种类和主要应用场合，熟练正确装配圆锥销连接。

【思考题】

1）销连接应用于什么场合？

2）常见销连接的种类有哪些？

3）什么是圆柱销？对圆柱销的要求有哪些？

4）什么是圆锥销？对圆锥销的要求有哪些？

5) 什么是开口销？其特点是什么？

6) 如何用圆锥销实施两平板装配？

任务4 过盈连接的装配

过盈连接是利用零件间的过盈配合来实现连接的。过盈连接同轴度高、对中性好、承载能力强，并能承受冲击和振动载荷，主要适用于受冲击载荷零件连接以及拆卸较少零件的连接。

技能目标

◎ 识别过盈连接的常见种类和主要应用场合。

◎ 正确装配圆锥销连接。

一、基础知识

1. 过盈连接

过盈连接是利用包容件与被包容件的径向变形使配合面间产生很大压力，从而靠摩擦力来传递载荷的连接。

其优点是过盈连接结构简单，定心精度好，可承受转矩、轴向力或两者复合的载荷，而且承载能力高，在冲击振动载荷下也能较可靠的工作；其缺点是过盈连接配合表面的加工精度要求高，装拆较困难，配合面边缘处应力集中较大。过盈连接主要用在重型机械、起重机械、船舶、机车及通用机械，且多用中等和大尺寸。

2. 过盈连接的类型

常见的过盈连接有圆柱面、圆锥面或其他形式的配合面连接等，如图3-32所示。

3. 过盈连接的装配方法

圆柱面过盈连接一般有压入法和温差法两种，圆锥面过盈连接一般有螺母压紧法和液压套合法两种。

（1）压入法　利用压力机将被包容件压入包容件中，由于压入过程中表面微观不平度的峰尖被擦伤或压平，因而降低了连接的紧固性，如图3-33所示。

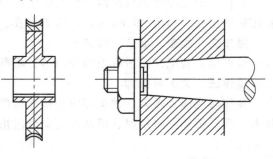

图 3-32　过盈连接

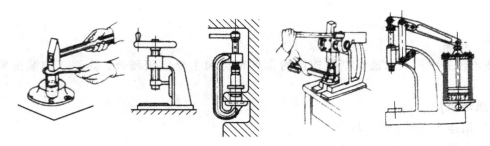

图 3-33　压入法及设备

压力法装配的压入力大小与零件的尺寸、刚性、过盈量有关。一般根据现有工具和压力机情况采用试验的方法进行，在试验压入时按零件压入所需压力，选择液压千斤顶。压入时要保持零件干净，并在配合面上涂一层机油。安放零件要端正，以免压入时发生偏斜、拉毛、卡住等现象。

（2）温差法　加热包容件，冷却被包容件。温差法可避免擦伤连接表面，连接牢固。

油中加热，可达 90℃ 左右；水中加热，可达 100℃ 左右；电与电器加热，温度可控制在 75～200℃；对薄壁套类零件的连接，条件具备时常采用冷却轴的方法进行装配，冷却剂有干冰、液态空气、液态氮、液态氨等；过盈量较小的小直径零件，可用锤子借助铜棒或衬垫敲击压入件进行装配。感应加热器如图 3-34 所示。

图 3-34　感应加热器

提示

当其他条件相同时，用温差法能获得较高的摩擦力或力矩，因为它不像压入法那样会擦伤配合表面。采用哪一种装配法由工厂设备条件、过盈量大小、零件结构和尺寸等决定。

（3）螺母压紧法　拧紧螺母可使配合面压紧形成过盈连接。通常锥度取 1∶30～1∶8，如图 3-35 所示。

（4）液压套合法　装配时，将高压油通入配合面，使包容内径胀大，被包容件外径缩小。与此同时，施加一定轴向力，使孔、轴互相压紧。当压紧至预定的轴向位置后，排出高压油，即形成过盈连接，如图 3-36 所示，也可以用高压油来拆卸这种连接。

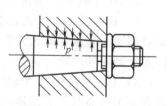

图 3-35　螺母压紧圆锥面
过盈连接

二、任务实施

【任务要求】合理选择过盈连接装配方法。

根据任务要求，首先要了解过盈连接装配的技术要求及装配要求，其次了解过盈配合的基本偏差，最后选择装配方法。

【操作步骤】

操作一　了解过盈连接装配技术要求

1）过盈连接配合表面具有较小的表面粗糙度值。

2）孔端和轴的进入端一般应有 5°～10° 的倒角。

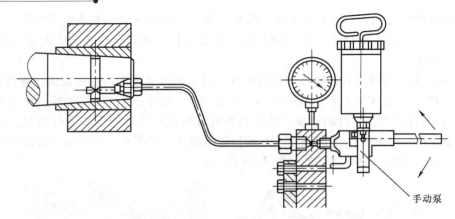

手动泵

图 3-36 液压拆卸圆锥面过盈连接

3）装配后的最小实际过盈量应能保证两个零件的正确位置和连接可靠性。

4）装配后的实际过盈量应保证不会使零件遭到损伤甚至破坏。

操作二 了解过盈连接装配要求

1）保证配合表面的清洁。

2）装配前配合表面应涂油，以防止装配时擦伤表面。

3）装配时要注意配合件不能歪斜，用压力机压装时，压入过程要连续，速度稳定不宜太快，一般保持 2 ~ 4mm/s 即可。

4）对于细长的薄壁件，须注意检查过盈量和几何偏差，装配时压力要适当，压力方向须垂直，以免变形。

操作三 了解常见过盈配合的基本偏差与配合

查表了解基本偏差数值并计算相应配合件的过盈量大小。

1）H/n 或 h/N 类配合只有 H6/n5 为过盈配合，其他为较紧的过渡配合。

2）H/p 或 h/P 类为过盈量很小的过盈配合，用于转矩小，或轴向力小，或接合零件间相对偶然移动对性能无关紧要的接合，不允许有大变形的薄壁零件的接合，负荷大或快速旋转的大型零件的定心接合（加用辅助紧固）。

3）H/r 或 h/R 类为轻压配合，可用于传递较小的转矩和轴向力，可以拆卸。当传力大或有冲击负荷时，应加辅助紧固件。

4）查表并计算 $\phi25T6/n5$、$\phi50P7/h6$、$\phi100H6/s5$、$\phi25P6/h5$ 的配合。

操作四 选择装配方法

常见过盈配合推荐装配方法见表 3-7。

表 3-7 常见过盈配合推荐装配方法

配合种类	基本偏差	配合特性	装配方法
过盈配合	s	用于钢与铁制零件的永久性和半永久性装配，可产生相当大的接合力	将孔加热或将轴冷却
	r	对铁类零件为中等力打入配合；对非铁类零件为轻打入的配合，当需要时可以拆卸。与 H8 孔配合，直径在 100mm 以上时为过盈配合，直径小时为过渡配合	用压力机压入或将孔加热

（续）

配合种类	基本偏差	配合特性	装配方法
过盈配合	p	与 H6 或 H7 配合时是过盈配合；与 H8 孔配合时则为过渡配合。对非铁类零件为较轻的压入配合，当需要时易于拆卸；对钢、铸铁或铜、铁组件装配为标准的压入配合	用压力机压入
	n	平均过盈比 m 稍大，很少得到间隙，适用 IT4 ~ IT7。通常推荐用于紧密的组件配合。H6/n5 配合时为过盈配合	用锤子或压力机装配

提示

　过盈连接的承载能力取决于连接的摩擦力或力矩和连接中各零件的强度。选择配合时，既要使连接有足够的摩擦力，又不造成装配时零件的损坏。

三、小结

在本任务中，要求能识别过盈连接的常见种类、特点及应用，了解过盈连接的装配要点，会正确选择过盈连接装配方法。

【思考题】

1）什么是过盈连接？

2）过盈连接有哪些特点？其应用场合是什么？

3）常见过盈连接类型有哪些？

4）过盈连接的装配方法有哪些？

5）什么是压入法、温差法、螺母压紧法、液压套合法？

6）过盈连接装配方法如何选择？

项目三　机械传动机构的装配与调整

机械传动机构可以将动力所提供的运动的方式、方向或速度加以改变，被人们有目的地加以利用，在机床、汽车、装配生产线、矿山和其他机械中应用很广。

学习目标

◎明确带传动、链传动、齿轮传动、蜗杆传动、螺旋传动、液压传动等机构和联轴器与离合器的特点、种类、应用场合、装配技术要求及相关工艺知识。

◎掌握带传动、链传动、齿轮传动、蜗杆传动、螺旋传动、液压传动等机构和联轴器与离合器的装配、调整与检查方法。

传动机构的类型较多，常见的有带传动、链传动、齿轮传动、蜗杆传动、螺旋传动、液压传动和联轴器与离合器传动等。

任务 1　带传动机构的装配与调整

机械传动是利用机械方式传递动力和运动的传动。一般有依靠机件间摩擦力传递动力的摩擦传动和依靠主动件与从动件啮合或借助中间件啮合传递动力或运动的啮合传动两类。带传动机构就是利用摩擦力来传递动力的机械设备。

技能目标

◎明确带传动机构的作用、装配技术要求。

◎掌握带传动机构的装配工艺要求。

◎掌握带传动机构的装配方法和装配后的检验、调整。

一、基础知识

1. 带传动

带传动是常用的一种机械传动，它依靠挠性的带（或称传动带）与带轮间的摩擦力来传递运动和动力。根据传动原理的不同，有依靠带与带轮间的摩擦力传动的摩擦型带传动，也有依靠带与带轮上的齿相互啮合传动的同步带传动。摩擦型传动带根据其截面形状的不同又分平带、V带和特殊带（多楔带、圆带）等。V带在机械传动中应用十分广泛，如图3-37所示。本书重点介绍V带传动。

图 3-37　V带传动

带传动通常由主动轮、从动轮和张紧在两轮上的环形带组成，具有结构简单、工作平稳、噪声小、缓冲吸振、能过载保护、维护容易并能适应两轴中心距较大的传动等优点，但也存在容易打滑、传动比不准确、传动效率低、带的寿命短等缺点。

2. 带传动机构的装配技术要求

V带轮在轴上应没有歪斜和跳动，两带轮中间平面应重合；V带在小带轮上的包角不能小于120°，张紧力要适当，且调整方便。

3. 带轮的装配

（1）装配前的准备工作　带轮与轴装配前，要检查带轮的径向圆跳动量和轴向圆跳动量，如图3-38所示。

（2）带轮的装配　带轮孔与轴为过渡配合，有少量过盈，同轴度较高，并且用紧固件做周向和轴向固定。带轮在轴上的固定形式如图3-39所示。

（3）带轮位置的调整　安装时两轮

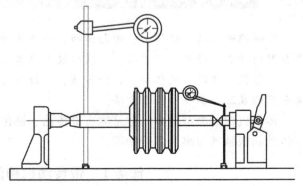

图 3-38　带轮圆跳动量的检查

轴线应相互平行，各带轮轴线的平行度公差应小于 $0.006a$（a 为轴间距）；两轮相对应的 V 形槽的对称平面应重合，误差不得超过 $20'$，否则将加剧带的磨损，甚至使带从带轮上脱落。同时还应检查两带轮相对位置是否正确。

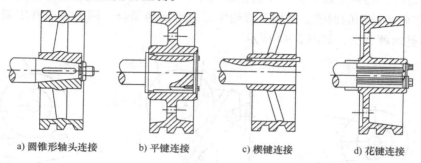

a) 圆锥形轴头连接　　b) 平键连接　　c) 楔键连接　　d) 花键连接

图 3-39　带轮在轴上的固定形式

4. V 带的装配

安装 V 带时，先将其套在小带轮轮槽中，然后套在大轮上，边转动大轮边用一字槽螺钉旋具将带拨入带轮槽中。装好后的 V 带在轮槽中的正确位置如图 3-40 所示。

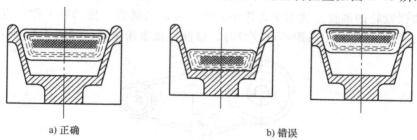

a) 正确　　　　　　　　　　　　b) 错误

图 3-40　V 带在轮槽中的位置

5. V 带张紧力的调整方法

V 带轮和轴的连接为过渡配合，为了传递较大的转矩，同时用紧固件进行轴向和径向固定，常用改变两带轮中心距来调整张紧力和用张紧轮来调整张紧力。

（1）张紧力的检测　一般可根据经验判断张紧力是否合适。用大拇指按在 V 带切边处中点，能将 V 带按下 15mm 左右即可；也可使用张力测试仪进行检测。张紧力的检测如图 3-41 所示。

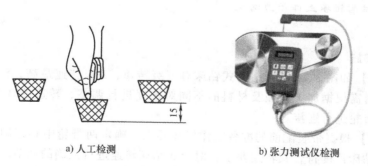

a) 人工检测　　　　　　　b) 张力测试仪检测

图 3-41　张紧力的检测

199

（2）张紧力的调整　由于传动带的材料不是完全的弹性体，因而带在工作一段时间后会发生塑性伸长而松弛，使张紧力降低。为了保证带传动的能力，应定期检查张紧力的数值，发现不足时，必须重新张紧，才能正常工作。因此，V带需要进行张紧力的调整。

1）两带轮中心距的调整。适用于带轮中心距可调的场合，调整方法有定期张紧调整和自动张紧调整两种方法，如图3-42所示。

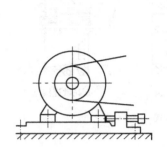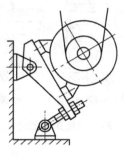

a) 定期张紧　　　　　　　　　　　　　　b) 自动张紧

图 3-42　两带轮中心距的调整

2）加装张紧轮的调整。适用于带轮中心距不可调的场合。传动带工作一定时间后将发生塑性变形，当两带轮的中心距不可改变时，可使用张紧轮张紧，如图3-43所示。

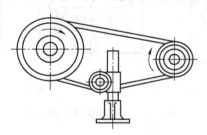

图 3-43　加装张紧轮的调整

提示

　　带传动是摩擦传动，适当的张紧力是保证带传动正常工作的重要因素。张紧力不足，带将在带轮上打滑，使带急剧磨损；张紧力过大，则会使带寿命缩短，轴与轴承上作用力增大。

二、任务实施

【任务要求】如图3-44所示，台式钻床有五级转速，1级转速最高，5级转速最低。台式钻床在使用时需根据加工直径及材料的不同对速度进行调整，转速的调节方法是使V带与不同直径的带轮进行连接。

【实施方案】根据带装配前的准备工作任务要求，确定两带轮中心距调整的任务实施方案，明确台式钻床速度符合其转速要求，对台式钻床转速进行正确的调节。操作步骤是先拆卸锁紧螺母和防护罩，松开电动机锁紧手柄或螺钉，再把V带按V带轮大直径到小直径的

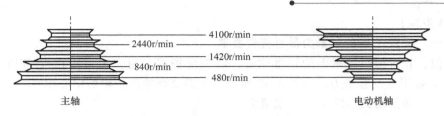

图 3-44 台式钻床的速度调节

顺序放到转速的要求位置，最后紧固电动机锁紧手柄或螺钉，装配防护罩并拧紧锁紧螺母。

实施方案重点：明确主动轮带动从动轮的顺序

实施方案难点：孔的直径要求不同，所用麻花钻大小不同，转速也就不同，所以要明确转速。

【操作步骤】

操作一 松开电动机锁紧手柄或螺钉

调整前，先拆卸防护罩上的锁紧螺母，取下防护罩。再根据台式钻床的结构，松开电动机锁紧手柄或螺钉，如图 3-45 所示。

操作二 调整台式钻床速度

把 V 带按 V 带轮大直径到小直径的顺序放到所需转速相应的 V 带轮轮槽位置，如图 3-46所示。

图 3-45 松开电动机锁紧手柄或螺钉　　　　　图 3-46 调整台式钻床速度

操作三 紧固电动机锁紧手柄或螺钉

确定 V 带在 V 带轮轮槽中的位置正确，且张紧力适当后，紧固电动机锁紧手柄或螺钉，装配防护罩并拧紧锁紧螺母。

三、拓展训练

【任务要求】台式钻床 V 带装好后，需要检查 V 带的松紧程度是否合适，如果不合适则需要对带轮的中心距进行调整。

【实施方案】台式钻床是通过调节两带轮的中心距来张紧带轮的，操作步骤是先检查 V 带的张紧力是否符合要求，再进行调整。

实施方案重点：了解 V 带张紧的目的。

实施方案难点：V 带张紧力的控制。

【操作步骤】

操作一　检查 V 带的张紧力是否符合要求

调整前，先拆卸防护罩上的锁紧螺母，取下防护罩。用大拇指按在 V 带切边处中点，如果感觉 V 带明显没有张力，如图 3-47 所示，就需要调整两带轮的中心距。

操作二　调整台式钻床 V 带的张紧力

根据台式钻床的结构，松开电动机锁紧手柄或螺钉。再用两手把电动机向外推至较紧位置后紧固电动机锁紧手柄或螺钉。再次检查 V 带张紧力，如用大拇指能将 V 带切边处中点按下 15mm 左右即可，如图 3-48 所示。

图 3-47　检查 V 带的张紧力　　　　图 3-48　调整台式钻床 V 带的张紧力

操作三　紧固电动机锁紧手柄或螺钉

确定 V 带在 V 带轮轮槽中的位置正确，且张紧力适当后，紧固电动机锁紧手柄或螺钉，如图 3-49 所示。装配防护罩并拧紧锁紧螺母，如图 3-50 所示。

图 3-49　紧固电动机锁紧手柄或螺钉　　　图 3-50　装配防护罩并拧紧锁紧螺母

四、小结

在本任务中，通过带传动基本知识的学习，初步掌握带传动机构的装配要求，通过台式钻床传动带的装配调整，加深理解 V 带传动的特点及应用，以便在今后的生产实习中能熟练进行台式钻床 V 带的安装与调整，对带张紧力的控制有基本的判断能力。

【思考题】

1）带传动机构的装配技术有哪些？如不符合要求，对传动有何影响？

2）带轮与轴装配后应检查哪些项目？

3）常用的平带接头的连接方法有哪几种？如何连接？

4）如何安装 V 带？

5）为什么要调整带传动的张紧力？怎样检查传动带的张紧力？

任务 2　链传动机构的装配与调整

 技能目标

◎明确链传动机构的作用和装配技术要求。

◎掌握链传动机构的装配工艺要求。

◎掌握链传动的装配和装配的检验和调整。

一、基础知识

1. 链传动

通过链条将具有特殊齿形的主动链轮的运动和动力传递到具有相同特殊齿形的从动链轮的一种传动方式称为链传动，其应用如图 3-51 所示。它是利用链与链轮轮齿的啮合来传递动力和运动的机械传动。

链传动的优点是：平均传动比准确，工作可靠，效率高；传递功率

图 3-51　链传动的应用

大，过载能力强，相同工况下的传动尺寸小；所需张紧力小，作用于轴上的压力小；能在高温、潮湿、多尘、有污染等恶劣环境中工作。但链传动仅能用于两平行轴间的传动，且成本高，易磨损，易伸长，传动平稳性差，运转时会产生附加动载荷、振动、冲击和噪声，不宜用在急速反向的传动中。

2. 链传动的工作原理

链传动机构是由主动链轮、链条、从动链轮组成的，如图 3-52 所示。链轮上制有特殊齿形的齿，通过链轮轮齿与链条的啮合来传递运动和动力。

3. 链条

链条一般为金属的链环或环形物，多用作机械传动、牵引。

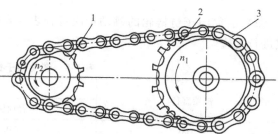

图 3-52　链传动机构
1—主动链轮　2—从动链轮　3—链条

链条按不同的用途和功能区分为用于传递动力的传动链条、用于输送物料的输送链条、用于拉曳和起重的曳引链条和用于专用机械装置上具有特殊功能和结构的专用特种链条四种，如图 3-53 所示。

a) 传动链条　　　　b) 输送链条　　　　c) 曳引链条　　　　d) 专用特种链条

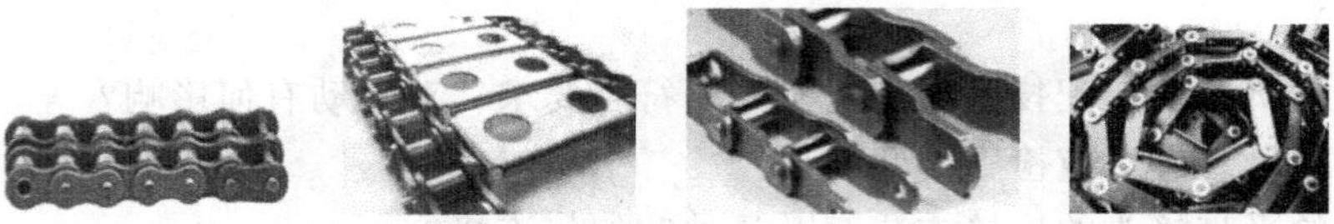

图 3-53　链条

4. 链传动机构的装配要求

1) 链轮的两轴必须平行。两轴不平行，将加剧链条和链轮的磨损、降低传动平稳性、使噪声增大。链轮两轴线平行度的检查如图 3-54 所示，通过测量 A、B 两尺寸来确定误差。

2) 两链轮的轴向偏移量必须在要求的范围内。一般当中心距小于 500mm 时，允许偏移量 a 为 1mm；当中心距大于 500mm 时，允许偏移量 a 为 2mm。其检查方法如图 3-55 所示，轴向偏移量可用直尺法或拉线法检查。

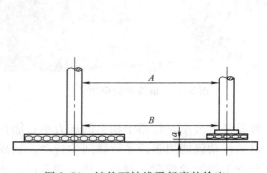

图 3-54　链轮两轴线平行度的检查

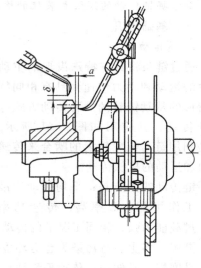

图 3-55　链轮轴向偏移量的检查

3) 套筒滚子链链轮的跳动量应符合表 3-8 所列数值的要求。跳动量可用划针盘或百分表进行检查。

表 3-8　套筒滚子链链轮的跳动量　　　　　　　　（单位：mm）

链轮直径	套筒滚子链链轮的跳动量	
	径向圆跳动	轴向圆跳动
<100	0.25	0.3
100~200	0.5	0.5
200~300	0.75	0.8
300~400	1.0	1.0
>400	1.2	1.5

4) 链条的下垂度要适当。链条过紧会加剧磨损；过松则容易产生脱链或振动。链条下

垂度的检测方法如图 3-56 所示。一般水平传动时，下垂度 $f \leqslant 0.2L$；链垂直放置时，$f \leqslant 0.002L$，L 为两链轮的中心距。

二、任务实施

【任务要求】对套筒滚子链传动机构进行装配及链轮在轴上固定，对链条两端进行接合。

【实施方案】根据链传动机构的装配工作要求确定任务实施方案，明确链传动机构装配要求进行装配操作。

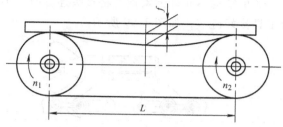

图 3-56　链条下垂度的检测方法

实施方案重点：调整链轮两轴线平行度在允许范围内。

实施方案难点：两链轮之间轴向偏移的调整。

【操作步骤】

操作一

链轮在轴上的两种固定方法如图 3-57 所示。

1. 键与紧固螺钉固定方法

用键连接后，再用紧定螺钉固定，如图 3-57a 所示。

2. 圆锥销固定方法

链轮与轴装配后，先钻孔，再用锥铰刀进行铰削，装入圆锥销，如图 3-57b 所示。

操作二

套筒滚子链链条节数为偶数时，常用开口销固定活动销轴和用弹簧卡片固定活动销轴两种接头形式，如图 3-58a、b 所示。

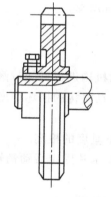 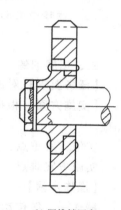

a) 键与紧固螺钉固定　　b) 圆锥销固定

图 3-57　链轮的固定方法

操作三

如链节为奇数节时，则采用图 3-58c 所示的过渡链节接头形式。这种过渡链节的柔性较好，具有缓冲和吸振作用，但这种链板会受到附加的弯曲作用，所以应尽量避免使用奇数链节。对于链条两端的接合，如两轴中心距可调节且链轮在轴端时，可以预先将链节接好，再装到链轮上。

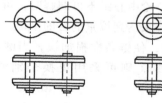 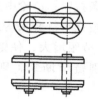 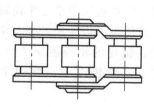

a) 开口销固定活动销轴　　b) 弹簧卡片固定活动销轴　　c) 过渡链节

图 3-58　套筒滚子链的接头形式

操作四

如果结构不允许链条预先将接头连好时，则必须先将链条套在链轮上，再利用专用的拉紧工具接好链节，如图3-59所示。

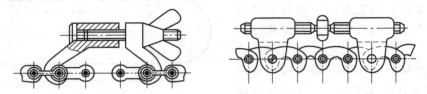

图 3-59　用拉紧工具接好链节

提 示

应当注意：用弹簧卡片时要注意开口端方向必须与链条的速度相反，以免运转中受到碰撞而脱落。

三、拓展训练

【任务要求】对链传动机构进行拆卸与修理。

【实施方案】根据链传动机构的损坏程度进行修理，通过修理方案来确保链传动机构的完整。

实施方案重点：链轮下垂度的检测。

实施方案难点：用弹簧卡片固定活动销轴。

【操作步骤】

操作一　链传动机构的拆卸

链轮拆卸时要求将紧定件（紧定螺钉、圆锥销等）取下，即可拆卸掉链轮。拆卸链条时，套筒滚子链按其接头方式不同进行拆卸。开口销连接的可先取下开口销、外链板和销轴后即可将链条拆卸；用弹簧卡片连接的应先拆卸弹簧卡片，然后取下外链板和两销轴即可；对于销轴采用铆合形式，用小于销轴的冲头冲出销轴即可。

操作二　链传动机构的维护

链传动机构常见的损坏现象有链被拉长、链和链轮磨损、链节断裂等。常用维护方法有：链条经过一段时间的使用，会被拉长而下垂，产生抖动和脱链现象。维护时，当链轮中心距可调节时，可通过调节中心距使链条拉紧；链轮中心距不可调解时，可以采取装张紧轮使链条拉紧；另外也可以采用卸掉一个或几个链节来达到拉紧的目的。

链传动中，链轮的轮齿逐渐磨损，节距增大，使链条磨损加快，当磨损件严重时应更换链轮、链条。在链传动中，发现个别链节断裂，则可采用更换个别链节的方法予以修复。

四、小结

在本任务中，要明确链传动机构的原理，掌握装配过程的重要性，熟练装配过程并明确拆卸顺序，根据教学条件来确定教学对象实物，采用正确的修理方案，对链传动机构进行正确的修理。合理安排操作步骤，从而完成各项任务要求。

【思考题】

1）链传动有哪些装配技术要求？若不符合要求对传动有何影响？

2）链条两端接头有哪些连接方式？连接时应注意哪些问题？

3）链传动机构装配后应检查哪些项目？各应如何检查？

4）在装配和调试链传动机构时，应如何做到安全文明操作？

任务3　齿轮传动机构的装配与调整

齿轮传动是机械传动中应用最广的一种传动形式。它的传动比较准确，效率高，结构紧凑，工作可靠，寿命长。明确齿轮装配的技术要求，合理安排齿轮传动机构的装配操作步骤，以达到齿轮装配要求。

 技能目标

◎熟练掌握齿轮与轴之间的配合。

◎了解两啮合齿轮的中心距和轴线平行度的检查。

◎了解啮合间隙的检测。

一、基础知识

1. 齿轮传动机构的装配技术要求

齿轮传动机构的基本技术要求是：传动均匀、工作稳定、无冲击振动和噪声、换向无冲击、承载能力强以及使用寿命长等。

为了达到上述要求，除了齿轮和相关零件（箱体和轴等）的加工必须达到规定的尺寸和技术要求外，还必须保证装配质量。在齿轮装配时应注意以下要求：

1）齿轮孔与轴配合要适当，不得有偏心或歪斜现象。

2）中心距和齿侧间隙要正确，间隙过小，齿轮转动不灵活，甚至卡齿，会加剧齿面的磨损；间隙过大，换向空程大，而且会产生冲击。

3）互相啮合的两齿轮要有一定的接触面积和正确的接触部位。

4）对转速高的大齿轮，在装配到轴上后要进行平衡检查，以免工作时产生过大的振动。

2. 齿轮传动机构装配时的检测

对应齿轮精度标准，可将现代齿轮测量技术归纳为齿轮单项几何形状误差测量技术、齿轮综合误差测量技术、齿轮整体误差测量技术、齿轮在机测量技术以及齿轮激光测量技术五种类型。

实际装配过程中主要进行以下几方面的精度检测：

（1）齿轮箱箱体两啮合齿轮的中心距和轴线平行度的检查　齿轮传动是在齿轮箱体或装置中进行的，因此，齿轮箱体的制造精度就成了齿轮安装误差最主要的来源。齿轮箱箱体两啮合齿轮的中心距和轴线平行度的检查，可以用特制的游标卡尺来测量两轴承座孔的中心距，或利用检验心轴和内径千分尺或游标卡尺来进行测量。

（2）齿轮齿侧间隙的检查　齿轮的齿侧间隙可用来贮存润滑油、补偿齿轮尺寸的加工误差和中心距的装配误差，以及补偿齿轮和齿轮箱在工作时的热变形和弹性变形。一般齿轮齿侧间隙的检查方法有塞尺法、百分表测量法和压铅法三种，如图3-60所示。

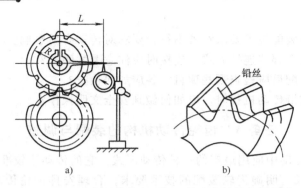

图 3-60　百分表测量法和压铅法检查齿轮的齿侧间隙

（3）齿轮啮合精度检查　齿轮的啮合精度（按照检测规范 GB/Z 18620. 4—2008 进行）目前已可以用齿轮啮合检查仪进行检查。在一些单件、小批量、大型齿轮装配维修过程中现场仍采用涂色法检查。齿轮啮合斑点如图 3-61 所示。

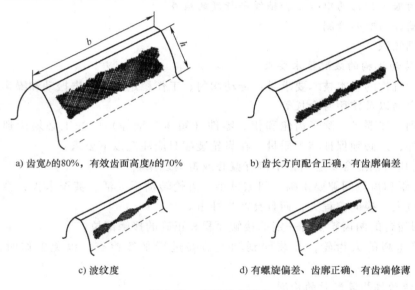

a) 齿宽 b 的 80%，有效齿面高度 h 的 70%　　　　b) 齿长方向配合正确，有齿廓偏差

c) 波纹度　　　　d) 有螺旋偏差、齿廓正确、有齿端修薄

图 3-61　齿轮啮合斑点

1）齿轮啮合精度检测所用工具和材料：

① 清洗剂。

② 印痕的涂料：红丹；专用涂料；基础颜料和油的混合物；普鲁士蓝软膏；染料渗透显示剂，喷雾器包装的白色粉剂，作为裂纹探伤检测渗透显示剂套件之一；划线用蓝油。

③ 记录手段：照相；和轮齿一样大小的透明胶带和白纸；画草图。

④ 标定用量具：精密垫片和塞尺；千分表。

2）测试程序。

① 将准备测试的大齿轮用清洗剂彻底清洗，清除任何污物和残油。然后将小齿轮的三个或更多轮齿上涂一层薄的印痕涂料，使用硬毛刷操作，可以将普通 25mm 宽度油漆刷子的硬毛修剪成大约 10mm 长度，做成一把合适的刷子。涂层要薄而均匀，没有必要除掉所有的

毛刷痕迹，因为测试时这些痕迹会被抹平，涂层厚度应为 5 ~ 15μm。

② 小齿轮的轮齿涂完后应盖起来，以免过于溅散，并在大齿轮跟小齿轮涂了涂料的啮合轮齿上喷一层薄薄的显像液膜。喷显像液是为了消除齿面反光，以便观察接触斑点的试验结果，而不要制作一层会影响接触斑点真实性的厚膜。

③ 完成涂料涂刷后，操作者转动小齿轮，使其涂有涂料的轮齿和大齿轮相啮合，由助手在大齿轮上施加一个足够反力矩以保证接触，然后把齿轮反转回到原来位置，在轮齿的背面做上记号，以便对接触斑点进行观察。这个操作程序至少要在大齿轮三个等距离的位置上重复地做，以显示由于摆动或其他周期性误差所产生接触斑点的差异。

3) 记录结果。

① 得到的接触斑点要用照相、画草图或透明胶带记录下来，一步成像照相和透明胶带纸是最常用的方法。使用胶带时把透明胶带小心压在接触区域上，然后再小心地把它撕取下来贴在白纸上，这样接触斑点就被保存在胶带和白纸之间。接触斑点还可用黑白或彩色的静电复印来复制，胶带上应编号，以指明使用了哪一个轮齿，同时在接触斑点上注明方向，哪一侧是齿面，哪是齿顶，哪是齿根。

② 接触斑点的记录纸带可随现场装配的齿轮备件一起提供。与现场装配后的测试接触斑点做比较，验证装配是否正确。

提示

为了正确测量和评定产品质量，齿轮测量仪器通常应按照 GB/T 10095—2008（等同于 ISO 1328 - 1：1995）的渐开线圆柱齿轮精度标准所规定的精度项目、精度评定方法以及规定的公差，对产品齿轮进行快速、高效、可靠的测量。

二、任务实施

【任务要求】 对圆柱齿轮和轴实施试装配的精度检查。

【实施方案】 根据对圆柱齿轮和轴实施装配前的精度检查任务要求，确定进行圆柱齿轮和轴装配配合情况检查、径向圆跳动检查和轴向圆跳动检查。

实施方案重点：圆柱齿轮和轴装配配合情况检查

实施方案难点：径向圆跳动和轴向圆跳动检查

【操作步骤】

操作一 检查圆柱齿轮和轴装配的配合情况

根据齿轮和轴的装配要求进行检查，对装配中出现的齿轮偏心、歪斜和齿轮端面未紧贴轴肩等情况进行处理，如图 3-62 所示。

操作二 检查圆柱齿轮和轴装配的径向圆跳动

圆柱齿轮和轴试装配后放到精密 V 形架上，用百分表分别测量圆柱齿轮和轴的径向圆跳动，如图 3-63a 所示。

操作三 检查圆柱齿轮和轴装配的轴向圆跳动

圆柱齿轮和轴试装配后放到精密 V 形架上或在径向圆跳动仪上，用百分表分别测量圆柱齿轮和轴的轴向圆跳动，如图 3-63b 所示。

实际操作过程中，要安全地装配轴和齿轮，安全地使用量具和量仪，按规范调整，严格操作并记录相关的数据，进行分析和判断。

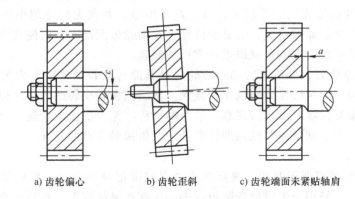

a) 齿轮偏心　　　b) 齿轮歪斜　　　c) 齿轮端面未紧贴轴肩

图 3-62　检查圆柱齿轮与轴装配的配合情况

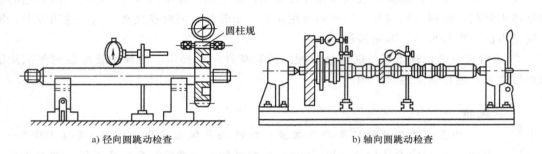

a) 径向圆跳动检查　　　　　　　　b) 轴向圆跳动检查

图 3-63　圆柱齿轮和轴装配精度的检查

提示

应当注意：齿轮在轴上试装配前应先清理轴和孔，装配后滑移或空套齿轮在轴上不应有咬住和阻滞现象，滑移齿轮轴向定位准确，啮合齿轮轴向错位量不得超过规定值。

三、小结

在本任务中，要理解齿轮传动机构的基本技术要求，熟练运用所学的装配操作技能，明确齿轮传动机构的装配技术要求，掌握齿轮传动机构的装配方法和齿轮传动机构装配精度的检查方法，从而完成各项任务要求。

【思考题】

1）什么是齿轮传动的可分离性？

2）对比斜齿与直齿圆柱齿轮各有哪些优缺点？

3）齿轮传动有哪些装配技术要求？

4）齿轮装入箱体前，对齿轮箱体应做哪些精度检查？

5）齿轮装在轴上以后，为什么要检查跳动量？如何检测？

6）装配直齿圆柱齿轮时应如何确定齿轮的轴向位置？怎样检查齿侧间隙接触斑点？

任务4　　蜗杆传动机构的装配与调整

蜗杆传动机构装配前首先要熟悉蜗杆传动的类型和特点，并掌握蜗杆传动机构方法，能懂得蜗杆传动机构的一般调整技能。

 技能目标

◎了解蜗杆传动机构的特点和装配技术要求。

◎掌握蜗杆传动机构的装配工艺。

◎了解蜗杆传动机构的调整方法。

一、基础知识

1. 蜗杆传动机构

蜗杆传动机构常用来传递两交错轴之间的运动和动力。蜗杆传动机构由蜗杆、蜗轮和机架组成，通常两轴交错角为90°。蜗轮与蜗杆在其中间平面内相当于齿轮与齿条，蜗杆又与螺杆形状相似。蜗杆传动机构如图3-64所示。

图3-64　蜗杆传动机构

2. 蜗杆传动机构的特点

1）可以得到很大的传动比，比交错轴斜齿轮机构紧凑。

2）两轮啮合齿面间为线接触，其承载能力大大高于交错轴斜齿轮机构。

3）蜗杆传动相当于螺旋传动，为多齿啮合传动，故传动平稳、噪声很小。

4）具有自锁性。当蜗杆的导程角小于啮合轮齿间的当量摩擦角时，机构具有反向自锁性，可起安全保护作用，即只能由蜗杆带动蜗轮，而不能由蜗轮带动蜗杆。

5）传动效率较低，磨损较严重。蜗轮蜗杆啮合传动时，啮合轮齿间的相对滑动速度大，故摩擦损耗大、效率低。另外，相对滑动速度大使齿面磨损、发热严重，为了散热和减小磨损，常采用价格较为昂贵、减摩性与抗磨性较好的材料及良好的润滑装置，因而成本较高。

6）蜗杆轴向力较大。

3. 蜗杆传动的类型

如图3-65所示，根据蜗杆的形状，蜗杆传动可分为圆柱蜗杆传动（见图3-65a）、环面蜗杆传动（见图3-65b）和锥面蜗杆传动（见图3-65c）。

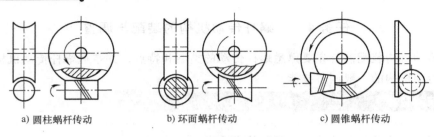

a) 圆柱蜗杆传动　　　b) 环面蜗杆传动　　　c) 圆锥蜗杆传动

图 3-65　蜗杆传动的类型

4. 蜗杆传动的装配技术要求

1) 蜗杆轴线应与蜗轮轴线垂直。

2) 蜗杆的轴线应在蜗轮轮齿的对称中心面内。

3) 蜗杆、蜗轮间的中心距要准确。

4) 有适当的齿侧间隙。

5) 有正确的接触斑点。

> **提示**
>
> 　　对于不同用途的蜗杆传动机构，在装配时要加以区别对待。例如用于分度机构中的蜗杆传动，应以提高其运动精度为主，以尽量减小传动副在运动中的空程角度（即减小侧隙），而用于传递动力的蜗杆传动机构，则以提高接触精度为主，使之增加耐磨牲和传递较大的转矩。

二、任务实施

【任务要求】蜗杆传动是一种常见的机械传动机构，为了保证其正确的啮合状态，要求检查装配后蜗轮齿面上的接触斑点。

【实施方案】根据蜗杆传动机构装配任务要求确定实施方案，通过涂色法来检验蜗轮齿面上的接触斑点，根据接触斑点在蜗杆上的着色情况，从而判断蜗杆传动啮合情况和相互间的位置是否正确。

实施方案重、难点：掌握用涂色法来检验蜗轮齿面上的接触斑点方法。

【操作步骤】

操作一

蜗轮、蜗杆装入蜗杆箱体后，它们之间的相互位置正确与否可通过涂色法来检验。具体做法是：将红丹粉涂在蜗杆的螺旋面上，然后左右旋转，检查蜗轮的着色情况。如果蜗轮齿面上的接触斑点在中部稍偏于蜗杆的旋出方向（见图 3-66a），则说明啮合情况和相互间的位置是正确的；若出现图 3-66b、c 所示的情况，则说明啮

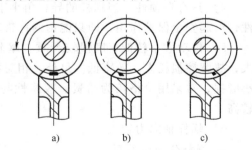

a)　　　b)　　　c)

图 3-66　蜗轮齿面上的接触斑点

合情况不好，此时应通过配磨垫片等方法调整蜗轮的轴向定置，使其达到正常接触。

操作二

各种不同精度的蜗杆传动，其正常接触时接触斑点的要求见表3-9。

表3-9 螺杆传动接触斑点的要求

表面粗糙度	沿齿高不少于（%）	沿齿宽不少于（%）
$Ra0.8\mu m$	60	65
$Ra0.4\mu m$	50	50
$Ra0.2\mu m$	30	35

三、拓展训练

【任务要求】 蜗杆传动是一种常见的机械传动机构，为了保证其正确的啮合状态，要求检查装配后的齿侧间隙。

【实施方案】 根据蜗杆传动机构装配任务要求确定实施方案，通过百分表来测量蜗轮与蜗杆装配后的齿侧间隙，根据装配后的齿侧间隙大小情况，从而判断蜗杆传动的啮合精度。

实施方案重、难点：掌握用百分表测量蜗轮与蜗杆装配后的齿侧间隙方法。

【操作步骤】

操作一

在蜗杆轴上固定一带量角器的分度盘2，将百分表的测头顶在蜗轮的齿面上，用手转动蜗杆，在百分表不动的条件下，用分度盘相对固定指针1的最大转角（也称空程角）来确定齿侧隙，如图3-67所示。

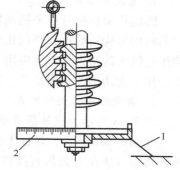

图3-67 蜗杆传动机构
齿侧间隙的检测
1—固定指针 2—分度盘

操作二

不同接合形式的蜗杆传动机构啮合时的齿侧间隙要求见表3-10。

表3-10 蜗杆传动齿侧间隙

接合形式	偏差代号	中心距/mm						
		≤40	40~80	80~160	160~320	320~630	630~1250	>1250
D	C_n	0	0	0	0	0	0	0
Db		28	48	65	95	130	190	260
Dc		55	95	130	190	260	380	530
De		110	190	260	380	530	750	—

四、小结

在本任务中，通过对蜗杆传动机构的装配和调整的学习，明确了蜗杆传动机构的结构特点、类型和装配技术要求，了解蜗杆传动机构的调整方法，掌握用涂色法来检验蜗轮齿面上的接触斑点，并采用蜗杆传动机构的装配步骤和修理操作步骤实施，合理地完成各项任务。

【思考题】

1）怎样判定蜗杆、蜗轮的旋向？怎样判定蜗杆传动的旋转方向？

2）蜗杆传动机构装配时，应如何进行箱体孔中心距和箱体孔轴间垂直度误差的检验？

3）装配时怎样确定蜗轮的轴向位置？其接触斑点应怎样检查？

4）如何检验蜗杆传动的齿侧间隙？

任务 5　螺旋传动机构的装配与调整

技能目标

◎了解螺旋传动机构的特点和装配技术要求。

◎掌握螺旋传动机构的装配工艺。

◎了解螺旋传动机构的调整方法。

一、基础知识

1. 螺旋传动机构的特点

螺旋传动机构可用来把回转运动变为直线运动，它广泛应用于各种机械和仪器中。螺旋传动机构的构造简单，降速比大，传动精度高，工作平稳，易于自锁，在较低的运动速度下能传递巨大的动力，广泛应用于各种机械和仪器中；但摩擦损失大，传动效率低，因此一般不能用于大功率的传递。

2. 螺旋传动机构的形式

图 3-68 所示为三种最常见的螺旋传动机构。

如图 3-68a 所示，丝杠 1 在 A 处可以转动，而在 B 处相对于螺母做螺旋传动；螺母 2 不能转动而只能在 C 处做直线移动。这种机构常用于各种机用虎钳及某些千斤顶中。

如图 3-68b 所示，丝杠 1 在 A 处可做螺旋运动，在 B 处可以转动，滑块 2 在 C 处可以移动。这种机构常用于台虎钳、千斤顶及螺旋压力机中。

如图 3-68c 所示，丝杠 1 在 A、B 两处均可做螺旋运动，螺母 2 在 C 处可以移动。这种螺旋传动机构通常称为差动螺旋机构，一般常用于较精密的机械或仪器中，如分度机构、机床刀架的微调机构等。

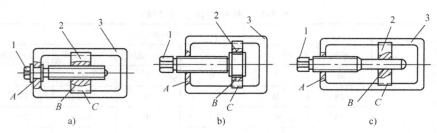

图 3-68　常见的螺旋传动机构
1—丝杠　2—螺母（或滑块）　3—机架

二、任务实施

【任务要求】 对丝杠螺母副配合间隙进行测量及调整，如图 3-69 ~ 图 3-71 所示，要求做好测量及调整前的准备工作。

【实施方案】 根据丝杠螺母副配合间隙测量及调整前的准备工作任务要求，确定任务实施方案，明确操作步骤，合理地安排操作步骤，并正确完成其任务要求。

实施方案重点：螺旋传动机构的装配方法。

实施方案难点：螺旋传动机构的装配及调整。

【操作步骤】

操作一 丝杠螺母副配合间隙的测量及调整

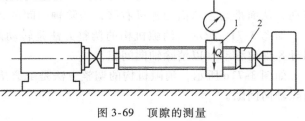

图 3-69 顶隙的测量
1—螺母 2—丝杠

配合间隙包括径向间隙和轴向间隙两种。轴向间隙直接影响丝杠螺母副的传动精度，因此在装配时必须调整在规定范围内。由于测量时顶隙比轴向间隙更易准确反映丝杠螺母副的配合精度，所以配合间隙常用顶隙表示。

（1）顶隙的测量 如图 3-69 所示，将被测的丝杠螺母副置于图 3-69 所示的位置，使百分表测头抵在螺母 1 上，然后轻轻抬起螺母，此时百分表指针的摆动值即为顶隙值。

（2）轴向间隙的调整 丝杠螺母副轴向间隙的调整是装配螺旋传动机构的重要环节。对一般无间隙调整机构的丝杠螺母副，装配时可采用单配或选配的方法来保证合适的配合间隙；对有间隙调整机构的丝杠螺母副，装配时必须认真调整，使配合间隙合理。

操作二 常用的轴向间隙调整机构有单螺母消隙机构和双螺母消隙机构两种

（1）单螺母消隙机构 单螺母消隙机构的消隙方式，是利用强制施加外力的手段，使螺母与丝杠始终保持单向接触。

常见的几种单螺母消隙机构如图 3-70 所示，靠弹簧拉力的消隙机构，如图 3-70a 所示；靠液压缸压力的消隙机构，如图 3-70b 所示；靠悬挂重物的消隙机构，如图 3-70c 所示。装配时应调整和选择适当的弹簧压力、液压缸压力和配重重量。

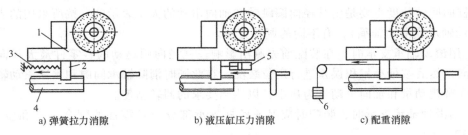

a) 弹簧拉力消隙　　　　b) 液压缸压力消隙　　　　c) 配重消隙

图 3-70 单螺母消隙机构
1—磨头 2—螺母 3—弹簧 4—丝杠 5—液压缸 6—配重

（2）双螺母消隙机构 双螺母消隙机构是通过调整两螺母的轴向相对位置来消除轴向间隙并实现预紧的，如图 3-71 所示。

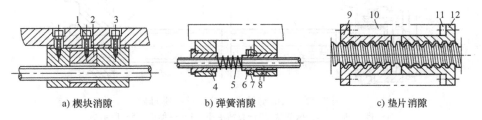

a) 楔块消隙　　　　b) 弹簧消隙　　　　c) 垫片消隙

图 3-71 双螺母消隙机构
1、3—螺钉 2—楔块 4、8、9、12—螺母 5—弹簧 6、11—垫圈 7—调整螺母 10—工作台

215

如图 3-71a 所示，消隙机构的调整方法是先松掉螺钉 3，然后拧动螺钉 1 使楔块 2 向上移动，从而推动带斜面的螺母右移，消除轴向间隙，调好后再将螺钉 3 拧紧固定。

如图 3-71b 所示，消隙机构的调整方法是转动调整螺母 7，通过垫圈 6 压缩弹簧 5，使螺母 8 轴向移动，以消除轴向间隙。

如图 3-71c 所示，消隙机构的调整方法是配磨垫圈 11 的厚度使螺母 12 轴向移动，从而消除轴向间隙。

> **提示**
>
> 应当注意：若丝杠螺母副用于机床进给机构时，消隙机构的消隙作用力方向应与切削力方向一致，以防止在进给过程中产生爬行，影响进给精度。

三、拓展训练

【任务要求】 要求对丝杠回转精度做调整，根据丝杠回转精度要求，需要做好调整前的准备工作，然后正确地实施调整方案，如图 3-72 和图 3-73 所示。

【实施方案】 根据丝杠回转精度要求来进行精度调整，确定任务实施方案，明确调整操作步骤，正确实施调整方案。

实施方案重点：装配丝杠支承部分与各零件的配合精度。

实施方案难点：装配丝杠支承部分与各零件的配合精度和位置精度。

【操作步骤】

操作一　丝杠回转精度的调整

丝杠的回转精度主要是由其径向圆跳动和轴向窜动的大小表示的。按所采用的支承的不同（滚动轴承或滑动轴承），有不同的调整方法。

1) 用滚动轴承支承时，在装配前先测出影响丝杠径向圆跳动的各零件最大径向圆跳动量的方向，然后按最小累积误差进行定位装配，在此同时消除轴承间隙和预紧滚动轴承，使丝杠径向圆跳动量和轴向窜动量为最小，以达到要求的回转精度。

2) 用滑动轴承支承时，装配时应保证丝杠支承部分与各零件的配合精度和位置精度，如图 3-72 所示。

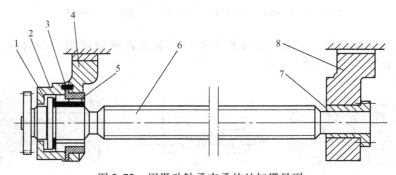

图 3-72　用滑动轴承支承的丝杠螺母副
1—推力轴承　2—法兰盘　3—前轴承座　4—螺母座　5—前轴承
6—丝杠　7—后轴承　8—后支座

操作二　丝杠螺母副同轴度的找正方法

用丝杠直接找正两轴承孔与螺母孔的同轴度，如图 3-73 所示。找正方法如下：

1）修刮螺母座 4 的底面。

2）同时调整其在水平面上的位置，使丝杠上母线和侧母线均与导轨面平行。

3）修磨垫片 2、7，并在水平方向调整前轴承座 1、后轴承座 6，使丝杠两端轴颈能顺利地插入轴承孔，且丝杠转动要灵活。

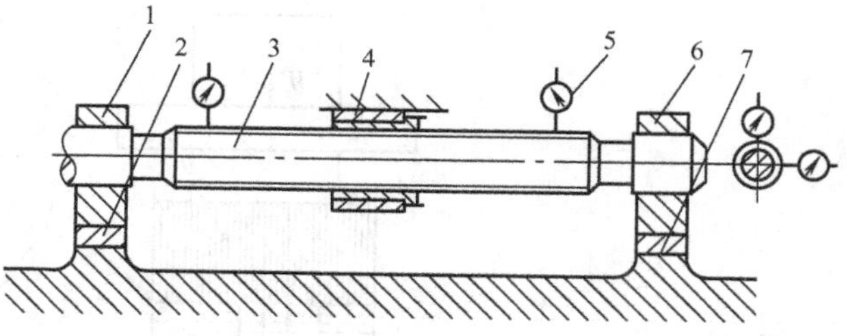

图 3-73　用丝杠直接找正两轴承孔与螺母的同轴度
1—前轴承座　2、7—垫片　3—丝杠
4—螺母座　5—百分表　6—后轴承座

操作三　调整丝杠的回转精度

丝杠的回转精度是指丝杠的径向圆跳动和轴向窜动量。主要通过正确安装丝杠两端的轴承支座来保证。

四、小结

在本任务中，通过对螺旋传动机构装配的学习，了解螺旋传动机构的特点和形式，在操作过程中掌握螺旋传动机构的装配方法，并学会丝杠回转精度的调整，从而完成螺旋传动机构的装配与调整任务要求。

【思考题】

1）螺旋传动机构装配后应满足哪些要求？

2）为什么要消除螺旋副的轴向间隙？说出单螺母、双螺母的螺旋副传动机构消除间隙的方法各有几种？

3）如何找正丝杠两轴承孔与螺母孔轴线的同轴度？

4）如何调整丝杠的回转精度？

任务 6　液压传动机构的装配与调整

液压传动装置由液压泵、液压缸、阀和管道等部分组成。对其组成进行分析，了解液压传动装置的基本原理，并对液压泵进行安装。

 技能目标

◎熟知液压传动装置的基本原理。

◎了解液压传动装置的组成及作用。

◎掌握液压泵的安装及液压检查。

一、基础知识

液压传动是以液体为工作介质（传动件）来传递动力和实现能量转换的。液压传动和机械传动是两种完全不同性质的传动方式。

1. 液压传动装置的基本原理

如图 3-74 所示，当小活塞 1 在外力 F_2 的作用下移动时，使密封的油液受到挤压作用。

由于液体具有不可压缩性，便产生了压力 P，使小液压缸 3 内的油液通过油管 5 进入大液压缸 4，从而推动大活塞 2 向上运动，完成举起重物 W 的工作。这种在密封容器内利用受压液体传递压力能，再通过执行部分把压力能转变成机械能而做功的传动方式，称为液压传动。液压千斤顶的工作原理如图3-75所示。

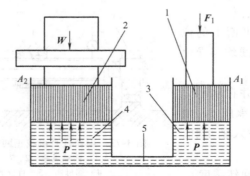

图3-74　液压传动装置的基本原理
1—小活塞　2—大活塞　3—小液压缸　4—大液压缸　5—油管

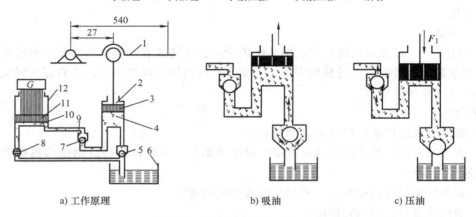

a) 工作原理　　　　　　　　　b) 吸油　　　　　　　　　c) 压油

图3-75　液压千斤顶的工作原理
1—杠杆　2—泵体　3、11—活塞　4、10—油腔　5、7—单向阀　6—油箱　8—放油阀　9—油管　12—缸体

2. 液压传动装置的组成及作用

一般液压传动装置除油液外，各液压元件按功用可分为四个部分，各部分的名称及所包含的主要元件及其作用见表3-11。

表3-11　液压系统的组成及各部分的作用

序号	组成		作用	图3-75中相应元件
1	动力部分	液压泵	将机械能转换为液压能	由1、2、3、5、7组成手动柱塞泵
2	执行部分	液压缸（简称缸）及液压马达	将液压能转换为机械能并输出直线运动和旋转运动	由11、12组成的液压缸
3	控制部分	控制阀	控制液体压力、流量和流动方向	放油阀8
4	辅助部分	管路和接头 油箱 过滤器 密封件	输送液体 贮存液体 对液体进行过滤 密封	油管9 油箱6

3. 液压泵安装前的性能试验

液压泵大都由专业液压件厂生产，但安装前仍需检查其性能是否符合要求，即做必要的性能要求。

1）用手转动主动轴（齿轮泵）或转子轴（叶片泵），要求转动灵活无阻滞现象。

2）检查液压泵在额定压力下能否达到规定的输油量。

3）当压力由零逐渐升至额定值时，检查各接合面不准有漏油现象和异常杂音。

4）在额定压力下工作时，其压力波动值不准超过规定值：齿轮泵为 $\pm 1.5 \times 10^5 \mathrm{Pa}$，叶片泵为 $\pm 2 \times 10^5 \mathrm{Pa}$。

4. 液压泵的安装要点

1）液压泵与电动机应通过联轴器直接传动，不得用带传动。

2）液压泵轴与电动机轴的同轴度要求较高，两轴偏移量误差应小于 0.1mm，倾斜角要小于 40′。

提示

应当注意：安装联轴器时不得敲击泵轴，以免损坏液压泵转子。液压泵的出油口、进油口和旋转方向在铭牌中均有标注，应严格按照标注连接管路和电路，不得接反。

二、任务实施

【任务要求】采用导线式溢流阀的结构对液压控制阀进行装配，要求做好装配前的装配工作。

【实施方案】根据液压控制阀装配前的准备工作要求，确定任务实施方案时首先要分析先导式溢流阀的结构，明确装配要求，然后开始对液压控制阀进行正确的装配。

实施方案重点：掌握压力控制阀的装配要点。

实施方案难点：压力控制阀的性能试验。

【操作步骤】

操作一 压力控制阀的装配操作要点

1）装配前应对压力控制阀的所有零件进行认真的清洗，尤其是阻尼孔道，一定要用压缩空气吹去污物。

2）阀芯与阀座有良好的密封性。为检查其密封性，应采用汽油试漏。

3）阀体接合面应加耐油密封纸垫，确保其密封性。

4）阀芯与阀体之间的配合间隙应符合要求，在全部行程中应移动灵活无阻滞现象。

5）弹簧的两端面应与轴线垂直，必要时应将弹簧两端面磨平。

操作二 压力控制阀的性能试验

1）试验前应将压力调整螺钉尽可能松开，试验时，在调整压力过程中应将调整螺钉从最低值逐步调节到所需要的值，要求压力平稳改变，工作正常，压力波动不超过 $\pm 1.5 \times 10^5 \mathrm{Pa}$。

2）当压力控制阀做循环试验时，要求运动部件的换向动作要平稳，并且无显著的冲击和噪声。

3）在额定压力下工作时，不允许接合处有漏油现象。

4）在卸荷状态下，其压力不大于2Pa。

操作三　装配

如图3-76所示，先导式溢流阀是压力控制阀的一种，一般安装在液压泵的出口处，在液压系统中并联使用，用以使系统中多余的油液流回油箱，保持系统的压力稳定。当系统过载时，溢流阀起安全保护作用。

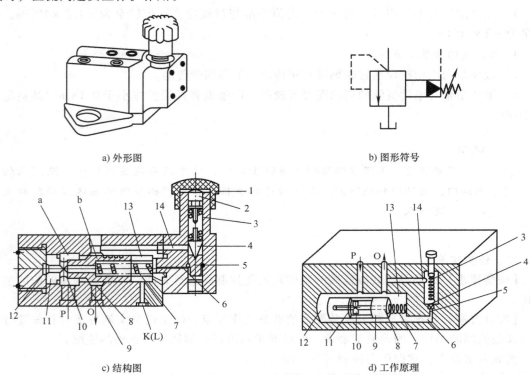

a) 外形图　　　　　　　　　　　　　　b) 图形符号

c) 结构图　　　　　　　　　　　　　　d) 工作原理

图 3-76　先导式溢流阀

1—调整螺母　2—柱塞　3—锥阀弹簧　4—锥阀芯　5、6、14—先导阀油孔　7—主阀弹簧
8—阻尼孔　9—主阀芯　10—油孔　11—中心孔　12、13—主阀两端油孔
（P—主阀进油腔，O—主阀出油腔）

1）认真清洗溢流阀各零件，特别是阻尼孔通道一定要用压缩空气清除污物。

2）用汽油检查锥阀芯4与先导阀油孔之间的密封性。

3）将主阀芯9装入阀体，将主阀弹簧装到主阀芯座上，使弹簧两端与其轴线垂直，否则需将弹簧两端面重新磨平。

4）将主阀体、先导阀体（锥阀体）间加油纸垫后，将两阀体装配到一起。

5）将先导阀的阀座与阀芯（锥阀芯4）装入先导阀体内，将锥阀弹簧3装入先导阀中，使弹簧两端面与轴线垂直。

6）将先导阀的弹簧座（柱塞2）装入阀体内，拧紧调整螺母1，调整压力达到要求。

三、拓展训练

【任务要求】液压系统在修理、装配之后要进行调试。根据调试要求进行调试前的检查工作，并要求做修理前的空载试验及负荷试验。

【实施方案】根据液压系统调试前的准备任务要求，确定任务实施方案，明确操作步骤，并对操作步骤采取合理正确的安排。

实施方案重、难点：实施空载试验及负荷试验。

【操作步骤】

操作一　调试前的检查

1）检查油液是否符合要求。

2）检查各液压元件的装配是否正确、可靠，有无渗漏现象。

3）检查各液压部件的防护是否完好。

4）检查各手柄是否在关闭或卸荷位置上。

操作二　空载试验

1）起动液压泵电动机，观察其转动方向是否正确，转动情况是否正常，有无异常杂音或噪声。液压泵是否有漏气（观察油面上有无气泡），其卸荷压力是否在规定范围内。

2）运动部件处于停止或低速状态下，调整压力控制阀，由小到大升至规定值；调整辅助系统的压力（如减压阀等）和润滑系统的压力、流量，使之符合要求。压力调整好之后，关掉压力表，以防损坏。

3）液压缸排气。打开排气阀，使活塞在全行程上空载往复运动数次，使空气从排气阀中排出，排净空气后将排气阀关闭。

4）检查液压系统各处的密封和泄漏情况。

5）当系统处于工作状态后，再检查一次油面的高度，使其保持规定的标准高度。

6）使系统在空载状态下，按预定程序工作，检查各运动的协调性和顺序是否正确；起动、换向和速度转换时运动是否平稳；调整和消除爬行与冲击。

7）空运转2h后，检查油温和液压系统的动作精度，如换向、定位、停留时间等。

操作三　负荷试验

先在低于最大负荷状态下进行，当一切正常后才可进行最大的负荷试验。负荷试验的目的是在最大负荷情况下，检查液压系统能否完成各项预定的工作要求；噪声、振动和泄漏是否在允许的范围内，工作部件的运动、换向和速度变化时有无爬行或冲击功率损耗及温升是否在允许范围内等。若发现故障，应立即设法予以排除。

四、小结

在本任务中，通过液压传动机构的学习，了解液压传动装置的基本原理、结构组成和作用，通过操作练习，掌握液压传动机构的安装技能及液压传动机构的检查工作，完成液压传动机构的装配任务。

【思考题】

1）画图说明液压传动的基本原理。

2）简述液压系统泄漏的原因及排除方法。

3）液压系统中油温过高是由哪些原因造成的？

4）简述液压系统中爬行的原因及排除方法。

5）简述液压传动中运动速度低或不运动的原因及排除方法。

任务7 联轴器和离合器的装配与调整

通过对联轴器和离合器基础知识内容的学习，明确联轴器和离合器的结构特点、作用和种类，掌握其装配与调整技能，达到装配技术要求。

技能目标

◎熟知联轴器结构特点、技术要求、轴径、转速、传递的转矩等。

◎了解联轴器装配的技术要求及装配要求。

◎掌握离合器的作用、种类和装配工作要求。

一、基础知识

1. 联轴器

联轴器是零件之间传递动力的中间连接装置。联轴器可使同一轴线上的两根轴或轴上的转动件（带轮、齿轮等）相互连接，以传递转矩，如图3-77所示。

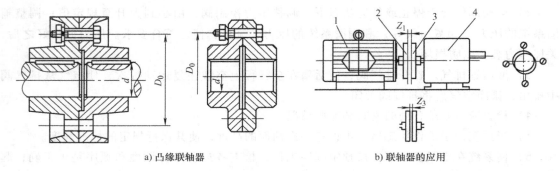

a) 凸缘联轴器   b) 联轴器的应用

图3-77 联轴器及其应用

1—电动机 2—左半联轴器 3—右半联轴器 4—减速器

（1）联轴器的种类 联轴器按连接两轴的相对位置和位置的变动情况，可分为刚性联轴器和挠性联轴器两类。部分联轴器的技术规范见表3-12。

表3-12 部分联轴器的技术规范

名称项目	凸缘联轴器	滚子链联轴器	弹性柱销联轴器	滑块联轴器
标准	GB/T 5843—2003	GB/T 6069—2002	GB/T 5014—2003	Q/ZB 110—1973
公称转矩 $T_n/N \cdot m$	10 ~ 20000	40 ~ 25000	160 ~ 160000	25 ~ 600
轴孔直径范围 （H7） d/mm	10 ~ 180	16 ~ 190	12 ~ 340	15 ~ 65
转速范围 $n/(r/min)$	2300 ~ 13000	200 ~ 1400	630 ~ 7100	3800 ~ 10000
允许使用 偏差 α、x、y		$\alpha \leq 45°$	$\alpha \leq 4'$，$y = 0.14 \sim 0.2$	$\alpha \leq 40'$，$y \leq 0.2$
使用条件	振动不大，连接低速和刚性不大的两轴	用于两轴间夹角大或两端轴平行的情况	用于正反转变化多，起动频繁的高速轴，低速不宜采用；使用温度为 −20 ~ 50℃	小功率、高转速，没有急剧的冲击载荷，轴的转矩应在25MPa 以内

（续）

名称项目	凸缘联轴器	滚子链联轴器	弹性柱销联轴器	滑块联轴器
特点	构造简单，成本低，能传递大转矩，不能消除两轴倾斜或不同心而引起的后果	制造复杂，不适用于要求准确传递转矩的情况	弹性好，能缓冲减振，不需润滑；弹性橡胶圈易坏，寿命较低	结构紧凑，外形尺寸小，飞轮转矩很小，制造较复杂
用途	用于立式水涡轮轴、船用轴	用于钻床、铣床、汽车、轧钢机	用于电动机、减速器、发电机、水泵、鼓风机等	用于一般油泵及控制器等

　　联轴器和离合器是机械传动中应用广泛的零部件，大多数都已标准化。因此，应根据机械自身的结构特点、技术要求、轴颈、转速、传递的转矩等条件，选择合适的联轴器和离合器。

　　常用的联轴器有凸缘联轴器（见图3-77a）、十字槽联轴器（见图3-78）、齿式联轴器（见图3-79）、弹性套柱销联轴器（见图3-80）与滑块联轴器（见图3-81）和挠性联轴器等。

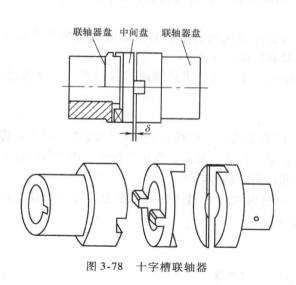

图 3-78　十字槽联轴器

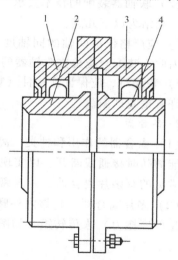

图 3-79　齿式联轴器

1、3—外齿圈　2、4—内齿圈

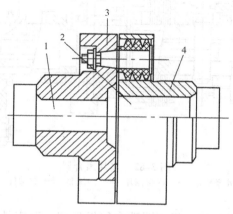

图 3-80　弹性套柱销联轴器

1、2—轴　3—左半联轴器　4—右半联轴器

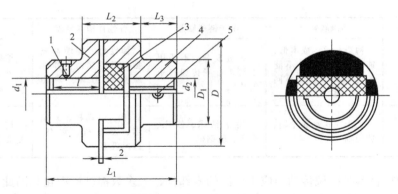

图 3-81　滑块联轴器

1—紧定螺钉　2—左半联轴器　3—连接块　4—右半联轴器　5—定位螺钉

（2）联轴器装配的技术要求　联轴器的种类较多，其结构也各不相同，其装配的技术要求可总结为以下几点：

1）应严格保证两轴的同轴度要求，否则在传动过程中容易造成联轴器轴的变形或损坏。因此，装配时应检查联轴器的圆跳动量和同轴度误差。

2）装配时，应保证连接件（螺栓、螺母、键、圆柱或圆锥销）有可靠、牢固的连接，不允许有松脱现象。

2. 离合器

（1）离合器的作用和种类　离合器的作用是使同一轴线上的两根轴或轴上的空套传动件，能够随时接通或断开，以实现机械的起动、停止、变速、变向等操作。离合器的种类较多，常见的有多片离合器、牙嵌离合器和超越离合器等。

（2）多片离合器　它靠内外摩擦片在压紧时端面之间产生的摩擦力（或内外圆锥面之间产生的摩擦力）来传转矩，如图 3-82 所示。

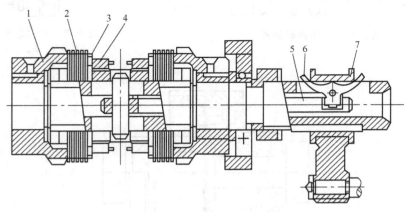

图 3-82　多片离合器

1—空套齿轮　2—外摩擦片　3—内摩擦片　4—加压套　5—拨动杆　6—摆杆　7—滑环

（3）牙嵌离合器　它是利用一组相互啮合的齿爪或一对内外啮合的齿轮来传递转矩的，如图 3-83 所示。

（4）超越离合器 它是在齿轮套（外套）逆时针方向旋转时，靠摩擦力带动滚柱向楔缝小的地方运动，从而带动星形体（内套）和外齿轮套一起转动，如图3-84所示。超越离合器通常应用在有快、慢速度交替的转矩传递到轴上的场合，它能实现运动形式的自动转换。如CA6140型卧式车床溜板箱内就装有超越离合器。超越离合器可分为楔块式超越离合器、滚珠式超越离合器和棘轮式超越离合器。

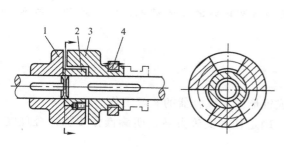

图3-83 牙嵌离合器
1—左半离合器 2—中间环 3—右半离合器 4—滑环

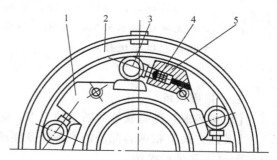

图3-84 滚珠式超越离合器
1—星形体 2—齿轮套 3—滚柱 4—弹簧 5—弹簧座

二、任务实施

【任务要求】 根据联轴器的装配要求，完成凸缘联轴器的装配工作。

【实施方案】 根据凸缘联轴器的装配工作任务要求，分析其内部构造，确定任务实施方案，明确操作步骤，合理安排装配要求并进行操作。

实施方案重、难点：凸缘联轴器的装配。

【操作步骤】

操作一

凸缘联轴器两轴线的误差如图3-85所示。凸缘联轴器装配前要检查并调整两轴的同轴度，以免在传动过程中使联轴器受到损伤，使噪声和振动加剧，设备质量受到损坏影响。

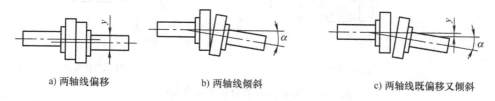

a) 两轴线偏移   b) 两轴线倾斜   c) 两轴线既偏移又倾斜

图3-85 联轴器两轴线的误差

操作二

分别在电动机轴和减速器轴上装上左、右半联轴器，将减速器箱体找正并加以固定。

操作三

将百分表固定在左半联轴器上，使百分表的测头触及右半联轴器的外圆柱面上。转动左半联轴器，找正右半联轴器与左半联轴器的同轴度，以保证两半联轴器同轴。

操作四

移动电动机，使左半联轴器的凸台少许插入右半联轴器的凹槽内。

操作五

转动减速器的传动轴，检查左半联轴器与右半联轴器两端面之间的间隙，应通过移动减速器箱体加以解决，最后把电动机和联轴器固定。

> **提示**
>
> 凸缘联轴器无弹性元件，不具备减振和缓冲功能，一般只适宜用于载荷平稳且无冲击振动的工况条件。凸缘联轴器两轴线的误差过大，会导致轴、轴承或联轴器过早地损坏。

三、拓展训练

【任务要求】 根据联轴器的装配要求，完成锥形多片离合器的装配工作。

【实施方案】 根据装配前的准备任务要求，确定任务实施方案，明确操作步骤，合理安排装配要求并进行操作。

实施方案重、难点：锥形多片离合器的装配。

【操作步骤】

操作一　锥形多片离合器的接合与脱开

锥形多片离合器是依靠圆锥表面的摩擦力来传递转矩的。超载时，两圆锥面发生打滑，可起到安全保护的作用，如图 3-86 所示。

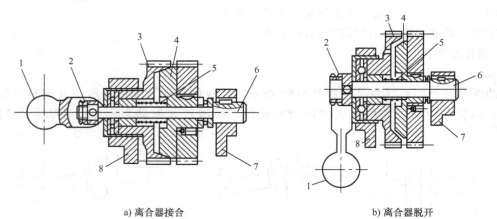

a) 离合器接合　　　　　　　　　　　b) 离合器脱开

图 3-86　锥形多片离合器的接合与脱开

1—操纵手柄　2—调整螺母　3—外摩擦锥　4—内摩擦锥　5—弹簧　6—操纵杆　7、8—箱体

操作二　锥形多片离合器装配的主要技术要求

1）保证两摩擦锥（内、外摩擦锥）的同轴度符合技术要求规定。

2）保证两摩擦锥有足够的接触斑点和正确的接触位置。可用涂色法进行检查，接触斑点不少于75%，如图 3-87 所示。

操作三　装配步骤

1）将各零件去毛刺后清洗、擦拭干净。

2）依次将各类零件放入箱体。

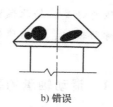

a) 正确　　　　　　　　b) 错误　　　　　　　　c) 错误

图 3-87　锥形多片离合器的接触斑点

3）将操纵杆 6 装上平键后，从箱体右侧装入箱体，使各零件依次装到操纵杆上。

4）装上操纵手柄 1 和调整螺母 2。

5）调节调整螺母 2，使内、外摩擦锥 4 和 3 压力适当。调整好后将螺母锁紧。

6）用涂色法检查内、外摩擦锥的接触斑点，若不合格，应采用对研（两锥体互相研磨）或配刮的方法，直至达到要求为止。

提示

应当注意：锥形多片离合器工作时应产生足够的压力将锥体压紧，才能保证传递足够的转矩；断开时动作要迅速、灵活。摩擦力的大小是依靠调整螺母 2 来进行调节的。

四、小结

在本任务中，通过对凸缘联轴器、锥形多片离合器的装配操作过程的学习，掌握其装配技能，并能对牙嵌离合器进行修复，顺利地完成本次任务。

【思考题】

1）联轴器和离合器在使用性能上的区别是什么？

2）凸缘联轴器和滑块联轴器应用于什么场合？

3）选择联轴器的类型应考虑哪些因素？

项目四　轴承和轴组的装配

轴承是用来确定轴与其他零件相对运动位置并起支承或导向作用的部件。轴承可以引导轴的旋转，也可以支承轴上旋转的零件。轴承按轴承工作的摩擦性质分为滑动轴承和滚动轴承；按承受载荷的方向分为深沟球轴承（承受径向力）、推力球轴承（承受轴向力）和角接触球轴承（承受径向力和轴向力）。轴、轴上零件及两端轴承支座的组合，称为轴组。轴组装配主要是指将轴组装入箱体，进行固定轴承、调整轴承游隙、轴承预紧、轴承密封和轴承润滑装置的装配等。

 学习目标

◎明确滑动轴承、滚动轴承的类型、结构特点和应用场合。

◎掌握装配技术要求及相关工艺知识。

◎明确轴承固定的方式、轴承游隙的种类、轴承预紧的方法。

◎掌握整体式滑动轴承、剖分式滑动轴承、深沟球轴承和圆锥滚子轴承的装配方法,掌握圆锥滚子轴承的游隙调整方法。

任务1　滑动轴承的装配

滑动轴承是一种滑动摩擦性质的轴承,由滑动轴承座、轴瓦或轴套等组成。滑动轴承的主要优点是工作可靠、平稳,无振动、噪声,能承受重载荷和较大的冲击载荷,多用于精密、高速及重载的转动场合。

技能目标

◎了解滑动轴承的类型、结构特点与应用场合。

◎掌握整体式滑动轴承和剖分式滑动轴承的装配方法。

一、基础知识

1. 滑动轴承的工作原理

在外界的油压系统供给一定压力的润滑油条件下,轴颈和轴承处于完全液体摩擦状态,滑动轴承利用油的黏性和轴颈的高速旋转,在轴承的楔形空间建立起压力油膜,使被油膜隔开浮起的轴颈在轴承中高速旋转。

2. 滑动轴承的类型

(1) 按摩擦状态分　滑动轴承可分为动压润滑轴承和静压润滑轴承。

1) 动压润滑轴承。利用润滑油的黏性和轴颈的高速旋转,把润滑油带进轴承的楔形空间,从而建立起压力油膜,使轴颈与轴承被油膜隔开,这种轴承称为动压润滑轴承。

2) 静压润滑轴承。将润滑油加入轴颈与轴承的配合间隙中,使轴颈与轴承处于液体摩擦状态,这种轴承称为静压润滑轴承。

(2) 按结构形式分　滑动轴承可分为整体式滑动轴承、部分式滑动轴承和内柱外锥式滑动轴承。

1) 整体式滑动轴承。其轴承座用螺栓与机架相连接,轴承座顶部装有油杯,轴承座内压入轴套。轴套上有进油孔,在轴套的内圆面开有油孔和轴向油槽,如图3-88所示。整体式滑动轴承的结构简单,轴颈只能从端部装入,磨损后无法调整轴颈与轴套之间的间隙。它常用于轻载、低速或间歇工作的机械设备上。

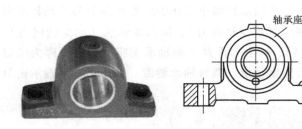

图3-88　整体式滑动轴承

2) 剖分式滑动轴承。剖分式滑动轴承由轴承座、轴承盖、剖分轴瓦、双头螺柱等组成，如图 3-89 所示。在轴瓦座上镶两块轴瓦，其接合处配以合适的垫片以调整间隙，在使用一段时间磨损后，可以通过调整垫片厚度再次获得合理的配合间隙。剖分式滑动轴承具有结构简单、调整和拆卸方便等优点，主要用于承受重载荷的大中型机器上。

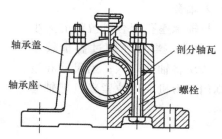

图 3-89　剖分式滑动轴承

3）内柱外锥式滑动轴承。内柱外锥式滑动轴承由轴承、轴承外套和前、后螺母等组成，如图 3-90所示。轴承外表面为圆锥面，与轴承外套贴合。在外圆锥面上对称地开有轴向槽，其中一条切穿，并在切穿处嵌入弹性垫片，使轴承内径具有可调节性。当调节前、后螺母时，可使轴承轴向前后移动，利用轴承套的锥面和轴承自身的弹性，使轴承内孔直径收缩或扩张，使轴承与轴颈的间隙减小或增大，以形成液体动压润滑。内柱外锥式滑动轴承的轴承间隙可调整，且旋转精度高，主要用于中速中载的场合。

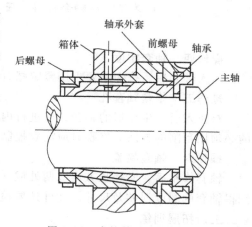

图 3-90　内柱外锥式滑动轴承

3. 滑动轴承的装配技术要求

滑动轴承的装配技术要求主要是轴颈与轴承孔之间获得所需的间隙、良好接触和充分润滑，使轴在轴承中运转平稳、轻便、灵活、无阻滞现象。滑动轴承的装配方法取决于轴承的结构形式。

二、任务实施

【**任务要求**】根据实物完成整体式滑动轴承的装配，并达到装配技术要求。

【**实施方案**】根据装配任务要求，装配前识读、分析装配图，明确整体式滑动轴承的结构特点、装配技术要求与装配方法，并准备合适的工具、量具、刀具，掌握铰削、刮削的基本操作技能。

实施方案重点：轴套的装配。

实施方案难点：轴套孔的修整。

【**操作步骤**】

操作一　识读装配图，准备工具、量具、刀具

如图 3-91 所示，识读整体式滑动轴承装配图，分析各零件间的相互关系，明确整体式滑动轴承的结构特点、装配技术要求和装配方法，并准备合适的工具、量具、刀具。

操作二　清洗

清洗轴套和轴承座孔，并在配合表面上涂润滑油。

操作三　压入轴套

应根据轴套与轴承座孔配合过盈量的大小确定合适的压入方法。当尺寸和过盈量较小时，可用锤子加垫块将轴套敲入；当尺寸和过盈量较大时，则用压力机或用拉紧夹具把轴套压入轴承座孔内。

图 3-91　整体式滑动轴承

提示

1）多数轴套是用铜或铸铁制成的，因此装配时应特别细心。

2）为了防止轴套歪斜，压入时可用导向环或导向心轴导向。

操作四　轴套定位

压入轴套后，按实物要求用紧定螺钉或定位销固定轴套位置，以防轴套随轴转动。

操作五　修整轴套孔

对压入后产生变形的轴套，应进行内孔的修整。尺寸较小的可用铰削的方法，尺寸较大的必须用刮削的方法。修整时应注意控制与轴的配合间隙。

操作六　轴套检验

轴套修整后，沿孔长方向取两处或三处，用内径百分表做相互垂直方向上的检验，从而测得轴套的圆度误差及尺寸。此外还要检验轴套孔中心线对轴套端面的垂直度。

三、拓展训练

【任务要求】 要求完成剖分式滑动轴承的装配，并达到装配技术要求。

【实施方案】 识读剖分式滑动轴承的装配图，装配前要明确剖分式滑动轴承的结构特点、装配技术要求与装配方法，并准备合适的工具、量具、刀具，熟练掌握刮削的基本操作技能。

实施方案重点：滑动轴承的装配与定位。

实施方案难点：轴瓦的配刮。

【操作步骤】

操作一　识读装配图，准备工具、量具、刀具

如图 3-92 所示，识读剖分式滑动轴承装配图，分析各零件间的相互关系，明确剖分式滑动轴承的结构特点、装配技术要求和装配方法，并准备合适的工具、量具、刀具。

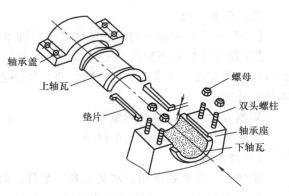

图 3-92　剖分式滑动轴承的结构

操作二　轴瓦与轴承座、轴承盖的装配

上、下两轴瓦与轴承座、轴承盖装配时，应使轴瓦背与轴承体内孔接触良好，用涂色法检查，着色要均匀。下轴瓦与轴承座、上轴瓦与轴承盖的接触研点为 10 点／（25mm × 25mm）。如不符合要求，厚壁轴瓦应以轴承体内孔为基准，修刮轴瓦背部。薄壁轴瓦不需修刮，只要使轴瓦的中分面比轴承体的中分面高出一定数值（Δh）即可，如图 3-93 所示。$\Delta h = \dfrac{\pi Y}{4}$，其中 Y 为轴瓦与轴承体内孔的配合过盈量，一般取 $\Delta h = 0.05 \sim 0.1\text{mm}$。

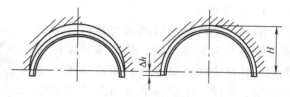

图 3-93　薄壁轴瓦的修配

操作三　轴瓦的定位

轴瓦安装在轴承体中，无论是圆周方向或是轴向都不允许有位移，一般可用定位销和轴瓦两端的台肩来定位。

操作四　轴瓦的配刮

轴瓦一般都用与其配合的轴来显点。通常先刮下轴瓦，再刮上轴瓦。在轴瓦内涂上显示剂，然后把轴和轴承装好，双头螺柱的紧固程度以能转动轴为宜。轴承盖紧固后，轴能轻松地转动且无明显间隙，接触研点不少于 12 点／（25mm × 25mm）即为配刮完成。

操作五　清洗轴瓦并重新装配

轴瓦刮好后，应将轴瓦拆下清洗干净，各配合面注入润滑油，并按序重新装配。

四、小结

在本任务中，要理解滑动轴承的工作原理、类型、结构特点与应用场合，熟练运用专业知识和操作技能，认真分析装配图样，明确装配技术要求，合理选择工具、量具、刀具，制订科学合理的装配方案，从而完成滑动轴承的装配工作。

【思考题】

1）滑动轴承的优点有哪些？

2）简述滑动轴承的工作原理。

3）滑动轴承按结构形式可分为哪几种类型？

4）简述滑动轴承的装配技术要求。

5）简述整体式滑动轴承的装配要点。

6）简述内柱外锥式滑动轴承的结构特点。

任务 2　滚动轴承的装配

滚动轴承是一种滚动摩擦性质的轴承，滚动轴承具有摩擦阻力小、轴向尺寸小、起动灵敏、效率高、旋转精度高、润滑简便和更换方便等优点。但与滑动轴承相比，其抗冲击性能较差，在高速运转时噪声大，工作寿命短。

 技能目标

◎了解滚动轴承的类型、结构特点与应用场合。

◎了解滚动轴承的装配技术要求和装配方法。
◎掌握深沟球轴承和圆锥滚子轴承的装配方法。

一、基础知识

1. 滚动轴承

滚动轴承是将运转的轴与轴座之间的
滑动摩擦变为滚动摩擦，从而减少摩擦损
失的一种精密的机械元件。滚动轴承一般
由内圈、外圈、滚动体和保持架四部分组
成，如图3-94所示。内圈的作用是与轴相
配合并与轴一起旋转；外圈的作用是与轴
承座相配合，起支承作用；滚动体借助于
保持架均匀地将滚动体分布在内圈和外圈

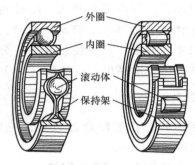

外圈
内圈
滚动体
保持架

图3-94　滚动轴承

之间，其形状大小和数量直接影响滚动轴承的使用性能和寿命；保持架能使滚动体均匀分
布，防止滚动体脱落，引导滚动体旋转起润滑作用。

2. 滚动轴承的类型

滚动轴承的结构形式和基本尺寸均已标准化，轴承的内圈与轴的配合为基孔制，外圈与
轴承孔的配合为基轴制。滚动轴承在机械制造业中应用很广泛。

（1）按结构特点的不同分　滚动轴承有多种分类方法，常见的是按承受载荷的方向不
同，滚动轴承可分为以下三种。

1）深沟球轴承。深沟球轴承是滚动轴承中最普通的一种类型，基本型的深沟球轴承由
外圈、内圈、一组钢球和一组保持架构成，如图3-95所示。深沟球轴承内环有深沟滚道，
主要承受径向载荷，也能承受一定的轴向载荷。深沟球轴承应用很广泛，用于精度、径向刚
度要求不高和不需要预紧的主轴上，如用于小功率电动机、齿轮变速器、滑轮等部件中。

2）推力球轴承。推力球轴承只能承受一个方向的轴向载荷，可以限制轴和外壳一个方向
的轴向移动，推力球轴承的轴向承载能力和轴向刚度大，如图3-96所示。推力球轴承用于轴
向载荷大、转速不高的场合。如起重机吊钩、立式水泵、千斤顶、低速减速器等机件上。

图3-95　深沟球轴承及结构简图

图3-96　推力球轴承及结构简图

3）角接触球轴承。角接触球轴承能同时承受径
向力和轴向力。角接触球轴承承受轴向载荷的能力由
接触角 α 决定，α 越大，则承受轴向载荷的能力也越
大，如图3-97所示。角接触球轴承用于转速较高，同
时承受径向载荷和单向轴向载荷的主轴上，如内圆磨
床和外圆磨床头架主轴。

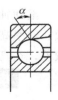

α

图3-97　角接触球轴承及结构简图

（2）按滚动体的形状不同分　滚动轴承可分为球轴承和滚子轴承。滚子轴承又分为圆柱滚子轴承、圆锥滚子轴承、球面滚子轴承和滚针轴承等。各种形状的滚动体如图3-98所示。

图3-98　各种形状的滚动体

（3）按轴承中的滚动体列数不同分

滚动轴承可分为单列轴承、双列轴承和多列轴承三种类型，如图3-99所示。

3. 滚动轴承装配技术要求

1）滚动轴承上标有代号的端面应装在可见方向，以便更换时查对。

2）轴承装在轴上和壳体孔中后，应没有歪斜现象。

图3-99　各种滚动体列数类型

3）轴颈或壳体孔台阶处的圆弧半径应小于轴承上相对应的圆弧半径。

4）在同轴的两个轴承中，必须有一个轴承可以在轴受热膨胀时产生轴向移动。

5）装配滚动轴承时必须防止污物进入轴承内。

6）装配后的轴承应运转灵活，噪声小，工作温度一般不超过65℃。

4. 滚动轴承的装配方法

1）滚动轴承的装配方法可根据配合过盈量的大小确定：

① 当配合过盈量较小时，可用锤击法。

② 当配合过盈量较大时，可用杠杆压力机或螺旋压力机压入法。

③ 当配合过盈量很大时，可用热装法。

2）滚动轴承的装配方法还可根据轴承的类型来确定，如：

① 圆锥滚子轴承的装配方法。由于外圈可以分离，装配时内圈和滚动体一起装在轴上，外圈装在壳体孔内，然后再调整游隙。

② 推力球轴承的装配方法。推力球轴承有紧环和松环之分，装配时要使紧环靠在转动零件的平面上，使松环靠在静止零件的平面上，否则滚动体将丧失作用。

③ 角接触球轴承的装配方法：可分别通过修磨垫圈厚度、调节内外隔圈厚度、磨窄轴承厚度和用弹簧等方法来实现预紧。

提示

1）轴承是一种精密零件，正确选择轴承的装配方法非常重要。

2）装配时要注意轴承内外圈、保持架和滚动体都不允许承受直接冲击，否则会损伤轴承。

二、任务实施

【任务要求】要求在某轴上完成某代号深沟球轴承的装配，并达到滚动轴承的装配技术要求。

【实施方案】根据深沟球轴承的装配任务要求，确定任务实施方案时首先要分析实物和工艺文件，明确装配技术要求，了解深沟球轴承的结构特点，确定装配方法；其次是检查轴颈和轴承座孔的配合尺寸是否符合装配技术要求，清洗零部件，并加润滑剂；再次是准备合适的工、量具；最后进行深沟球轴承的装配。

实施方案重、难点：轴承内圈、外圈的安装。

【操作步骤】

操作一 识读装配图，准备工、量具及润滑剂

如图 3-100 所示，识读深沟球轴承装配图，分析各零件间相互关系，明确深沟球轴承的结构特点、装配技术要求和装配方法，并准备合适的工、量具及润滑剂，如锤子、专用套筒、磨石、油枪、外径千分尺、内径百分表、润滑油、润滑脂等。

操作二 检查、清洗零部件，并加润滑剂

检查轴承型号与图样是否一致，检查轴颈、轴承座孔是否有毛刺、锈蚀等并进行必要的修复，用外径千分尺、内径百分表分别检查轴颈和轴承座孔的配合尺寸是否符合装配技术要求。用煤油清洗轴颈、轴承座孔及轴承端盖上的密封件等，并加润滑油、润滑脂，如图 3-101a 所示。而对于图 3-101b 所示的深沟球轴承，因自带润滑脂，就不能进行清洗和加润滑脂。

a)　　　　　　　　　　b)

图 3-100　深沟球轴承与轴的装配　　　　　　图 3-101　深沟球轴承

操作三 深沟球轴承的装配

深沟球轴承是整体结构，为了防止深沟球轴承的损伤，装配深沟球轴承时必须用专用套筒同时顶住深沟球轴承的内、外圈，使锤子锤击力均匀作用在深沟球轴承上，如图 3-102 所示。

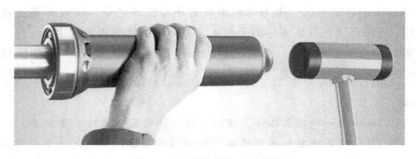

图 3-102　深沟球轴承的装配

操作四　深沟球轴承的预紧

轴承安装完毕后，装上轴承端盖，根据轴承与轴承座结构对轴承进行预紧，即给轴承的内圈或外圈施加一个轴向力，以消除轴承游隙，提高轴承在工作状态下的刚度和旋转精度。

三、拓展训练

【任务要求】　要求在某轴上完成某代号圆锥滚子轴承的装配，并达到滚动轴承的装配技术要求。

【实施方案】　根据圆锥滚子轴承的装配任务要求，确定任务实施方案时首先要分析实物和工艺文件，明确装配技术要求，了解圆锥滚子轴承的结构特点，确定装配方法；其次是检查轴颈和轴承座孔的配合尺寸是否符合装配技术要求，清洗零部件并加润滑剂；再次是准备合适的工、量具；最后进行圆锥滚子轴承的装配。

实施方案重、难点：轴承内圈、外圈的安装。

【操作步骤】

操作一　识读装配图，准备工、量具及润滑剂

如图 3-103 所示，识读圆锥滚子轴承装配图，分析各零件间的相互关系，明确圆锥滚子轴承的结构特点、装配技术要求和装配方法，并准备合适的工具、量具、刀具。圆锥滚子轴承属于分离型轴承，轴承的内、外圈均具有锥形滚道。该类轴承按所装滚子的列数分为单列、双列和四列圆锥滚子轴承等不同的结构形式。圆锥滚子轴承主要用于承受以径向载荷为主的径向与轴向联合载荷，能够承受一个方向的轴向载荷，能够限制轴或外壳一个方向的轴向位移。

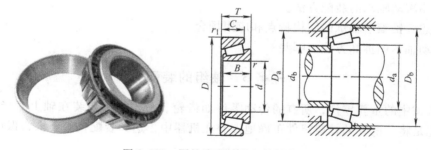

图 3-103　圆锥滚子轴承与轴的装配

操作二　检查、清洗零部件，并加润滑剂

检查轴承代号与图样是否一致，检查与轴承配合的零件，如轴颈、轴承孔等是否符合图样要求，是否有毛刺、锈蚀等并进行必要的修复。用煤油清洗轴颈、轴承孔及轴承端盖上的密封件等，并加润滑油、润滑脂。

操作三　安装轴承内圈与外圈

圆锥滚子轴承通常是分离型的，即由带滚子与保持架组件的内圈组成的圆锥内圈组件可以与圆锥外圈分开安装。安装顺序为：将外圈装在轴承座孔内，安装轴承外圈时，用专用套筒顶住外圈，使锤子锤击力均匀作用在外圈上；将内圈装在轴上，安装轴承内圈时，用专用套筒顶住内圈，使锤子锤击力均匀作用在内圈上；将带轴的内圈装入外圈，用专用套筒顶住内圈，使锤子锤击力均匀作用在内圈上。

操作四　轴承预紧和游隙调整

轴承安装完毕后，装上轴承端盖，并对轴承进行预紧，即给轴承的内圈或外圈施加一个轴向力，以消除轴承游隙，提高轴承在工作状态下的刚度和旋转精度。

对于低转速和承受振动的圆锥滚子轴承，应采取无游隙安装或施加预载荷安装。其目的是为了使圆锥滚子轴承的滚子和滚道产生良好接触，载荷均匀分布，防止滚子和滚道受振动冲击遭到破坏。调整后，轴向游隙的大小用百分表检测。

对于高载荷高转速的圆锥滚子轴承，调整游隙时，必须考虑温升对轴向游隙的影响，将温升引起的游隙减小量估算在内，也就是说，轴向游隙要适当调整得大一点。

调整轴向游隙时可用调整锁紧螺母、调整垫片和用预紧弹簧等方法进行调整。轴向游隙的大小，与轴承安装时的布置形式、轴承间的距离、轴与轴承座的材料有关，可根据实际工作条件确定。

四、小结

在本任务中，要理解滚动轴承的类型、结构特点、应用场合和装配方法及轴承预紧和游隙调整的方法，熟练运用专业知识和操作技能，认真分析装配图样和工艺文件，明确装配技术要求，合理选择工具、量具、刀具，制订科学合理的装配方案，从而完成滚动轴承的装配工作。

【思考题】

1）滚动轴承的优点有哪些？

2）滚动轴承由哪几部分组成？

3）滚动轴承按承受载荷的方向可分为哪几种类型？

4）简述滚动轴承的装配方法。

5）简述圆锥滚子轴承的结构特点和应用场合。

6）滚动轴承的拆卸方法有哪些？

任务 3　轴组的装配

轴是机械中的重要零件，所有的传动零件如齿轮、带轮等都要装在轴上才能正常工作。轴组的装配是将装配好的轴组组件正确地安装在机器中，达到装配技术要求，保证其能正常工作。

 技能目标

◎明确轴承固定的方式、轴承游隙的种类、轴承预紧的方法、轴承密封装置的种类和润滑剂的种类。

◎掌握圆锥滚子轴承的游隙调整方法。

一、基础知识

1. 轴组

轴、轴上零件及两端轴承支座的组合，称为轴组。

2. 轴组装配

轴组装配主要是指将轴组装入箱体，进行轴承固定、轴承游隙调整、轴承预紧、轴承密封和轴承润滑装置的装配等。

3. 滚动轴承固定

轴工作时，不允许有径向移动和较大的轴向移动，也不能因受热膨胀而卡死。滚动轴承的径向固定是靠轴承外圈与外壳孔的配合来解决的。滚动轴承的轴向固定有以下两种基本方式。

（1）双支点单向固定　如图 3-104 所示，两轴承均利用轴肩顶住内圈，轴承盖压住外圈，从而使两端轴承各限制一个方向的轴向移动。由于轴热伸长量较小，一般可在轴承外圈与轴承盖间留有 0.5 ~ 1mm 的补偿间隙。补偿间隙的大小可以通过调整垫片厚度或调节螺钉方法来实现。双支点单向固定方式适用于工作温度变化不大的短轴（轴承跨距 $L \leqslant$ 400mm）。

（2）单支点双向固定　将左端轴承内、外圈双向固定，右端轴承外圈不固定，可随轴做轴向移动，如图 3-105 所示。该固定方式工作时不会产生轴向窜动，轴受热时能自由地向一端伸长，轴不会被卡死。单支点双向固定方式适用于工作温度变化较大的长轴（轴承跨距 $L > 400$mm）。

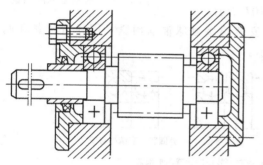

图 3-104　双支点单向固定

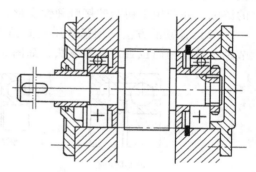

图 3-105　单支点双向固定

4. 滚动轴承游隙的检测

滚动轴承的游隙是指将轴承的一个套圈固定，另一个套圈沿径向或轴向的最大活动量。轴承游隙分为径向游隙和轴向游隙，如图 3-106 所示。

（1）径向游隙常用的检测方法

1）感觉法。用手转动轴承，轴承应灵活平稳地旋转，无卡住或制动现象。再用手晃动轴承，即使只有 0.01mm 的径向游隙，轴承最上面一点也有 0.10 ~ 0.15mm 的轴向移动量。这种方法专用于检测单列向心球轴承。

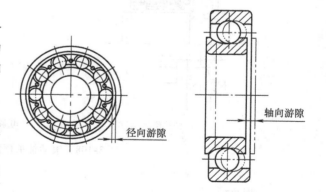

图 3-106　轴承游隙

2）测量法。用塞尺检查，将塞尺插入轴承未承受载荷部位的滚动体与外圈（或内圈）之间进行测量。松紧相宜的塞尺厚度即为轴承径向游隙。这种方法广泛应用于调心轴承、圆柱滚子轴承和圆锥滚子轴承。另一种测量法是用百分表进行检测，检测时，先将轴承外圈顶起，再用百分表测量，百分表的读数就是轴承的径向游隙。

（2）轴向游隙常用的检测方法

1）感觉法。用手指检查滚动轴承的轴向游隙，这种方法应用于轴端外露的场合。当轴端封闭或因其他原因不能用手指检查时，可检查轴是否转动灵活。

2）测量法。用塞尺检查，操作方法与检查径向游隙的方法相同。另一种测量法是用百分表进行检测，检测时用撬杠窜动轴使轴在两个极端位置时，百分表读数的差值即为轴承的轴向游隙。但施加于撬杠的力不能过大，否则壳体易发生弹性变形，即使变形很小，也影响所测轴向游隙的准确性。

5. 滚动轴承游隙的调整

滚动轴承游隙的调整是通过对滚动轴承进行预紧来实现的，预紧有利于提高滚动轴承的工作性能，提高主轴部件的旋转精度，也可以提高主轴部件的刚度和轴承的寿命。

（1）预紧的原理　预紧是给轴承内圈或外圈施加一定的轴向预载荷，内、外圈发生相对位移，结果消除了内、外圈与滚动体的游隙，并产生了初始的接触弹性变形，如图3-107所示。

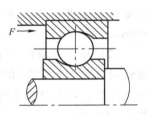

图3-107　滚动轴承的预紧

（2）预紧的方法　预紧常用垫圈预紧、成对安装角接触球轴承预紧、用弹簧预紧和调节轴承锥孔轴向位置预紧等方法，如图3-108所示。

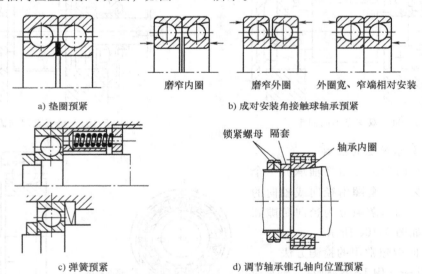

磨窄内圈　　磨窄外圈　　外圈宽、窄端相对安装

a) 垫圈预紧　　　　　b) 成对安装角接触球轴承预紧

c) 弹簧预紧　　　　　d) 调节轴承锥孔轴向位置预紧

图3-108　滚动轴承预紧的方法

提示

滚动轴承装配时要精确调整游隙。游隙太大，会使单个滚动体载荷增大，降低旋转精度，引起振动和噪声。游隙太小，会使摩擦力增大，产生的热量增加，加剧磨损，使轴承使用寿命降低。

6. 轴承密封

为了防止润滑剂的流失和灰尘、水分进入轴承，轴承必须采用适当的密封装置。密封按被密封的两接合面之间是否有相对运动分为静密封和动密封两大类。动密封又按密封件和被密封面间是否有间隙分为接触式密封和非接触式密封两类。

7. 轴承润滑

（1）润滑剂的作用　在轴承或其他相对运动的接触表面之间加入润滑剂后，润滑剂能在摩擦表面之间形成一层油膜，使两个接触面上凸起部分不会产生撞击，并减少相互间的摩擦阻力。合理选择润滑剂，可以提高机械设备的使用效率和延长寿命，并能起到冷却、防锈、防尘、缓冲和减振等作用。

（2）润滑剂的分类　常用的润滑剂包括润滑油、润滑脂和固体润滑剂三类。

1）润滑油。润滑油包括机械油、精密机床主轴油、汽轮机油、重型机械油和齿轮油等。

2）润滑脂。润滑脂是由润滑油和稠化剂合成的一种油膏状半固态润滑剂。润滑脂有润滑、密封、防腐和不易流失等特点，主要应用于加油或换油不方便的场合。

3）固体润滑剂。固体润滑剂有二硫化钼、石墨和聚四氟乙烯等，主要应用于高温高压或速度很低、载荷很重及不允许有油、脂污染的场合。

二、任务实施

【任务要求】 根据滚动轴承的装配技术要求，要求完成圆锥滚子轴承装配及游隙调整，并使游隙符合标准值。

【实施方案】 根据圆锥滚子轴承的游隙调整任务要求，确定任务实施方案时首先要分析实物和工艺文件，了解圆锥滚子轴承的结构特点；其次是装配圆锥滚子轴承，最后是检测游隙并对圆锥滚子轴承的游隙进行调整。

实施方案重点：游隙的检测与调整方法的确定。

实施方案难点：游隙的调整。

【操作步骤】

操作一　识读装配图，准备工、量具

如图 3-109 所示，识读圆锥滚子轴承装配图，分析各零件间的相互关系，明确圆锥滚子轴承的结构特点、装配技术要求和装配方法，并准备合适的工、量具。

图 3-109　圆锥滚子轴承的游隙调整

操作二　圆锥滚子轴承的装配

圆锥滚子轴承通常是分离型的，即由带滚子与保持架组件的内圈组成的圆锥内圈组件可以与圆锥外圈分开安装。安装顺序：首先将内圈和滚动体一起装入轴上，采用压入法进行装配时，用专用套筒顶住内圈，使锤子锤击力均匀作用在轴承内圈端面上；再将装入圆锥滚子轴承内圈的轴装入轴承座孔内；最后将外圈装在轴承座孔内，安装轴承外圈时，用专用套筒顶住外圈，使锤子锤击力均匀作用在外圈上。

操作三　圆锥滚子轴承的游隙检测

先用感觉法检测径向游隙和轴向游隙，用手转动和晃动轴承来检测轴承是否转动灵活。再用测量法检测径向游隙和轴向游隙，用塞尺、百分表检测确定轴承游隙是否符合装配技术要求。

操作四　圆锥滚子轴承的游隙调整

游隙的调整通常采用使轴承的内圈对外圈做适当的轴向相对位移的方法来保证游隙。根据箱体结构，可采用的游隙调整方法如下：

（1）调整垫片法　调整时，一般先不加垫片。拧紧轴承盖上的螺钉，直到轴不能转动为止。测量轴承盖与壳体端面之间的距离后再加入垫片，通过调整垫片厚度获得所需的游隙，如图 3-110 所示。

（2）螺钉调整法　调整的顺序：先松开锁紧螺母，再调整螺钉，等游隙调整好后再拧紧锁紧螺母，如图 3-111 所示。

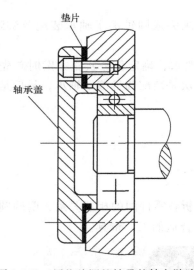

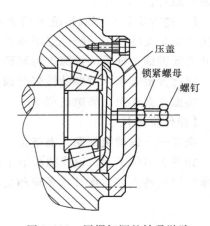

图 3-110　用垫片调整轴承的轴向游隙　　　　图 3-111　用螺钉调整轴承游隙

三、小结

在本任务中，要理解轴承固定的方式、轴承游隙的种类、轴承预紧的方法、轴承密封装置的种类和润滑剂的种类，熟练运用专业知识和操作技能，认真分析图样和工艺文件，制订科学合理的方案，完成圆锥滚子轴承的游隙调整工作。

【思考题】

1）什么是轴组？

2）轴组装配包括哪些内容？

3）简述滚动轴承轴向固定的两种基本方式。

4）什么是滚动轴承的游隙？

5）径向游隙常用的检测方法有哪些？

6）滚动轴承预紧的方法有哪几种？

7）简述常用润滑剂的种类及应用场合。

8）滚动轴承游隙的调整方法有哪些？

模块总结

本模块以各种典型机构的装配内容为例，介绍了装配的基础知识、固定连接的装配、机械传动机构的装配与调整、轴承和轴组的装配与调整等具体的典型机构装配的内容。通过对本模块的学习，明确各种典型机构装配钳工所需的知识和要求，学会各种典型机构的装配与调整方法。

模块四

典型机床装配

本模块主要学习典型机床（CA6140 型卧式车床）的传动系统、主要结构及特点，典型数控机床机械部件的装配所涉及的各项操作技能，以及卧式车床的精度检测与验收技术。

前面学习了装配的基础知识、固定连接的装配、机械传动机构的装配与调整、轴承和轴组的装配等典型机构装配知识，并进行了相关的任务实施技能训练。通过学习和训练，学生能够明确装配钳工所必需的专业知识。

本模块主要学习 CA6140 型卧式车床和典型数控车床主要部件的结构与特点，了解车床主要部件的装配工艺与调整方法，掌握常规的机床精度检测与验收技术。通过学习与训练，提高综合解决问题的能力。

 学习目标

◎学会 CA6140 型卧式车床的传动系统分析。

◎明确 CA6140 型卧式车床、典型数控机床主要部件的结构及特点。

◎基本掌握 CA6140 型卧式车床、典型数控机床主要部件的装配与调整，以及精度检测与验收的技术。

项目一 CA6140 型卧式车床的装配

卧式车床是机械制造业中应用很广泛、种类较多的一种机床，其中 CA6140 型卧式车床是我国自主设计制造的机床。典型机构装配是装配基础，本项目则是装配的综合训练，通过学习和训练，可为更复杂的典型数控机床机械部件的装配打下扎实的基础。

 学习目标

◎学会分析 CA6140 型卧式车床传动系统图。

◎能写出 CA6140 型卧式车床的主传动链传动系统表达式。

◎了解 CA6140 型卧式车床主要部件的结构及作用。

◎明确 CA6140 型卧式车床装配技术要求。

◎掌握 CA6140 型卧式车床主要部件的装配方法。

◎了解 CA6140 型卧式车床装配精度与验收方法。

任务 1　CA6140 型卧式车床的传动系统分析

CA6140 型卧式车床的传动系统由主运动传动链、车削螺纹运动传动链、纵向和横向进给运动传动链、快速空程运动传动链组成。

 技能目标

◎ 能读懂和分析 CA6140 型卧式车床传动链图。

◎ 掌握 CA6140 型卧式车床主轴传动比的计算。

◎ 掌握 CA6140 型卧式车床螺纹加工的传动关系。

一、基础知识

1. CA6140 型卧式车床

CA6140 型卧式车床是能对轴、盘、环等多种类型工件进行多种工序加工的卧式车床，如图 4-1 所示。卧式车床具有低频力矩大、输出平稳、转矩动态响应快、稳速精度高、抗干扰能力强等特点，适用于加工各种轴类、套筒类、轮盘类零件上的回转表面，可车削外圆柱面、车削端面、切槽和切断、钻中心孔、钻孔、镗孔、铰孔、车削各种螺纹、车削内外圆锥面、车削特型面、滚花和盘绕弹簧等。卧式车床是车床中应用最广泛的一种，约占车床总数的 65%，是机械设

图 4-1　CA6140 型卧式车床

备制造企业的必需设备之一。

2. CA6140 型卧式车床的布局

CA6140 型卧式车床的布局如图 4-2 所示。

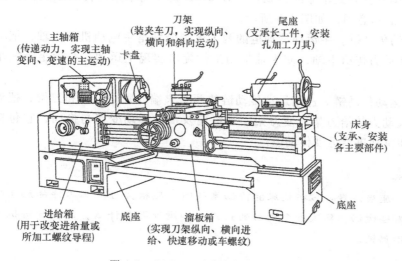

图 4-2　CA6140 型卧式车床的布局

3. CA6140 型卧式车床的运动

（1）表面成形运动　表面成形运动有工件的旋转运动（车床主运动）、刀具的移动（车床的进给运动）和螺旋运动（车削螺纹的复合运动）三种类型，如图 4-3 所示。

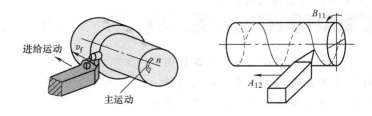

图 4-3　卧式车床的表面成形运动

（2）辅助运动　辅助运动有满足工件尺寸的切入运动、刀架纵横向的机动快移和重型车床尾座的机动快移三种类型。

4. CA6140 型卧式车床的传动系统

（1）CA6140 型卧式车床的传动系统框图　如图 4-4 所示。

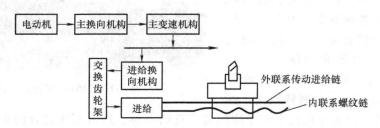

图 4-4　CA6140 型卧式车床的传动系统框图

（2）CA6140 型卧式车床的传动链　CA6140 型卧式车床的传动系统图是反映机床全部运动传递关系的示意图，如图 4-5 所示。

1）主运动传动链。主运动传动链的两个末端分别是主电动机和主轴，把动力源（电动机）的运动及动力传给主轴，使主轴带动工件旋转实现主运动，并满足卧式车床主轴变速和换向的要求。

2）进给运动传动链。进给运动传动链的两个末端分别是主轴和刀架，把动力源（电动机）的运动及动力传给刀架，使刀架实现纵向及横向移动变速与换向，它包括车螺纹进给运动传动链和机动进给运动传动链。

提示

　　应当注意：分析机床的传动系统时，应根据被加工工件的形状确定机床需要哪些运动，实现各个运动的执行件和运动源是什么，进而分析机床需要有哪些传动链。

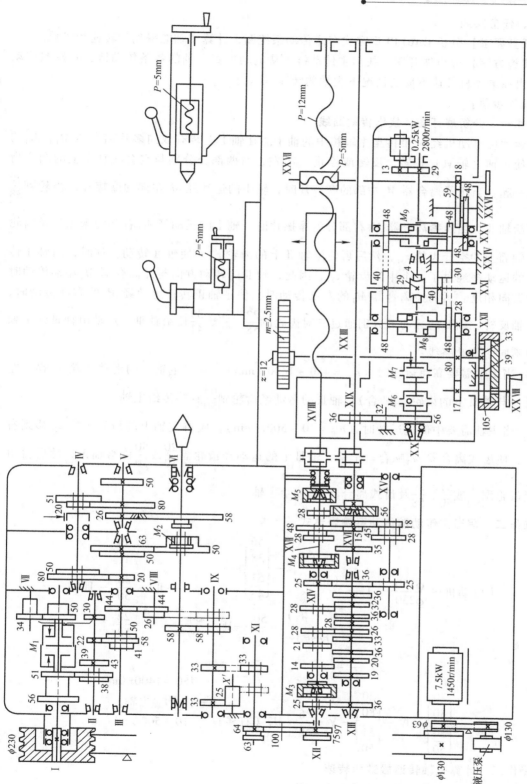

图4-5 CA6140型卧式车床的传动系统图

二、任务实施

【任务要求】 分析 CA6140 型卧式车床传动系统图，计算主轴能得到的转速和级数。

【实施方案】 分析展开图，找出主传动链，从电动机到主轴的各条传动链，并按照传动比计算出在电动机转速不变的情况下主轴的转速。

【操作步骤】

操作一 分析展开图，找出传动路线

主运动由电动机经 V 带传至主轴箱中的轴 I。在轴 I 上装有双向多片离合器 M_1，M_1 的作用是使主轴（轴Ⅵ）正转、反转或停止。M_1 左、右两部分分别与空套在轴 I 上的两个齿轮连在一起。当压紧离合器 M_1 左部的摩擦片时，轴 I 的运动经 M_1 左部的摩擦片及齿轮副 $\frac{56}{38}$ 或 $\frac{51}{43}$ 传给轴Ⅱ。当压紧离合器 M_1 右部分的摩擦片时，轴 I 的运动经 M_1 右部的摩擦片及齿轮 z_{50} 传给轴Ⅶ上的空套齿轮 z_{34}，然后再传给轴Ⅱ上的齿轮 z_{30}，使轴Ⅱ转动。这时，由轴 I 传到轴Ⅱ的运动多经过了一个中间齿轮 z_{34}，因此，轴Ⅱ的转动方向与经离合器 M_1 左部传动时的转动方向相反。运动经离合器 M_1 的左部传动时，使主轴正转；运动经 M_1 的右部传动时，则使主轴反转。轴Ⅱ的运动可分别通过三对齿轮副 $\frac{22}{58}$、$\frac{30}{50}$、$\frac{39}{41}$ 传给轴Ⅲ。运动由轴Ⅲ到主轴有两种不同的传动路线：

1）当主轴需要高速运转时（$n_主 = 450 \sim 1400 \text{r/min}$），应将主轴上的滑移齿轮 z_{50} 移到左端位置（与轴Ⅲ上的齿轮 z_{63} 啮合），轴Ⅲ的运动经齿轮副 $\frac{63}{50}$ 直接传给主轴。

2）当主轴需要中低速运转时（$n_主 = 10 \sim 500 \text{r/min}$），应将主轴上的滑轮齿轮 z_{50} 移到右端位置，使齿式离合器 M_2 啮合。于是，轴Ⅲ上的运动经齿轮副 $\frac{20}{80}$ 或 $\frac{50}{50}$ 传给轴Ⅳ，然后再由轴Ⅳ经齿轮副 $\frac{20}{80}$ 或 $\frac{51}{50}$、$\frac{26}{58}$ 及齿式离合器 M_2 传给主轴。

操作二 写出主传动链传动系统表达式

$$主电动机 - \frac{\phi130}{\phi230} - I - \begin{matrix} M_1（左）\\（正转） \end{matrix} \begin{Bmatrix} \frac{56}{38}\\ \frac{51}{43} \end{Bmatrix} - \begin{matrix} M_1（右）\\（反转） \end{matrix} \frac{50}{34} - Ⅶ - \frac{34}{30} - Ⅱ - \begin{matrix} \frac{39}{41}\\ \frac{30}{50}\\ \frac{22}{58} \end{matrix} - Ⅲ -$$

$$- \frac{63}{50} - \begin{Bmatrix} \frac{20}{80}\\ \frac{50}{50} \end{Bmatrix} - Ⅳ - \begin{Bmatrix} \frac{20}{80}\\ \frac{51}{50} \end{Bmatrix} - V - \frac{26}{58} - M_2（右移） - \begin{matrix} 450 \sim 1400\text{r/min}\\ Ⅳ（主轴）\\ 10 \sim 500\text{r/min} \end{matrix}$$

操作三 计算主轴转速级数和转速

主轴的转速可应用下列运动平衡式计算：

$$n_{主轴} = n_{电} \times \frac{d}{d'}(1-\varepsilon) u_{I-II} \, 、 u_{II-III} \, 、 u_{III-VI}$$

式中

$n_{主轴}$——主轴转速（r/min）；

$n_{电}$——电动机转速（r/min）；

d——主动带轮直径（mm）；

d'——被动带轮直径（mm）；

ε——V带传动的滑动系数，$\varepsilon = 0.02$；

u_{I-II}、u_{II-III}、u_{III-VI}——轴 I—II、轴 II—III、轴 III—VI 间的传动比。

1）主轴正转时，应得（$2 \times 3 =$）6 种高转速和（$2 \times 3 \times 2 \times 2 =$）24 种低转速。轴 III—IV—V 之间的 4 条传动路线的传动比为

$$u_1 = \frac{50}{50} \times \frac{20}{80} = \frac{1}{4}; \quad u_2 = \frac{20}{80} \times \frac{20}{80} = \frac{1}{16}; \quad u_3 = \frac{50}{50} \times \frac{50}{51} \approx 1; \quad u_4 = \frac{20}{80} \times \frac{51}{50} \approx \frac{1}{4}$$

因为 u_1 和 u_4 基本相同，所以经低速传动路线，主轴实际上只得到 $2 \times 3 \times (2 \times 2 - 1) =$ 18 级转速，加上 6 级高转速，主轴总共可获得 $2 \times 3 \times [1 + (2 \times 2 - 1)] = 24$ 级转速。

2）主轴反转时，同理，有 $3 \times [1 + (2 \times 2 - 1)] = 12$ 级转速。

3）主轴各级转速的计算可根据各滑移齿轮的啮合状态求得。

同理，可计算出主轴正转时的 24 级转速为 10 ~ 1400r/min；反转时的 12 级转速为 14 ~ 1580r/min。

例如：在图示啮合位置时，主轴的转速为

$$n_{主} = 1450\text{r/min} \times \frac{130}{230} \times \frac{51}{43} \times \frac{22}{58} \times \frac{20}{80} \times \frac{20}{80} \times \frac{26}{58} \approx 10\text{r/min}$$

提示

应当注意：主轴反转通常是用于车削螺纹时，使车刀沿螺旋线退回，所以转速较高，以节约辅助时间。

三、拓展训练

【任务要求】根据 CA6140 型卧式车床的传动系统图，分析车削螺纹时的传动链和传动关系。

【实施方案】车削螺纹时，主轴回转与刀具纵向进给必须保证严格的运动关系：主轴每转一转，刀具移动一个螺纹导程。要车削不同标准和不同导程的螺纹，只需改变传动比，即改变传动路线或更换齿轮。

【操作步骤】

操作一 分析传动线路图

加工螺纹时，主轴 VI 的运动经 $\frac{58}{58}$ 传至轴 IX，再经 $\frac{33}{33}$（右螺纹）或 $\frac{33}{25} \times \frac{25}{33}$（左螺纹）传至轴 XI 及交换齿轮。交换齿轮架的三组交换齿轮分别为 $\frac{63}{100} \times \frac{100}{75}$（车米制、英制螺纹）、$\frac{64}{100} \times \frac{100}{97}$（车模数螺纹、径节螺纹）、$\frac{a}{b} \times \frac{c}{d}$（车非标准螺纹和较精密螺纹）。车米制和模

数螺纹时，M_3、M_4分离，M_5接合；车英制螺纹和径节螺纹时，M_3、M_5接合，M_4分离；M_3、M_4、M_5同时接合，便可车非标准螺纹和较精密螺纹，根据螺纹导程配换交换齿轮；车大导程螺纹，只需将轴Ⅸ右端的滑移齿轮z_{58}向右移动，使之与轴Ⅷ上的齿轮z_{26}啮合。

操作二　车米制螺纹时的运动分析

1）传动路线表达式为

$$主轴Ⅵ—\frac{58}{58}—Ⅸ—\left\{\begin{array}{c}\frac{33}{33}（右）\\[2mm]\frac{33}{25}\times\frac{25}{33}（左）\end{array}\right\}—Ⅺ—\frac{63}{100}\times\frac{100}{75}—Ⅻ—\frac{25}{36}—ⅩⅢ—u_{ⅩⅢ—ⅩⅣ}—ⅩⅣ—\frac{25}{36}\times\frac{36}{25}—$$

$$ⅩⅤ—\left\{\begin{array}{c}\frac{28}{35}\\[2mm]\frac{18}{45}\end{array}\right\}—ⅩⅥ—\left\{\begin{array}{c}\frac{35}{28}\\[2mm]\frac{15}{48}\end{array}\right\}—ⅩⅦ—M_5—ⅩⅧ（丝杠）—刀架$$

2）车削米制螺纹（右旋）时的运动平衡式为

$$Ph_{工}=1_{主轴}\times\frac{58}{58}\times\frac{33}{33}\times\frac{63}{100}\times\frac{100}{75}\times\frac{25}{36}\times u_{基}\times\frac{25}{36}\times\frac{36}{25}\times u_{倍}\times 12$$

式中　$Ph_{工}$——螺纹导程（单头螺纹为$P_工$，mm）；

　　　$u_{基}$——轴ⅩⅢ—ⅩⅣ间基本组的传动比；

　　　$u_{倍}$——轴ⅩⅤ—ⅩⅦ间增倍组的传动比。

将上式简化后得

$$Ph_{工}=7u_{基}u_{倍}$$

普通螺纹的螺距数列是分段的等差数列，每段又是公比为2的等比数列，将基本组与增倍组串联使用，就可车出不同导程（或螺距）的螺纹。

操作三　车英制螺纹时的运动分析

1）传动路线表达式为

$$主轴—\frac{58}{58}—Ⅸ—\left\{\begin{array}{c}\frac{33}{33}（右）\\[2mm]\frac{33}{25}\times\frac{25}{33}（左）\end{array}\right\}—Ⅺ—\frac{63}{100}\times\frac{100}{75}—Ⅻ—M_3—ⅩⅣ—\frac{1}{u_{基}}—ⅩⅢ—\frac{36}{25}—ⅩⅤ—u_{倍}—$$

$$ⅩⅦ—M_5—ⅩⅧ（丝杠）—刀架$$

2）车削英制螺纹的运动平衡式为

$$Ph_{工}=\frac{25.4k}{a}=1_{主轴}\times\frac{58}{58}\times\frac{33}{33}\times\frac{63}{100}\times\frac{100}{75}\times\frac{1}{u_{基}}\times\frac{36}{25}\times u_{倍}\times 12$$

式中　k——螺纹线数。

由于$\frac{63}{100}\times\frac{100}{75}\times\frac{36}{25}\approx\frac{25.4}{21}$，代入上式化简可得

$$Ph_{工}=\frac{25.4k}{a}=\frac{25.4}{21}\times\frac{u_{倍}}{u_{基}}\times 12=\frac{4\times25.4}{7}\times\frac{u_{倍}}{u_{基}}$$

所以

$$a=\frac{7k}{4}\frac{u_{倍}}{u_{基}}$$

操作四　车模数螺纹时的运动分析

1）传动路线表达式为

$$主轴\ VI-\frac{58}{58}-IX-\left\{\begin{array}{l}\dfrac{33}{33}（右）\\[2mm]\dfrac{33}{25}\times\dfrac{25}{33}（左）\end{array}\right\}-XI-\frac{64}{100}\times\frac{100}{97}-XII-\frac{25}{36}-XIII-u_{XIII-XIV}-XIV-\frac{25}{36}\times$$

$$\frac{36}{25}-XV-\left\{\begin{array}{l}\dfrac{28}{35}\\[2mm]\dfrac{18}{45}\end{array}\right\}-XVI-\left\{\begin{array}{l}\dfrac{35}{28}\\[2mm]\dfrac{15}{48}\end{array}\right\}-XVII-M_5-XVIII（丝杠）-刀架$$

2）车削模数螺纹的运动平衡式为

$$Ph_{工}=kP=k\pi m=1_{主轴}\times\frac{58}{58}\times\frac{33}{33}\times\frac{64}{100}\times\frac{100}{97}\times\frac{25}{36}\times u_{基}\times\frac{25}{36}\times\frac{36}{25}\times u_{倍}\times12$$

式中　k——螺纹线数；

　　　P——螺纹螺距（mm）。

由于 $\dfrac{64}{100}\times\dfrac{100}{97}\times\dfrac{25}{36}\approx\dfrac{7}{48}\pi$，代入上式有

$$Ph_{工}=k\pi m=\frac{7}{48}\pi\times u_{基}\ u_{倍}\times12=\frac{7\pi}{4}u_{基}\ u_{倍}$$

所以

$$m=\frac{7}{4k}u_{基}\ u_{倍}$$

提示

　　英制螺纹的螺距参数以每英寸长度上的螺纹牙数 a（牙/in）表示。为使计算方便，将英制导程换算为米制导程。模数螺纹主要用于米制蜗杆，其螺距参数用模数 m 表示。

四、小结

　　CA6140 型卧式车床主运动传动链的作用是把电动机的运动传给主轴，使主轴带动工件实现主运动，从而实现正反转和变速；通过两组不同传动比的交换齿轮、基本组、增倍组以及两个滑移齿轮的移动，加工出不同的标准螺纹。

【思考题】

1）CA6140 型卧式车床的功能有哪些？

2）CA6140 型卧式车床的加工精度能达到多少？

3）车床加工的特点是什么？

4）CA6140 型号的含义是什么？

5）卧式车床的运动有哪几种？

6）什么是传动链？

7）如何绘制传动链？

8）CA6140 型卧式车床的转速有几级？

9）CA6140 型卧式车床最低转速是多少？

任务 2　CA6140 型卧式车床主要部件的结构及作用

CA6140 型卧式车床加工范围很广，结构比较复杂，其主要机械部件可概括为"一个床身两条床腿、四个箱、三块滑板、三根杠、一个刀架、一个尾座"。

技能目标

◎明确 CA6140 型卧式车床主要部件的基本结构。

◎理解 CA6140 型卧式车床主要部件的相互位置及作用。

一、基础知识

1. CA6140 型卧式车床的基本结构

CA6140 型卧式车床属于通用的中型车床。其基本结构如图 4-6 所示。其主要机械部件由主轴箱、进给箱、溜板箱、交换齿轮箱、丝杠、光杠、操纵杆、刀架、尾座和床身等组成。

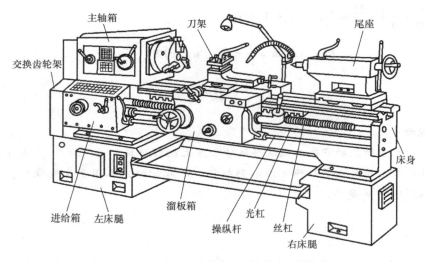

图 4-6　CA6140 型卧式车床的基本结构

（1）主轴箱　它固定在机床床身的左端，内装主轴和主轴的变速机构，可使主轴获得多种转速，如图 4-7 所示。主轴由前后轴承支承，并为空心结构，以便穿过长棒料时能进行

图 4-7　CA6140 型卧式车床的主轴箱

装夹。主轴前端的内锥面用来安装顶尖，外锥面可安装卡盘等车床附件。主轴箱的功用是支承并传动主轴，使主轴带动工件按照规定的转速旋转。

（2）进给箱　进给箱在床身的左前侧、主轴箱的底部，是传递进给运动并转变进给速度的变速机构，如图4-8所示。传入进给箱的运动通过进给箱的变速齿轮可使光杠和丝杠获得不同的转速，以得到加工所需的进给量或螺距。其功能是改变被加工螺纹的螺距或机动进给的进给量。

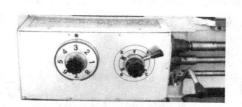

图4-8　CA6140型卧式车床的进给箱

（3）溜板箱　溜板箱是进给运动的把持机构，如图4-9所示。溜板箱与床鞍连接在一起，将光杠的旋转运动转变为车刀的横向或纵向移动，用以车削端面或外圆；将丝杠的旋转运动变为车刀的纵向移动，用以车削螺纹。溜板箱内设有互锁机构，使光杠、丝杠两者不能同时应用。它固定在刀架部件的底部，可带动刀架一起做纵向进给、横向进给、快速移动或螺纹加工。在溜板箱上装有各种操作手柄及按钮，工作时工人可以方便地操作机床。

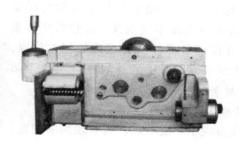

图4-9　CA6140型卧式车床的溜板箱

（4）丝杠、光杠和操纵杆（俗称"三杠"）　丝杠专为车螺纹时带动溜板做纵向移动；光杠为一般车削时传递运动，通过溜板箱使刀架做纵向或横向运动；操纵杆用来控制双向多片离合器，使主轴实现正转、反转、停车功能，如图4-10所示。

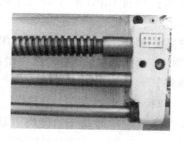

图4-10　CA6140型卧式车床的丝杠、光杠和操纵杆

（5）刀架 刀架部件位于床鞍上，用来装夹车刀并使其做纵向、横向和斜向运动，如图 4-11 所示。小滑板（小刀架）受其行程的限制，一般做手动短行程的纵向或斜向进给运动，车削圆柱面或圆锥面。转盘用螺栓与中滑板紧固在一起，松开螺母，转盘可在水平面内旋转任意角度。大滑板与溜板箱连接，带动车刀沿床身导轨做手动或主动纵向移动。

（6）尾座 尾座是车床上的重要部件之一，是车床上用以支承轴类零件车削加工和实施钻孔的主要附件，如图 4-12 所示。尾座在加工轴类零件时，使用其顶尖顶紧工件，保证加工的稳定性。尾座的运动包括尾座的移动和尾座套筒的移动，主要是螺旋机构。尾座的功能是用后顶尖支承工件，尾座套筒内装入顶尖用来支承长轴类零件的另一端，也可装上钻头、铰刀等刀具，进行钻孔、铰孔等工作。

图 4-11 CA6140 型卧式车床的刀架

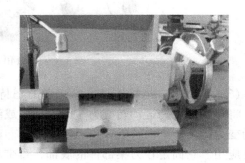

图 4-12 CA6140 型卧式车床的尾座

（7）床身 床身固定在左床腿和右床腿上，床身是机床的基本支承件，连接机床各重要部件，并保证各部件间有正确的相对位置，如图 4-13 所示。床身上的导轨用以引导刀架和尾座相对于主轴的移动。

图 4-13 CA6140 型卧式车床的床身

2. 结构特点

1）床身宽于一般车床，具有较高的刚度，导轨面经中频淬火，经久耐用。

2）机床操作灵便集中，溜板设有快移机构。采用单手柄形象化操作，宜人性好。

3）机床结构刚度与传动刚度均高于一般车床，功率利用率高，适于强力高速切削。其主轴孔径大，可选用附件齐全。

二、任务实施

【任务要求】 分析 CA6140 型卧式车床主轴箱的主要结构，写出其主轴箱典型部件的结构特征。

【实施方案】 根据 CA6140 型卧式车床主轴箱的主要结构和其装配技术要求，按动力输入到输出的顺序，明确并写出主轴箱典型部件的结构特征。

【操作步骤】

操作一 卸荷带轮

CA6140 型卧式车床卸荷带轮能将电动机径向载荷卸给箱体，使轴 I 的花键部分只传递转矩，从而避免因胶带拉力而使轴 I 产生弯曲变形，如图 4-14 所示。

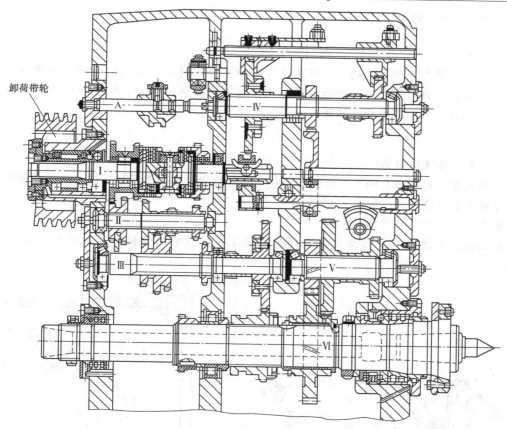

图 4-14 CA6140 卧式车床的卸荷带轮

操作二 双向多片离合器

双向多片离合器由操纵杆手动控制，除传递运动和动力，使主轴实现正转、反转、停车外，还能起过载保护的作用，如图 4-15 所示。双向多片离合器装在 Ⅰ 轴上，由内摩擦片、外摩擦片、止推片、压块及空套齿轮等组成。左离合器传动主轴正转，用于切削加工，需传递的转矩较大，片数较多。右离合器传动主轴反转，用于快速返回，片数较少。双向多片离

图 4-15 CA6140 卧式车床的双向多片离合器

合器居于中位时主轴停止旋转。

> **提示**
>
> 　多片离合器必须合理调整使之能传递额定功率。过松时摩擦片容易打滑发热，主轴起动无力，传动功率不足；过紧时则操纵费劲。一般新的摩擦片磨损较快，必须及时加以调整。

操作三　变速操纵机构

主轴箱Ⅱ轴和Ⅲ轴上的双联滑移齿轮和三联滑移齿轮用一个手柄操纵。变换手柄每转一转，变换全部6种转速，如图4-16所示。

操作四　制动器及其操纵机构

制动器装在轴Ⅳ上，当离合器脱开时制动主轴，以缩短辅助时间。其组件如图4-17所示。

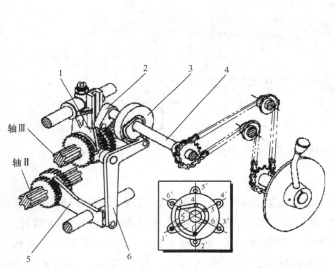

图4-16　CA6140型卧式车床的变速操纵机构

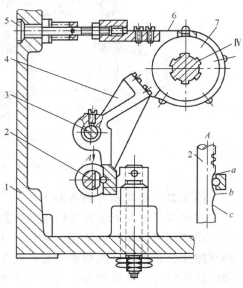

图4-17　CA6140型卧式车床的制动器组件
1—箱体　2—齿条轴　3—轴　4—制动杠杆
5—调节螺钉　6—制动带　7—制动轮

操作五　主轴部件

主轴部件由主轴、主轴齿轮、轴承等一系列零件组成，如图4-18所示。主轴部件是主轴箱的主要部分，应具有较高的回转精度、足够的刚度和良好的抗振性。

1）主轴结构为空心阶梯轴，主轴前端结构为短锥法兰结构，用于安装卡盘或拨盘，内孔用来通过棒料或通过气动、电动或液压等夹紧驱动装置。

2）主轴采用径向双支承结构，前后支承均采用双列圆柱滚子轴承。主轴轴向前端定位，后端可调整轴向窜动量。

三、拓展训练

【任务要求】分析CA6140型卧式车床溜板箱的主要结构，写出其典型部件的结构特征。

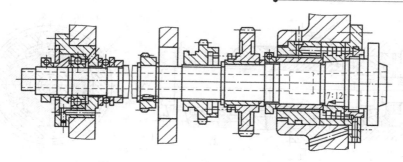

图 4-18　CA6140 型卧式车床的主轴部件

【实施方案】 根据溜板箱的主要结构和 CA6140 型卧式车床的装配技术要求，明确并写出溜板箱典型部件的结构特征。

【操作步骤】

操作一　开合螺母机构

车螺纹时，进给箱将运动传给丝杠。合上开合螺母，就可带动溜板箱和刀架。开合螺母由下半螺母和上半螺母组成，都可沿溜板箱中垂直的燕尾形导轨上下移动。

操作二　纵、横向机动进给及快速移动的操纵机构

整个进给机构由一个手柄集中操纵，如图 4-19 所示。

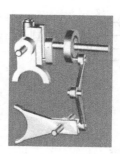

图 4-19　CA6140 型卧式车床纵、横向机动进给及快速移动的操纵机构

1）纵向进给——向左或向右扳动手柄。

2）横向进给——向前或向后扳动手柄。

3）机动进给脱开——手柄处于中间位置，两个离合器都断开。

4）快速移动——按下手柄上端的快移按钮，快速电动机起动，刀架快速移动。

操作三　互锁机构

互锁机构能在接通机动进给时，确保开合螺母不闭合；合上开合螺母时，不接通机动进给。其原理如图 4-20 所示。

操作四　超越离合器

当刀架做纵、横快速移动时，超越离合器能避免光杠和快速电动机同时传动 XXII 轴。超越离合器如图 4-21 所示。

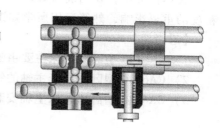

图 4-20　互锁机构的原理

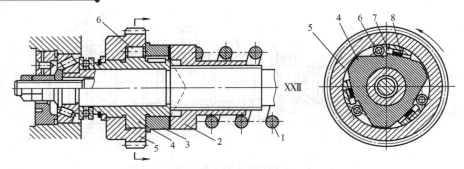

图 4-21　超越离合器

1、8—弹簧　2—右半离合器　3—左半离合器　4—星形体　5—外环　6—滚子　7—销

纵、横向机动进给时，动力通过 27 – 32 – 33 – 29 至 26，再经 25 – 24 – XXII轴。快移时，齿轮 z_{26} 高速旋转，脱离与 z_{27} 的联系至XXII轴。

操作五　安全离合器

安全离合器设置在进给链中。在机动进给时，如进给力过大或刀架移动受阻，则有可能损坏机件。通过安全离合器能自动停止机动进给。图 4-22 所示表示了当进给力超过预定值后，安全离合器脱开的过程。进给力超过预定值，离合器克服弹簧的弹力打滑，起到保护作用。

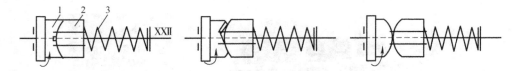

图 4-22　安全离合器的原理

1—左半离合器　2—右半离合器　3—弹簧

提示

1）操作溜板箱纵向、横向操纵手柄，观察齿轮切换、传动啮合过程。

2）操作溜板箱丝杠进给手柄，观察丝杠、光杠的互换、互锁过程。

3）观察纵向、横向机动进给齿轮组及脱落蜗杆过载保护全过程。

四、小结

在本任务中，要明确 CA6140 型卧式车床主要部件的结构、相互位置及作用对零件加工精度的重要影响，熟练运用所学知识，明确主轴箱、溜板箱的结构特征。

【思考题】

1）CA6140 型卧式车床主要由哪几部分组成？分别有什么作用？

2）CA6140 型卧式车床主轴的特点有哪些？

3）CA6140 型卧式车床主轴安装的精度如何保证？

任务3　CA6140型卧式车床主要部件的装配与调整

CA6140型卧式车床主要部件的装配与调整包括装配前的准备工作、装配技术要求，以及卧式车床尾座、主轴箱的装配与调整。

 技能目标

◎明确CA6140型卧式车床的装配技术要求。

◎掌握CA6140型卧式车床主要部件的装配与调整方法。

一、基础知识

1. CA6140型卧式车床装配前的准备工作

1）装配前，应明确卧式车床的结构特点、工作原理、主要性能和应达到的精度标准，仔细分析主要零件图、装配图、机床说明书及技术文件，明确卧式车床装配技术要求，以及装配、检验方法，完成装配场地的整理准备工作。

2）直接进入总装的合格部件到位待装。

3）对直接进入总装的零件或分组件进行清理上油，编好零件号或分组件号，依次放入货架上，在零件编号或分组件编号牌上记上件数和每台需装数。

4）做好部分零件进入总装前的修锉、钻孔等加工工作，如齿条拼接处的修锉等。

5）对总装图样进行装配尺寸链分析，确定总装顺序及装配方法。

6）总装中必要的工具、夹具、量具、检具及工装的准备工作。

7）对有相对运动的配合零件进行试装配。

2. CA6140型卧式车床的装配技术要求

1）熟悉CA6140型卧式车床各机构的相互关系、工作原理及装配要求。

2）零件在装配前必须清理和清洗干净，不得有毛刺、飞边、氧化皮、锈蚀、切屑、砂粒、灰尘和油污等，并应符合相应清洁度要求。

3）装配过程中零件不得磕碰、划伤和锈蚀。相对运动的零件，装配时接触面间应加润滑油（脂）。

4）注意组件中各零部件的装配相对位置及方向应准确。如推力球轴承紧环、松环的装配位置和方向，双联齿轮及三联齿轮的装配方向等。

5）对不能直接进入总装的组件需要进行预装，进入总装时需拆卸装入。

6）装配顺序一般应由内向外、由下往上，以不影响下一步的装配工作为原则。

7）滑移齿轮的装配在用操纵机构操作时应拨动灵活，轴向定位准确、可靠。

8）装配中的各项调整工作，如各传动轴的轴向定位，各齿轮相互啮合接触宽度位置的调整，轴Ⅰ摩擦片接触松紧度的调整，制动带松紧度的调整，主轴前、后轴承间隙的调整等应到位。

9）润滑管路的检查及各主要润滑部分润滑情况的检查。

10）部件空运转试车、检验、调整。

二、任务实施

【任务要求】 完成CA6140型卧式车床尾座的装配与调整。

【实施方案】 根据任务要求，分析CA6140型卧式车床装配技术要求和尾座结构，明确

CA6140 型卧式车床的尾座由尾座体、尾座套筒、定位块、丝杠螺母、螺母压盖、推力球轴承、后盖、手轮、丝杠、压紧块手柄、上压紧块、下压紧块、尾座底板、紧固螺栓、紧固螺母、压板、调整螺栓等多个零件组成，确定装配方法、装配顺序和装配后的调整方法，完成 CA6140 型卧式车床尾座的装配与调整，达到装配要求。

【操作步骤】

操作一　尾座装配前的准备工作

1）刮研尾座体与底板的连接面达到接触精度要求。

2）所有装配零件去飞边，清洗干净。

3）组件的试装配。

① 定位块在尾座套筒上进行试装配。

② 尾座套筒在尾座体孔内进行试装配。

③ 用涂色法检查一对压紧块抛物线状面与尾座套筒的接触精度，若接触面积低于 70%，用锉刀或刮刀修整。

④ 丝杠螺母在丝杠上进行试装配。

操作二　装配尾座底板组件

尾座底板放在床身导轨上，装入螺母座和调整螺栓，将尾座部件装在尾座底板上，分别装入压板、紧固螺栓、紧固螺母，如图 4-23 所示。

操作三　装配尾座套筒

定位块装入尾座体孔内下部的定位孔中，如图 4-24 所示的尾座套筒内外加注润滑油，装入尾座体孔内，以手能推入为宜。

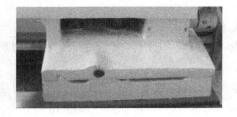

图 4-23　装配尾座底板组件

图 4-24　尾座套筒

操作四　装配丝杠及手轮组件

丝杠螺母旋入丝杠，并装入尾座套筒内。按序装配螺母压盖、螺钉、推力球轴承、后盖、螺钉、手轮、螺母，如图 4-25 所示。

图 4-25　装配丝杠及手轮组件

操作五　装配压紧块组件

在尾座体前端分别装入下压紧块、上压紧块，旋入压紧块手柄，如图4-26所示。

操作六　尾座调整

在尾座套筒内插入检验心轴，用百分表测量尾座（对床鞍移动）在垂直平面内和水平平面内的平行度，以及尾座轴线与主轴轴线的等高误差。通过调整螺栓刮削尾座底板来达到尾座的装配技术要求。

三、拓展训练

图4-26　装配压紧块组件

【任务要求】 CA6140型卧式车床主轴的装配与调整。

【实施方案】 CA6140型卧式车床的主轴箱是一个比较复杂的传动部件，主轴是装配基准件，其前端为莫氏6号锥孔的空心阶梯轴，它安装在主轴箱的两端支承上，主轴的装配图如图4-27所示。

图4-27　主轴的装配

【操作步骤】

操作一　主轴装配前的准备工作

1）检查待装配轴承型号是否符合要求，检查主轴箱两端与端盖配合的接触精度，准备好装配工具、检具、润滑油和密封材料。

2）所有装配零件去飞边，清洗干净。

3）轴上零件与轴的配合情况采用试装配进行检查。

操作二　把主轴装入主轴箱

1）主轴箱前端大孔装入双列向心短圆柱滚子轴承外圈。

2）把法兰盖板和密封垫片套入主轴，双列向心短圆柱滚子轴承内圈装入主轴前端短锥面上。

3）抬起主轴，把主轴从主轴箱前端大孔中缓慢地插入。

操作三　装配轴上零件

1）随着主轴从主轴箱前端大孔中缓慢地插入，按序装入隔圈、调整圆螺母、平键、大齿轮、弹性挡圈、滑移齿轮、弹性挡圈、小齿轮、弹性挡圈、隔圈、推力球轴承，如图4-28所示。

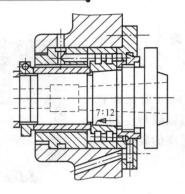

图 4-28　装配主轴的轴上零件

提示

　　当主轴逐渐装入箱体时，齿轮会跨过轴的台肩。当跨越轴的台肩时，双手应将齿轮拿起，克服自重，决不能生拉硬撞、使用撬棍一类的工具拨动，更不能大力敲击。

　　2）主轴将要到位时，密封垫片涂上密封胶粘贴到箱体上，法兰盖板出油孔置于最下端，便于回油装配到位。装入内六角圆柱头螺钉，拧紧。

　　3）主轴尾端按序装入圆锥滚子轴承外圈、内圈、密封圈和圆螺母。

　　操作四　主轴调整

　　主轴精度是通过调整前后两个圆螺母使滚动轴承预紧来实现的。主轴轴承间隙过大将直接影响加工精度，主轴的回转精度包括径向圆跳动及轴向窜动两项。径向圆跳动主要由主轴前端的双列向心短圆柱滚子轴承保证，轴向窜动主要由主轴后端的推力球轴承保证，在一般情况下先调整主轴前轴承，再对后轴承进行同样的调整，随后对圆螺母进行防松处理。

　　1. 主轴轴承径向间隙的调整

　　松开前螺母的支紧螺钉，向右适量转动前螺母，使带有锥度的滚动轴承内环沿轴向移动，然后进行试转，如果主轴在最高转速下不发生过热现象，同时用手转动主轴时，无阻滞感觉，则可将支紧螺钉拧紧。经过调整以后，用百分表测量主轴定心轴径的径向圆跳动，使其控制在 0.006～0.01mm 之内，如还有超差现象，则再调整主轴后轴承的间隙和主轴前轴承的间隙。

　　2. 主轴轴承轴向间隙的调整

　　松开后螺母的支紧螺钉，向右适量转动后螺母，使带有锥度的滚动轴承内圈沿轴向移动，并减小主轴肩后台、止推垫圈、推力球轴承及后轴承座之间的间隙，然后进行试车检查，如果运转正常，则可将支紧螺钉拧紧。经过调整以后，测量主轴的轴向窜动及轴向游隙（即主轴在正、反转瞬时的游动间隙），使其轴向窜动控制在 0.01mm 范围内，轴向游隙控制在 0.01～0.02mm。如仍有超差现象，则需再进行调整。

　　主轴调整后应进行 1h 的高速空运转试验，主轴轴承温度不得超过 70℃，否则应重新调整圆螺母位置。

四、小结

在本任务中，要求装配主轴部件和把主轴部件等装入到主轴箱中，首先要熟悉主轴箱各部分的装配图，严格按照装配的流程进行逐项安装；测量主轴和各零件的精度，执行主轴装配后的各项检查精度标准；控制好主轴装配尺寸链中的封闭环尺寸及调整。

【思考题】

1）CA6140 型卧式车床装配的形式有哪几种？

2）CA6140 型卧式车床装配前要做哪些准备工作？

任务 4　CA6140 型卧式车床的精度检测与验收

CA6140 型卧式车床装配完成后，还需进行一系列的精度检测与验收，包括试车准备、空运转试验、机床的切削试验和精度检验。通过训练，完成 CA6140 型卧式车床主轴箱主轴和尾座的主要项目精度检测。

 技能目标

◎了解 CA6140 型卧式车床精度检测有关项目内容和加工精度的关系。

◎明确车床精度的检验方法，并会使用有关仪器。

◎了解 CA6140 型卧式车床验收的步骤。

一、基础知识

1. 试车准备

对机床各运动件、操纵机构、润滑系统等进行全面仔细的检查，为试车做好准备。

1）用手转动各传动件，应运转灵活。

2）变速手柄和换向手柄应操纵灵活，定位准确安全可靠，手轮或手柄转动时，其转动力用拉力器测量应超过 80N。

3）移动机构的反向空行程量应尽量小。

4）床鞍、刀架在行程范围内移动时应轻重均匀和平稳。

5）顶尖套在尾座孔中做全长伸缩，应运动灵活而阻滞手轮转动轻快，锁紧机构灵敏无卡死现象。

6）开合螺母机构开合可靠，无阻滞或过松的感觉。

7）安全离合器应灵活可靠，在超负荷时能及时切断运动。

8）交换齿轮架中交换齿轮间的侧隙适当，固定装置可靠。

9）各部分的润滑加油孔有明显的标记，清洁畅通，油线清楚，插入深度与松紧合适。

10）电气设备的起动和停止应安全可靠。

2. 空运转试验

空运转试验是在无负荷状态下起动车床，检查主轴转速。从最低转速依次提高到最高转速，各级转速的运转时间不少于 5min。最高转速的运转时间不少于 30min。同时，对机床的进给机构也要进行低、中、高进给量及纵横快速移动的空运转，并检查润滑液压泵的输油情况。

车床空运转时应满足以下要求：

1）在所有的转速下，车床的各部分工作机构应运转正常，不应有明显的振动。各操作机构应平稳、可靠，无异常响声和异味。

2）润滑系统正常、畅通、可靠、无泄漏现象。

3）安全防护装置和保险装置安全可靠。

4）在主轴轴承达到稳定温度时（即热平衡状态），轴承的温度和温升均不得超过如下规定：滑动轴承温度 60℃，温升 30℃；滚动轴承温度 70℃，温升 40℃。

3. 机床的切削试验

机床的切削试验有负荷试验、精车外圆试验、精车端面试验、切槽试验、精车螺纹试验。综合加工现场的振动、噪声、温升，以及切削试件的加工精度等情况，判断机床的装配精度。

4. 精度检验

在完成上述各项试验后，在车床热平衡状态下，按 GB/T 4020—1997《卧式车床 精度检验》的规定逐项进行精度检验，并做好记录。

（1）工作精度检验　主要是对机床进行标准样件的试切加工，包括精车外圆检验外圆的圆度误差、精车端面检验平行度（只许凹）误差、精车螺纹检验螺距误差三项内容。

（2）几何精度检验　主要是对机床检验其各项几何精度。如主轴颈的径向圆跳动、导轨在垂直平面内的直线度、刀架横向移动对主轴轴线的垂直度等 15 项内容。

1）机床的几何精度检验，一般不允许采用紧固地脚螺钉局部加压的方法，强制机床变形达到精度要求。

2）凡与主轴轴承温度有关的项目，应在主轴运转达到稳定温度后进行。

3）凡规定的检验项目均应在允许范围内，若因超差需要调整或返修的，返修或调整后必须对所有几何精度重新检验。

二、任务实施

【任务要求】完成 CA6140 型卧式车床主轴箱主轴的主要项目精度检测。

【实施方案】根据任务要求，明确 CA6140 型卧式车床主轴箱主轴的主要项目精度检测内容，并进行主轴轴颈的圆跳动检测、主轴轴线的径向圆跳动检测、主轴轴线与床身导轨在垂直平面内的平行度和在水平面内的平行度检测、主轴的轴向窜动检测。

【操作步骤】

操作一　CA6140 型卧式车床主轴轴颈的径向圆跳动检测

拆卸主轴箱的自定心卡盘，清理干净主轴轴颈和主轴锥孔表面。磁性表架吸附在导轨面上，百分表测头打在主轴轴颈上，旋转主轴一周，测得的百分表示值即为主轴轴颈的径向圆跳动量，如图 4-29a 所示。

操作二　CA6140 型卧式车床主轴轴线的圆跳动检测

1）检验棒插入主轴锥孔中，磁性表架吸附在导轨面上，百分表测头打在检验棒靠近轴颈端处，旋转主轴一周，测得的百分表示值即为主轴轴线在轴颈端处的径向圆跳动量，如图 4-29b 所示。

2）磁性表架吸附在导轨面上，百分表测头打在检验棒远端处，旋转主轴一周，测得的百分表示值即为主轴轴线在全长 300mm 范围内的径向圆跳动量。

a) 主轴轴颈的径向圆跳动检测

b) 主轴轴线的圆跳动检测

图 4-29 主轴精度检测

操作三 CA6140 型卧式车床主轴轴线（对床鞍移动）在垂直平面内的平行度和在水平面内的平行度检测

1）磁性表架吸附在平直度可调检测桥板上，百分表测头打在检验棒在垂直平面内的靠近轴颈端处，平直度可调检测桥板向检验棒远端处移动 300mm，测得的百分表示值即为主轴轴线（对床鞍移动）在垂直平面内的平行度误差，如图 4-30 所示。

2）磁性表架吸附在平直度可调检测桥板上，百分表测头打在检验棒在水平平面内的靠近轴颈端处，平直度可调检测桥板向检验棒远端处移动 300mm，测得的百分表示值即为主轴轴线（对床鞍移动）在水平平面内的平行度误差，如图 4-31 所示。

图 4-30 主轴轴线（对床鞍移动）在
垂直平面内的平行度检测

图 4-31 主轴轴线（对溜板移动）在
水平平面内的平行度检测

操作四 CA6140 型卧式车床主轴的轴向窜动检测

选择合适的钢珠，沾少许润滑脂放入检验棒中心锥孔中，磁性表架吸附在导轨面上，百分表测头打在检验棒的钢珠上，旋转主轴一周，测得的百分表示值即为主轴的轴向窜动量，如图 4-32 所示。

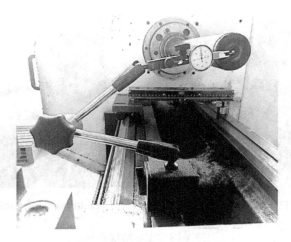

图 4-32　主轴的轴向窜动检测

 提示

　　主轴轴线与床身导轨在垂直平面内平行度误差应小于 0.02mm/300mm，只许检验棒向上抬起；在水平平面内平行度误差应小于 0.015mm/300mm，只许检验棒偏向操作者方向。

三、拓展训练

【任务要求】完成 CA6140 型卧式车床尾座的主要项目精度检验。

【实施方案】根据任务要求，明确 CA6140 型卧式车床尾座的主要项目精度检测内容，并进行尾座（相对床鞍移动）在垂直平面内和水平平面内的平行度以及尾座轴线与主轴轴线的等高误差的检验。

【操作步骤】

操作一　**CA6140 型卧式车床床鞍移动对尾座套筒伸出长度的平行度检验**

锁紧尾座体，使尾座套筒伸出尾座体 100mm。移动床鞍，吸附在床鞍上的百分表测头在全长 100mm 范围分别测量在垂直平面内和水平平面内的平行度示值，即为顶尖套伸出方向的平行度误差，如图 4-33 所示。该项精度要求是：在垂直平面内的平行度上母线公差 ≤0.01mm/100mm，只许检验棒外端向上抬起；在水平平面内的平行度侧母线公差 ≤0.03mm/100mm，只许检验棒偏向操作者方向。

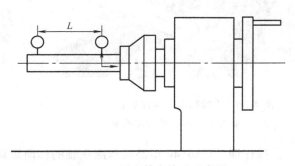

图 4-33　尾座精度检验示意图

操作二　**CA6140 型卧式车床床鞍移动对尾座套筒孔中心线的平行度检验**

在尾座套筒内插入一个检验心轴（300mm），尾座套筒退回尾座体内并锁紧，然后移动床鞍，百分表在 300mm 长度范围内的示值差，即为顶尖套内锥孔中心线与床身导轨的平行度误差，其要求为：在垂直平面内的平行度上母线公差≤0.03mm/300mm；在水平平面内的平行度侧母线公差≤0.03mm/300mm。

操作三　CA6140 型卧式车床尾座轴线与主轴轴线的等高误差的检验

测量方法在主轴箱主轴锥孔内和尾座套筒内各装一个顶尖，两顶尖之间顶一标准检验棒。将百分表置于床鞍上，先将百分表测头顶在检验棒的侧母线，找正检验棒在水平面对床身导轨的平行度。再将测头触在检验棒的上母线，百分表在检验棒两端的示值差，即为主轴锥孔中心线与尾座套筒锥孔中心线对床身导轨的平行度误差。

操作四　精度复检

为了消除顶尖套中顶尖本身误差对测量的影响，一次检验后将顶尖退出，转过 180°。重新检验一次，两次测量结果的代数和的一半为其误差值。另一种测量方法，即分别测量主轴和尾座锥孔中心线的上素线，再对照两检验棒直径尺寸和百分表示值，经计算求得。在测量之前，也要找正两检验棒在水平面内与床身导轨的平行度。

测量结果应满足上素线公差≤0.06mm（只许尾座高）的要求，若超差则通过刮削尾座底板调整。

四、小结

精密加工技术的迅速发展和零件加工精度的要求不断提高，对机床的精度提出了更高的要求。机床检测是机床在加工作业前调整到设计精度和符合加工要求的必需过程，是零件加工质量的必要保证。机床精度检验除了使用原有传统的检测方法外，采用现代先进的检测技术越来越多，使得机床精度检测的效率和效果大大提高。

【思考题】

CA6140 型卧式车床的装配精度如何检验？

项目二　典型数控机床机械部件的装配

数控机床由于采用了电气自动控制，其机械结构大为简化，数控机床加工高精度合格产品，不仅取决于电气控制的可靠性，还取决于机械结构的平稳性和可靠性、机械零件与装配的精度。本项目主要了解典型数控机床的特点、组成及分类，掌握主传动系统装置、进给系统装置、自动换刀装置、辅助装置等的装配与调整，了解精度检测与验收。

 学习目标

◎熟悉典型数控机床的特点、组成及分类，主要部件的结构及特点。
◎掌握典型数控机床主传动系统装置、进给系统装置、自动换刀装置的装配与调整。
◎了解典型数控机床的安装、精度检测与验收。

任务1　典型数控机床的特点、组成及分类

 技能目标

◎了解典型数控机床的自身特点及对结构的要求。

◎掌握典型数控机床的组成。

◎了解数控机床的分类。

一、基础知识

1．典型数控机床的特点

典型数控机床可加工复杂零件、精度高、加工稳定可靠、高柔性、高生产率、劳动条件好、有利于管理现代化，但投资大、使用费用高、生产准备工作复杂、维修困难。

2．数控机床的适用范围

数控机床适用于加工批量小而又多次重复生产的零件、几何形状复杂的零件、贵重零件、需要全部检验的零件，以及试制件等。

3．数控机床对结构的要求

对结构的要求主要有更高的静动刚度、更小的热变形、运动件间更小的摩擦，以及需要有更好的操作性。

4．数控机床的组成

数控机床一般由计算机数控系统和机床本体两部分组成，如图4-34所示。

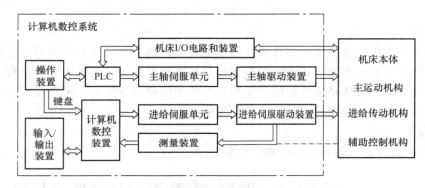

图4-34　数控机床的组成

1）数控系统由输入/输出设备、操作装置、计算机数控装置（CNC装置）、可编程序控制器（PLC）、主轴驱动装置、进给伺服驱动装置、测量装置等组成。

2）机床本体由主运动部件、进给运动部件（工作台、溜板以及相应的传动机构）、支承件（立柱、床身等）、特殊装置（刀具自动交换系统、工件自动交换系统）、辅助装置（如冷却、润滑、排屑、转位、夹紧装置等）组成。

5．数控机床的分类

数控机床可按工艺用途、伺服控制方式、机床运动控制轨迹等来分类。

（1）按工艺用途　可分为普通型数控机床、加工中心、金属成形类数控机床、特种加工类数控机床。

1）普通型数控机床：指采用车、铣、镗、铰、钻、磨、刨等各种切削工艺的数控机床，如数控车床（见图4-35）、立式数控铣床（见图4-36）、数控磨床等。

2）加工中心：指具有自动换刀机构和刀具库，工件经一次装夹后，通过自动更换各种刀具，在同一台机床上对工件各加工面连续进行铣（车）、铰、钻、攻螺纹等多种工序的加工机床，如（镗/铣类）加工中心、车削中心、钻削中心等。

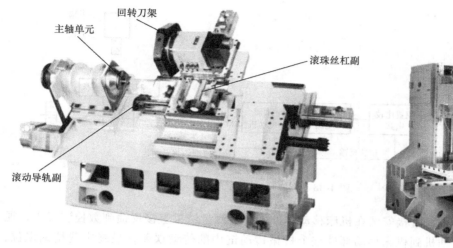

图 4-35　数控车床

图 4-36　立式数控铣床

3）金属成形类数控机床：指采用挤、冲、压、拉等成形工艺的数控机床，常用的有数控压力机、数控折弯机、数控弯管机、数控旋压机等。

4）特种加工类数控机床：主要有数控电火花线切割机、数控电火花成形机、数控火焰切割机、数控激光加工机等。

（2）按伺服控制方式分　可分为开环控制数控机床、半闭环控制数控机床和闭环控制数控机床。

1）开环控制数控机床。这类机床不带位置检测反馈装置，通常用步进电动机作为执行机构。输入数据经过数控系统的运算，发出脉冲指令，使步进电动机转过一个步距角，再通过机械传动机构转换为工作台的直线移动，移动部件的移动速度和位移量由输入脉冲的频率和脉冲个数所决定，如图 4-37 所示。

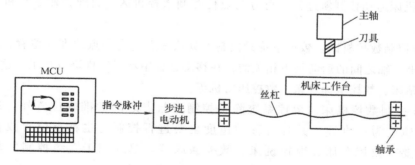

图 4-37　开环控制系统

2）半闭环控制数控机床。在电动机的端头或丝杠的端头安装检测元件（如感应同步器或光电编码器等），通过检测其转角来间接检测移动部件的位移，然后反馈到数控系统中，如图 4-38 所示。由于大部分机械传动环节未包括在系统闭环环路内，因此可获得较稳定的控制特性。其控制精度虽不如闭环控制数控机床，但调试比较方便，因而被广泛采用。

3）闭环控制数控机床。这类数控机床带有位置检测反馈装置，其位置检测反馈装置采

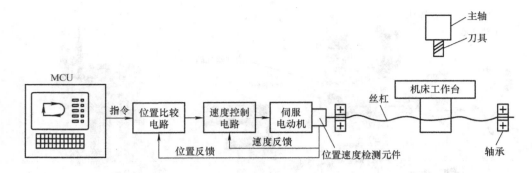

图 4-38　半闭环控制系统

用直线位移检测元件，直接安装在机床移动部件上，将测量结果直接反馈到数控装置中，通过反馈可消除从电动机到机床移动部件整个机械传动链中的传动误差，最终实现精确定位，如图 4-39 所示。

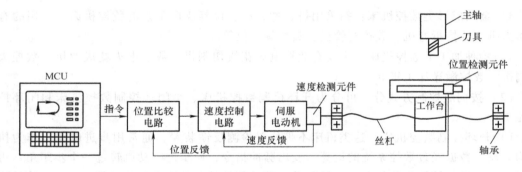

图 4-39　全闭环控制系统

（3）按机床运动控制轨迹分　可分为点位控制数控机床、直线控制数控机床和轮廓控制数控机床。

1）点位控制数控机床。数控系统只控制刀具从一点到另一点的准确位置，而不控制运动轨迹，各坐标轴之间的运动是不相关的，在移动过程中不对工件进行加工。这类数控机床主要有数控钻床、数控坐标镗床、数控压力机等。

2）直线控制数控机床。数控系统除了控制点与点之间的准确位置外，还要保证两点间的移动轨迹为一直线，并且对移动速度也要进行控制，也称点位直线控制。这类数控机床主要有数控车床、数控铣床、数控磨床等。单纯用于直线控制的数控机床已不多见。

3）轮廓控制数控机床。轮廓控制的特点是能够对两个或两个以上的运动坐标的位移和速度同时进行连续相关的控制，它不仅要控制机床移动部件的起点与终点坐标，而且要控制整个加工过程中每一点的速度、方向和位移量，也称为连续控制数控机床。这类数控机床主要有数控车床、数控铣床、数控线切割机床、加工中心等。根据它所控制的联动坐标轴数不同，又可以分二轴联动、二轴半联动（见图 4-40）、三轴联动（见图 4-41）、四轴联动（见图 4-42）、五轴联动（见图 4-43）。

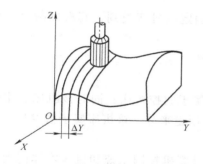

图 4-40 二轴半联动的曲面加工

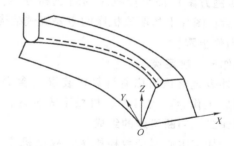

图 4-41 三轴联动的曲面加工

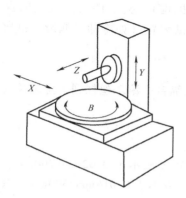

图 4-42 四轴联动的数控机床

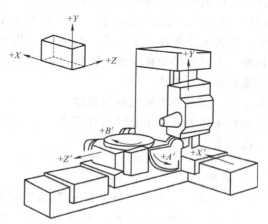

图 4-43 五轴联动的加工中心

二、任务实施

【任务要求】识别图 4-44 所示机床类别，并指出其主要机械结构。

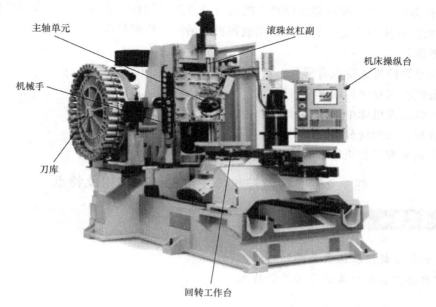

图 4-44 加工中心

【实施方案】按数控机床的组成和分类，首先确定该机床类别，其次判断该机床的组成，最后在图片上指明该机床的主要机械结构名称。

【操作步骤】

操作一 确定类别

从外表观察该机床有计算机装置（含键盘），属于数控机床；同时该机床有主轴、丝杠、回转工作台、刀具库、机械手等装置；按工艺用途来分，该机床属于数控加工中心。

操作二 判断机床的组成

由于加工中心属于数控机床，故该机床主要由计算机控制系统和机床本体两大部分组成。计算机控制系统由输入/输出设备、操作装置、计算机数控装置（CNC装置）、可编程序控制器（PLC）、主轴驱动装置、进给伺服驱动装置、测量装置等组成；机床本体由主运动部件、进给运动部件（工作台、溜板以及相应的传动机构）、支承件（立柱、床身等）、特殊装置（刀具自动交换系统、工件自动交换系统）、辅助装置（如冷却、润滑、排屑、转位、夹紧装置等）组成。

操作三 指出主要机械结构名称

从该机床外表看，主要结构有床身、工作台、机床操纵台、滚珠丝杠副、主轴单元、刀具库、机械手等。

提示

　　主轴轴线与床身导轨在垂直平面内平行度误差应小于 0.02mm/300mm，只许检验心轴向上抬起；在水平平面内平行度误差应小于 0.015mm/300mm，只许检验心轴偏向操作者方向。

三、小结

在本任务中，要了解典型数控机床的自身特点及对结构的要求，掌握典型数控机床的组成，了解数控机床的分类，能熟练识别数控机床的主要机械结构。

【思考题】

1）典型数控机床特点有哪些？适用于哪些场合？

2）数控机床对结构的要求有哪些？

3）一般数控机床由哪几部分组成？

4）数控机床如何分类？

5）识别典型数控机床的步骤有哪些？

任务2 典型数控机床主要部件的结构及特点

　技能目标

◎了解典型数控机床主要部件的结构。

◎掌握典型数控机床主要部件的特点。

一、基础知识

1. 数控机床主要部件的结构

数控机床主要由主传动系统、进给传动系统、基础支承件、自动换刀装置、液压与气动装置、辅助装置等组成。

（1）主传动系统 其作用是将驱动装置的运动及动力传给执行件，实现主切削运动，包括动力源、传动件及主运动执行件（主轴）等。

（2）进给传动系统 其作用是将伺服驱动装置的运动和动力传给执行件，实现进给运动，包括动力源、传动件（丝杠、联轴器）及进给运动执行件（工作台）、刀架等。

（3）基础支承件 其作用是支承机床的各主要部件，并使它们在静止或运动中保持相对正确的位置，包括床身、立柱、导轨等。

（4）自动换刀装置 它包括刀架、刀库、机械手等。

（5）液压与气动装置 它包括液压泵、气泵、管路等。

（6）辅助装置 它包括回转工作台、分度头与万能铣头、卡盘、尾座、润滑与冷却装置、排屑及收集装置等。

2. 数控机床主要部件的特点

数控机床应具备高的运动精度、定位精度、自动化性能好，所以主要部件的特点如下：

（1）高刚度 数控机床要在高速和重负荷条件下工作，机床的床身、立柱、主轴、工作台、刀架等主要部件均需具有很高的刚度，以减少工作中的变形和振动。提高静刚度的措施主要是基础大件采用封闭整体箱形结构，如图 4-45 所示，合理布置加强筋和提高部件之间的接触刚度。

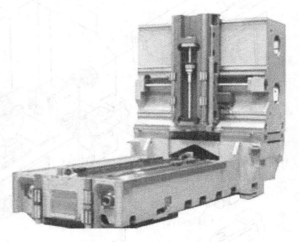

图 4-45 封闭整体箱形结构

（2）高精度、高灵敏度 工作台、刀架等部件的移动，由交流或直流伺服电动机驱动，经滚动丝杠传动，减少了进给系统所需要的驱动转矩，提高了定位精度和运动平稳性，高的灵敏性由导轨部件来保证，通常采用滚动导轨、塑料导轨、静压导轨等。

（3）高抗振性 数控机床在高速重切削情况下减少振动，保证加工零件的高精度和高的表面质量，特别要避免切削时的谐振。

（4）热变形小 机床主轴、工作台、刀架等运动部件在运动中会产生热量，从而产生热变形。数控机床的机械结构对机床热源进行强制冷却，并采用热对称结构、加散热片等，如图 4-46 所示。

二、任务实施

【任务要求】图 4-47 所示为典型数控车床的机械结构组成，识别图中指引线引出结构各属什么系统或装置。

图 4-46　对机床热源进行强制冷却

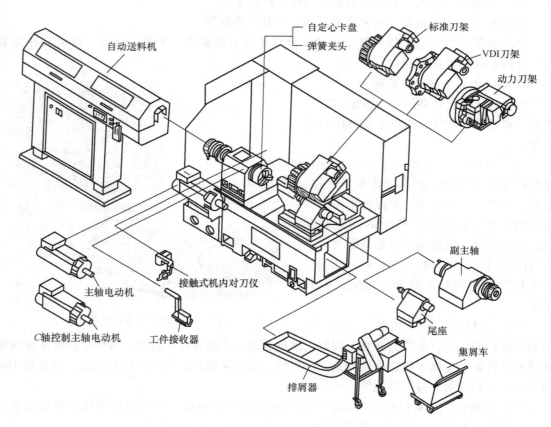

图 4-47　典型数控车床的机械结构组成

【实施方案】根据数控机床机械结构的组成内容，首先分析图中主要内容，其次将指引线引出部分划入各系统或装置。

【操作步骤】

操作一　分析视图

该视图为数控车床立体图结构，各部分用指引线引出并对应在车床所在位置，视图清晰，结构层次一目了然。

操作二　判断引出部分所属车床组成

按视图从左至右，逐步判断。自动送料机属数控车床辅助装置；主轴电动机、C 轴控制主轴电动机、工件接收器、接触式机内对刀仪属于数控车床主传动系统；自定心卡盘、弹簧夹头属数控车床辅助装置；标准刀架、VDI 刀架、动力刀架属数控车床自动换刀装置；尾座、副主轴、排屑器、集屑车属数控车床辅助装置。

三、小结

在本任务中，要了解典型数控机床主要部件的结构，掌握典型数控机床主要部件的特点，能识别数控车床的机械结构组成。

【思考题】

1）典型数控机床的主要部件结构有哪些？

2）典型数控机床的主要部件应具备哪些特点？

3）数控机床主传动系统的作用是什么？数控机床进给传动系统的作用是什么？

4）如何识别典型数控机床的主要部件结构？

任务 3　典型数控机床主传动系统装置的装配与调整

 技能目标

◎了解数控机床主传动系统的概念、对主传动系统的要求和变速方式。

◎掌握数控机床主传动系统的主轴部件结构、主轴支承方式。

◎掌握数控车床主轴部件的装配与调整。

一、基础知识

1. 数控机床主传动系统

由主轴电动机经一系列传动元件和主轴构成的具有运动、传动联系的系统称为主传动系统。数控机床的主传动系统包括主轴电动机、传动装置、主轴、主轴轴承、主轴定向装置等。

2. 对主传动系统的基本要求

1）主轴转速高，变速范围宽，并可实现无级变速。

2）主轴传动平稳，噪声低，精度高。

3）具有良好的抗振性和热稳定性。

4）能实现刀具的快速、自动装卸。

3. 主传动的变速方式

数控机床主传动方式主要有无级变速、分段无级变速两种。

（1）无级变速　数控机床采用直流或交流伺服电动机实现主轴无级变速，交流电动机或交流变频调速装置由于没有电刷，不产生火花，所以使用寿命长，应用较为广泛。主传动采用无级变速传动方式，能在一定的变速范围内选择合理的切削速度，而且能在运动中自动变速。

（2）分段无级变速　数控机床在直流或交流伺服电动机无级变速的基础上配以其他机构，使之成为分段无级变速。它主要有以下四种方式：

1）带有变速齿轮的主传动。如图 4-48a 所示，在大中型数控机床上较常采用，通过少数几对齿轮传动，扩大变速范围。

2）通过带传动的主传动。如图 4-48b 所示，用于转速较高、变速范围不大的小型数控机床，结构简单、安装调试方便，但传递转矩小，变速范围受电动机限制。常用的有多楔带和同步带。

3）用两个电动机分别驱动主轴传动。如图 4-48c 所示，高速时由一个电动机通过带传动，低速时由另一个电动机通过齿轮传动，两个电动机不能同时工作，有一定程度的动力浪费。

4）内装电动机主轴传动。如图 4-48d 所示，电动机转子固定在机床主轴上，结构紧凑，需要考虑电动机的散热。

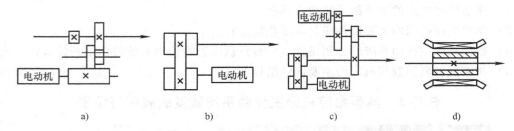

图 4-48　数控机床主传动的四种传动方式

4. 主轴部件的结构

主轴部件是数控机床的一个关键部件，包括主轴箱、主轴头、主轴、轴承等。主轴部件质量的好坏直接影响机床加工精度和加工质量。主轴部件应满足高回转精度、刚度、抗振性、耐磨性和热稳定性等要求。自动换刀数控机床在主轴上安装有刀具或工件的自动夹紧装置、主轴准停装置和主轴孔的清理装置等。

（1）主轴箱　由铸铁铸造而成，主要用于安装主轴零件、主轴电动机、主轴润滑系统等。

（2）主轴头　上面固定主轴电动机、主轴松刀装置，内部装有主轴，下面与立柱的硬轨或线轨连接，用于实现 Z 轴移动、主轴旋转等功能。

（3）主轴　主传动系统最重要的零件，主轴材料的选择主要根据刚度、载荷特点、耐磨性和热处理变形等因素确定，用于装夹刀具，执行零件加工。主轴端部结构形状已标准化。图 4-49 所示为数控机床所通用的几种结构形式。

（4）主轴轴承　主轴轴承是主轴部件的重要组成部分。它的类型、结构、配置、精度、安装、调整、润滑和冷却都直接影响主轴的工作性能。数控机床上主轴轴承常用的有滚动轴承和滑动轴承。

1）滚动轴承。滚动轴承摩擦阻力小，可以预紧，润滑维护简单，能在一定的转速范围和载荷变动范围下稳定工作。数控机床主轴组件特别是立式主轴和主轴装在套筒内做轴向移动的主轴，尽量使用滚动轴承。滚动轴承按滚动体的结构分角接触球轴承、圆锥滚子轴承和圆柱滚子轴承三大类，如图 4-50 所示。

2）滑动轴承。在数控机床上最常使用的是静压滑动轴承。静压滑动轴承的油膜压强由液压缸从外界供给，与主轴转速无关。它的承载能力不随转速的变化而变化，而且无磨损，起动和运转时摩擦力矩相同。所以，液体静压滑动轴承的刚度大，回转精度高，但液体静压滑动轴承需要一套液压装置，成本较高。液体静压滑动轴承装置主要由供油系统、节流器和轴承三部分组成，其工作原理如图 4-51 所示。

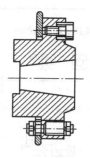

a) 车床主轴端部

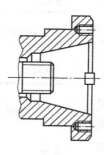

b) 铣、镗类机床的主轴端部

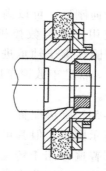

c) 外圆磨床砂轮主轴的端部

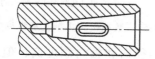

d) 钻床与普通镗杆端部

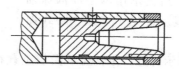

e) 高速钻床主轴端部

图 4-49 主轴端部的结构形式

图 4-50 数控机床常用滚动轴承

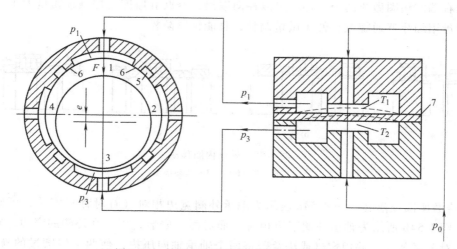

图 4-51 数控机床静压滑动轴承的工作原理

1、2、3、4—油腔 5—回油槽 6—周向封油面 7—薄膜

（5）主轴轴承配置　数控机床主轴支承常见的三种配置形式如图 4-52 所示。

如图 4-52a 所示配置，主轴获得较大的径向和轴向刚度，可以满足强力切削要求，普遍应用于各类数控机床主轴支承，后支承可用圆柱滚子轴承进一步提高后支承径向刚度。常见于数控车床、数控铣床、加工中心等。

如图 4-52b 所示配置，主轴刚度不及图 4-52a 所示配置，但其可以满足主轴高转速要求，普遍应用于转速范围大、最高转速高的数控机床，前支承采用四个或更多个角接触轴承，后支承用两个深沟球轴承以提高主轴刚度。常见于立式、卧式加工中心。

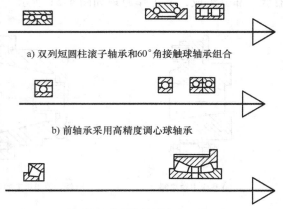

a) 双列短圆柱滚子轴承和60°角接触球轴承组合

b) 前轴承采用高精度调心球轴承

c) 单列和双列圆锥滚子轴承的组合

图 4-52　数控机床主轴支承常见的三种配置形式

如图 4-52c 所示配置，主轴能承受较重载荷，径向和轴向刚度高，但其主轴最高转速低，适用于中等精度要求、低速、重载的数控机床主轴。

（6）数控机床主轴轴承的预紧　预紧是使轴承滚道预先承受一定的载荷，消除轴承内间隙且使滚动体与滚道之间发生一定的变形，从而使接触面积增大，轴承受力变形减小，抵抗变形的能力增加。常见方式有以下三种：

1）轴承内圈移动。这种方法适用于锥孔双列圆柱滚子轴承。该方法用螺母通过套筒推动内圈在锥形轴颈上做轴向移动，使内圈变形胀大，在滚道上产生过盈，从而达到预紧的目的。图 4-53a 所示的结构简单，预紧量不易控制，常用于轻载机床主轴部件。图 4-53b 所示结构用螺母限制内圈移动量，易于控制预紧量。图 4-53c 所示结构在主轴凸缘上均布数个螺钉以调整内圈的移动量，调整方便，但用几个螺钉调整，易使垫圈歪斜图 4-53d 所示结构将紧靠轴承右端的垫圈做成两个半环，可以径向取出，修磨其厚度可控制预紧量大小，调整精度高，螺母用细牙普通螺纹，便于微量调整，且能锁紧防松。

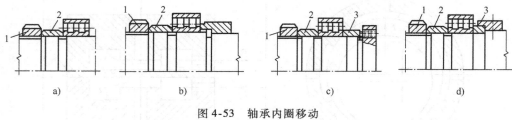

a)　　　　　　b)　　　　　　c)　　　　　　d)

图 4-53　轴承内圈移动
1—螺母　2—套筒　3—圆环垫圈

2）修磨座圈或隔套。图 4-54a 所示为轴承外圈宽边相对（背对背）安装，可修磨内圈的内侧；图 4-54b 所示为轴承外圈窄边相对（面对面）安装，可修磨外圈的窄边。安装时按图示的相对关系装配，并用螺母或法兰盖将两个轴承轴向压拢，使两个修磨过的端面贴紧，从而在两个轴承的滚道之间产生预紧。

另一种方法是将两个厚度不同的隔套放在两轴承内、外圈之间，同样将两轴承轴向相对压紧，使滚道之间产生预紧，如图 4-55 所示。

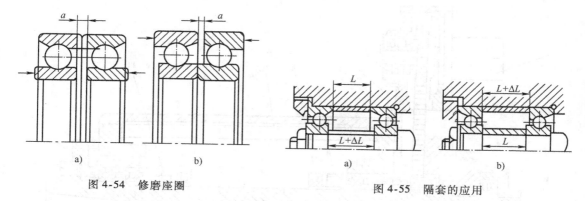

图 4-54 修磨座圈　　　　　　　　　　　图 4-55 隔套的应用

3）自动预紧。用沿圆周均布的弹簧对轴承预加一个基本不变的载荷，轴承磨损后能自动补偿，不受热膨胀的影响，但只能单向受力，如图 4-56 所示。

（7）主轴部件的润滑与密封　润滑与密封是机床使用和维护过程中值得重视的两个问题，良好的润滑可以降低轴承的工作温度、延长寿命，密封不仅要防止灰尘、切屑和切削液进入，还要防止润滑油泄漏。

图 4-56 自动预紧

1）数控机床上，主轴轴承润滑方式有油脂润滑、油液循环润滑、油雾润滑、油气润滑等。油脂润滑是在数控机床的主轴轴承上最常用方式。

2）数控机床上，轴承的密封分为接触式密封和非接触式密封。非接触式密封是利用轴承盖与轴的间隙密封，避免轴承和轴的直接接触，但是密封效果不佳。接触式密封是在轴承盖内装入油毡圈和耐油橡胶密封圈，起密封作用。

二、任务实施

【任务要求】 装配 CK7815 型数控车床的主轴部件，其结构如图 4-57 所示。

【实施方案】 根据任务要求，首先做好 CK7815 型数控车床主轴部件装配前的准备工作，然后进行装配和调整。

【操作步骤】

操作一　装配前的准备工作

1. 分析 CK7815 型数控车床主轴部件结构图

主轴 9 前端采用三个角接触球轴承 12，通过前支承套 14 支承，由螺母 11 预紧。后端采用圆柱滚子轴承 15 支承，顶隙由螺母 3 和螺母 7 调整。螺母 8 和螺母 10 分别用来锁紧螺母 7 和螺母 11，防止螺母 7 和螺母 11 的回松。带轮 2 直接安装在主轴 9 上（不卸荷）。同步带轮 1 安装在主轴 9 后端支承与带轮之间，通过同步带和安装在主轴脉冲发生器 4 轴上的另一同步带轮，带动主轴脉冲发生器 4 和主轴同步运动。了解主轴部件在 CK7815 型数控车床中属于主传动系统，其工作转速范围为 15～5000r/min。

2. 拟订装配工艺过程

装配方法选用修配装配法；按主轴部件结构图分析，确定装配顺序；准备装配时所用的材料、工具、夹具或量具，主要有内六角扳手、铜棒、整形锉、磨石、锤子、百分表、磁力表座、杠杆千分表等。

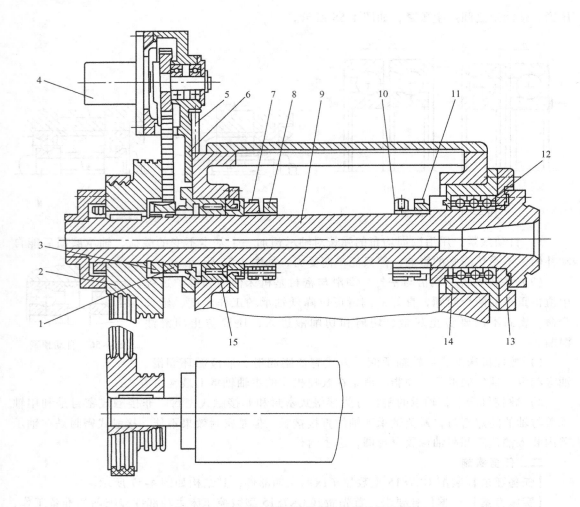

图 4-57   CK7815 型数控车床主轴部件结构图

1—同步带轮   2—带轮   3、7、8、10、11—螺母   4—主轴脉冲发生器   5—螺钉   6—支架   9—主轴
12—角接触球轴承   13—前端盖   14—前支承套   15—圆柱滚子轴承

3. 清洗各零件

对各零件、部件用汽油或柴油进行清洗，用棉布擦拭干净，将主轴、轴承吊挂在立架上，其他零件放置在橡胶板上。

操作二   装配与调整

1）将三个角接触球轴承 12 装入前支承套 14。前面两个大口向外，朝向主轴前端，后一个大口向里，与前面两个方向相反。

2）将前端盖 13 装在主轴 9 上，将角接触球轴承组件装在主轴 9 上。

3）紧靠前支承套 14 在主轴上装上前油封，拧上螺母 11、10。

4）拧上螺母 8、7，螺母 8 和 10 的间距由主箱轴长度确定。

5）紧靠螺母 7 装上油封、轴向定位盘，装上圆柱滚子轴承 15。

6）由主轴箱前端向后依次装入主轴部件。

7）将前端盖 13 与前支承套 14 用螺钉拧紧。拧紧螺母 11，螺母 11 的预紧量应适当，预紧后一定要注意用螺母 10 锁紧，防止回松。

8）装入主轴后支承处轴向定位盘螺钉，拧紧螺母 7，螺母 7 的预紧量应适当，预紧后一定要注意用螺母 8 锁紧，防止回松。

9）装配主轴箱盖。

10）装入后端油封件、键、同步带轮 1 和后端螺母 3。

11）对着同步带轮 1，装上支架 6、主轴脉冲发生器 4（含支架、同步带），在支架上拧上螺钉 5。为保证主轴脉冲发生器与主轴转动的同步精度，同步带的张紧力应合理。调整时先略略松开支架 6 上的螺钉，然后调整螺钉 5，使之张紧同步带。同步带张紧后，再旋紧支架 6 上的紧固螺钉。

12）在主轴后端安装键和带轮 2，在带轮 2 上装上电动机传动带。

13）装上主轴后端液压缸、液压卡盘等部件，装上主轴前端的液压卡盘（图中未画出）。装配时应充分清洗卡盘内锥面和主轴前端处的短锥面，保证卡盘与主轴短锥面的良好接触。卡盘与主轴的连接螺钉拧紧时应对角均匀施力，以保证卡盘的工作定心精度。

14）装配液压卡盘油路，加入润滑油。

提示

应当注意：数控机床主轴在做好油气润滑和喷注润滑维护的同时，还要做好轴承盖与轴的间隙密封处的防泄漏工作。

三、小结

在本任务中，要了解数控机床主传动系统的概念、对主传动系统的要求和变速方式，掌握数控机床主传动系统的主轴部件结构、主轴支承方式，能熟练装配与调整数控车床的主轴部件。

【思考题】

1）什么是主传动系统？它主要有哪些装置？

2）对主传动系统有哪些基本要求？

3）数控机床主传动变速方式有哪些？

4）什么是无级变速？什么是分段无级变速？

5）数控机床主轴部件包含哪些零件？主轴部件应满足哪几个方面的要求？

6）数控机床主传动系统中最主要的零件是哪个？认识其端部的结构形式。

7）数控机床常用主轴轴承有哪些？其常见配置形式有哪三种？各适用于什么场合？

8）数控机床上常见主轴轴承的预紧方式有哪些？

9）数控机床主轴轴承的润滑方式有哪些？密封方式有哪些？

10）如何装配 CK7815 型数控车床的主轴部件？

任务4 典型数控机床进给系统装置的装配与调整

数控机床的进给传动系统是伺服系统的重要组成部分，它将伺服电动机的旋转运动或直线伺服电动机的直线运动通过机械传动结构转化为执行部件的直线运动或回转运动。

◎ 了解数控机床进给系统的作用、进给系统机械传动装置的要求。

◎ 掌握数控机床进给传动系统的分类、进给运动的传动部件。

◎ 掌握数控车床滚珠丝杠螺母机构的装配与调整。

一、基础知识

数控机床的进给系统一般由驱动控制单元、驱动元件、机械传动部件、执行元件和检测反馈环节等组成。

1. 数控机床进给传动系统的作用

它根据数控系统传来的指令信息，进行放大来控制执行部件的运动。它不仅控制进给运动的速度，同时精确控制刀具相对于工件的移动位置和轨迹。

2. 数控机床进给系统机械传动装置的要求

为确保数控机床进给系统的传动精度和工作平稳性等，因此要求进给系统的机械传动装置必须有高的传动精度与定位精度、宽的进给调速范围、响应速度要快、减少摩擦阻力和运动惯量、无间隙传动、稳定性好、寿命长，以及使用维护方便。

3. 数控机床进给传动系统的分类

数控机床进给传动系统按驱动方式分为步进驱动系统、直流伺服驱动系统、交流伺服驱动系统三类；按控制方式分为闭环控制、半闭环控制和开环控制进给系统三种。

（1）步进伺服电动机伺服进给系统　它一般用于经济型数控机床。

（2）直流伺服电机伺服进给系统　其功率稳定，但因采用电刷，其磨损导致在使用中需进行更换，一般用于中档数控机床。

（3）交流伺服电动机伺服进给系统　其应用极为普遍，主要用于中高档数控机床。

（4）直线电动机伺服进给系统　无中间传动链，精度高，进给速度快，无长度限制；但散热差，防护要求特别高，主要用于高速机床。

（5）开环控制　开环控制数控机床不带测量反馈装置，数控装置发出的指令信号单方向传递，指令发出后不再反馈回来。其精度不高，精度主要取决于伺服驱动系统的性能，如图 4-58 所示。

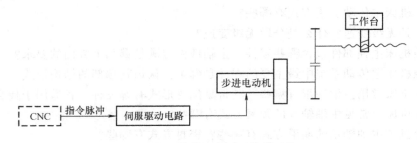

图 4-58　数控机床开环控制系统

（6）半闭环控制　半闭环控制数控机床从伺服电动机或丝杠的端部引出，通过检测电动机和丝杠的旋转角度来间接测工作台的实际位置或位移，如图 4-59 所示。

（7）闭环控制　闭环控制数控机床的采样点从机床的运动部件上直接引出，通过采样

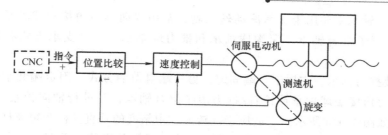

图 4-59 数控机床半闭环控制系统

工作台运动部件的实际位置，即对实际位置进行检测，可以消除整个传动环节的误差和间隙，因而具有很高的位置控制精度，如图 4-60 所示。

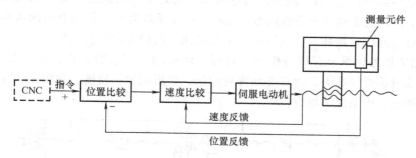

图 4-60 数控机床闭环控制系统

4. 数控机床进给运动传动部件

数控机床进给运动传动部件主要有滚珠丝杠螺母副、轴承、滑块联轴器、消除间隙的齿轮传动结构、导轨滑块副、伺服电动机和润滑系统。

（1）滚珠丝杠螺母副　它在丝杠和螺母上加工有弧形螺旋槽，当它们套装在一起时形成螺旋滚道，并在滚道内装满滚珠，如图 4-61 所示。

当丝杠相对于螺母旋转时，两者发生轴向位移，而滚珠则沿着滚道流动。其作用是将回转运动转换为直线运动。其特点是传动效率高，摩擦力小，寿命长，

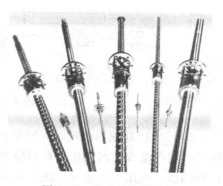

图 4-61 滚珠丝杠螺母副

经预紧后可消除轴向间隙，无反向空行程，成本高，不能自锁，尺寸不能太大。它主要用于各类中小型数控机床的直线进给。其结构形式有外循环和内循环两种，如图 4-62 所示。

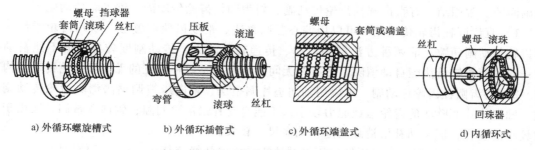

a) 外循环螺旋槽式　　b) 外循环插管式　　c) 外循环端盖式　　d) 内循环式

图 4-62 滚珠丝杠的结构形式

（2）轴承 轴承主要用于支承滚动丝杠副，常用双向推力角接触球轴承、圆锥滚子轴承、滚针/推力滚子组合轴承、深沟球轴承和推力球轴承等。其支承方式有四种形式，如图 4-63 所示。

1）一端装推力轴承。它属于一端固定，另一端自由的方式。固定端装承受双向载荷与径向载荷的推力角接触球轴承或滚针/推力滚子组合轴承，并进行轴向预紧，承载能力小，轴向刚度低，如图 4-63a 所示。它适应于低转速、中精度的垂直丝杠和短丝杠。

2）两端装推力轴承。它属于两端固定的方式。两端都安装承受双向载荷与径向载荷的推力角接触球轴承或滚针/推力滚子轴承，并进行预紧，提高丝杠的支承刚度，可以部分补偿丝杠的热变形，如图 4-63b 所示。它适用于高转速、高精度的长丝杠。

3）一端装推力轴承，另一端装深沟球轴承。它属于一端固定，另一端支承的方式，如图 4-63c 所示。固定端同时承受轴向力和径向力；支承端装承受径向力的深沟球轴承，丝杠热变形可以自由地向一端伸长。它适用于中等转速、高精度的较长丝杠。

4）两端装推力轴承及深沟球轴承。它属于两端均为支承的方式，这种支承方式简单，但由于支承端只承受径向力，丝杠热变形后伸长，将影响加工精度，如图 4-63d 所示。它只适用于中等转速、中精度的场合。

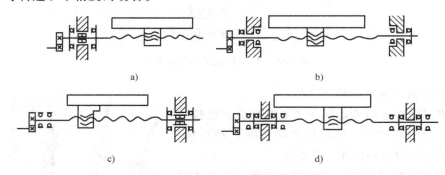

图 4-63 滚珠丝杠的轴承支承形式

（3）滑块联轴器 滑块联轴器由两个在端面上开有凹槽的半联轴器和一个两面带有凸牙的中间盘组成。因凸牙可在凹槽中滑动，因此可补偿安装及运转时两轴间的相对位移。这种联轴器一般用于转速 $n < 250\text{r/min}$，轴的刚度较大，且无剧烈冲击的场合。

（4）消除间隙的齿轮传动结构 在数控设备的进给驱动系统中，考虑惯量、转矩或脉冲当量的要求，有时要在电动机到丝杠之间加入齿轮传动副，齿轮传动副存在间隙，会使进给运动反向滞后于指令信号，造成反向死区，影响传动精度和系统稳定性，所以必须消除齿轮副间隙。常用结构有直齿圆柱齿轮传动副、斜齿圆柱齿轮传动副、锥齿轮传动副等。

1）直齿圆柱齿轮传动副。可以用偏心套调整法、锥度齿轮调整法、双片齿轮错齿法消除齿轮传动副间隙。前两种方法结构简单、传递转矩较大、传动刚度较好，但不能自动补偿；双片齿轮错齿法能自动消除，可始终无间隙啮合，是一种常见的无间隙齿轮传动结构。

2）斜齿圆柱齿轮传动副。可以用轴向垫片调整法、轴向压簧调整法消除齿轮传动副间隙。轴向垫片调整法的齿轮承载能力较小，不能自动补偿消除间隙；轴向压簧调整法用于负载较小的场合，能自动补偿消除间隙，轴向尺寸较大。

3）锥齿轮传动副。可以用轴向压簧调整法、周向弹簧调整法来消除齿侧间隙。

（5）导轨滑块副 导轨主要用来支承和引导运动部件沿一定的轨道运动，从而保证各部件的相对位置和相对位置精度。导轨在很大程度上决定了数控机床的刚度、精度和精度保持性，所以数控机床要求导轨的导向精度要高、耐磨性要好、刚度要大和良好的摩擦特性。导轨副按接触面的摩擦性质可以分为滑动导轨、静压导轨和滚动导轨。

1）滑动导轨分为金属对金属的一般类型导轨和金属对塑料的塑料导轨两类。金属对金属形式的导轨，静摩擦因数大，动摩擦因数随速度变化而变化，在低速时易产生爬行现象。塑料导轨有聚四氟乙烯导轨软带和环氧性耐磨导轨涂层两种。塑料导轨的缺点是耐热性差，热导率低，热膨胀系数比金属大，在外力作用下易产生变形，刚性差，吸湿性大，影响尺寸稳定性。

2）液体静压导轨指压力油通过节流器进入两相对运动的导轨面，所形成的油膜使两导轨面分开，保证导轨面在液体摩擦状态下工作。它有很强的吸振性，导轨运动平稳，无爬行现象。它应用在高精度、高效率的大型、重型数控机床上。液体静压导轨的结构形式可分为开式和闭式两种。

3）滚动导轨是在导轨面间放置滚珠、滚柱、滚针等滚动体，使导轨面间的摩擦为滚动摩擦，滚动导轨具有运动灵敏度高、定位精度高、精度保持性好和维修方便的优点。滚动导轨副多用于中、小型数控机床中。滚动导轨副按形状可分为滚动直线导轨副、滚动圆弧导轨副。滚动直线导轨副按导轨与滑块的关系分为整体型导轨副和分离型导轨副。

二、任务实施

【任务要求】 装配滚珠丝杠副，如图4-64所示。

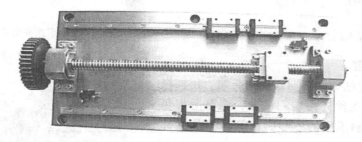

图4-64 数控机床滚珠丝杠副实物图

【实施方案】 根据任务要求，首先做好滚珠丝杠装配前的准备工作，然后进行装配，最后将滚珠丝杠副调整至技术要求规定。

【操作步骤】

操作一 装配前的准备工作

1）仔细阅读装配工艺文件，准备装配工具、量具。

2）清理各零件毛刺。

3）用柴油清洗轴承座、丝杠螺母座、电动机座等零件；用汽油或柴油清洗滚动轴承；其他零件清洗干净。

4）将清洗后的零件用棉布擦干。

5）将清洗后的滚珠丝杠副、轴承等吊挂在立架上，将清洗后的其他零件放置在橡胶板上。

操作二 装配

1）将丝杠螺母支座固定在丝杠的螺母上。

2）用轴承安装套筒将两个角接触轴承和深沟球轴承安装在丝杠上。两角接触轴承之间加内、外轴承隔圈。装两接触轴承之前，应先把轴承座透盖装在丝杠上。

3）轴承安装完成，如图4-65所示。

4）用游标卡尺测量两轴承座的中心高、直线导轨。等高块的高度并进行记录，计算差值，如图4-66所示。

图4-65 滚珠丝杠副轴承安装完成后状态

5）将轴承座安装在丝杠上，如图4-67所示。

6）根据直线导轨安装作业标准安装好所需的直线导轨。

7）用相应的内六角螺钉，并加与前面测量两轴承座中心高之差相等厚度的调整垫片，将轴承座预紧在底板上，如图4-64所示。

图4-66 用游标卡尺测量两轴承座的中心高

图4-67 轴承座安装在丝杠上

操作三 调整

1）分别将丝杠螺母移动到丝杠两端，用杠杆百分表测量螺母在丝杠两端的高度，调整所加垫片的厚度，使两轴承座的中心高相等，如图4-68所示。

2）用游标卡尺分别测量丝杠与两根导轨之间的距离，调整轴承座的位置，使丝杠位于两导轨的中间位置，如图4-69所示。

图4-68 用杠杆百分表测量螺母在丝杠两端的高度

3）分别将丝杠螺母移动到丝杠两端，杠杆百分表吸附在导轨滑块上，用杠杆百分表打在丝杠螺母上测量丝杠与导轨是否平行，用橡胶锤调整轴承座，使丝杠与导轨平行，平行度达到技术要求，如图4-70所示。

提示

1）轴承内应涂润滑脂为滚道的1/3。

2）轴承两端应做好防尘工作。

图 4-69　用游标卡尺分别测量丝杠与
两根导轨之间的距离

图 4-70　用杠杆百分表测量丝杠与
导轨平行是否平行

三、拓展训练

【任务要求】　如图 4-71 所示，在滚珠丝杠副上安装中滑板丝杠副，达到技术要求。

【实施方案】　根据任务要求，首先做好中滑板滚珠丝杠副装配前的准备工作，然后进行中滑板滚珠丝杠副的装配，最后将中滑板滚珠丝杠副调整至技术要求规定。

【操作步骤】

操作一　装配前的准备工作

1）仔细阅读装配工艺文件，准备装配工具、量具。

2）清理各零件毛刺。

3）用柴油清洗轴承座、丝杠螺母座、电动机座等零件；用汽油或柴油清洗滚动轴承；其他零件清洗干净。

4）将清洗后的零件用棉布擦干。

5）将清洗后的滚珠丝杠副、轴承等吊挂在立架上，将清洗后的其他零件放置在橡胶板上。

图 4-71　装配中滑板丝杠副

操作二　中滑板滚珠丝杠副的装配

1）根据滚珠丝杠副安装作业标准安装好滚珠丝杠副。

2）将中滑板丝杠螺母支座固定在丝杠的螺母上。

3）用轴承安装套筒将两个角接触轴承和深沟球轴承安装在丝杠上。两角接触轴承之间加内、外轴承隔圈。装两接触轴承之前，应先把轴承座透盖装在中滑板丝杠上。

4）轴承安装完成。

5）用游标卡尺测量两中滑板轴承座的中心高、直线导轨、等高块的高度并进行记录，计算差值。

6）将轴承座安装在丝杠上。

7）将等高块分别放在导轨滑块上，将中滑板放在等高块上调整滑块的位置，用螺钉将等高块、中滑板固定在导轨滑块上。用塞尺测量丝杠螺母支座与中滑板之间的间隙。然后将螺钉旋松，在丝杠螺母支座与中滑板之间加入与测量间隙厚度相等的调整垫片。

8）将中滑板上的螺钉旋紧，用大磁性百分表座固定直角尺，使直角尺的一边与中滑板侧面的导轨侧面紧贴在一起。将杠杆百分表吸附在地板上的合适位置，百分表测头打在直角尺的另一边上，同时将手轮装在丝杠上面。转动手轮使中滑板左右移动。用橡胶锤轻轻调整中滑板，使中滑板移动时百分表示值不再发生变化，说明上下两层导轨已达到相互垂直要求。

9）根据直线导轨安装作业标准安装好中滑板直线导轨。

10）用相应的内六角螺钉，并加与前面测量两轴承座中心高之差相等厚度的调整垫片，将轴承座预紧在中滑板上。

操作三　调整

1）分别将中滑板丝杠螺母移动到丝杠两端，用杠杆百分表测量螺母在丝杠两端的高度，调整所加垫片的厚度，使两轴承座的中心高相等。

2）用游标卡尺分别测量中滑板丝杠与两根导轨之间的距离，调整轴承座的位置，使丝杠位于两导轨的中间位置。

3）分别将中滑板丝杠螺母移动到丝杠两端，杠杆百分表吸附在导轨滑块上，用杠杆百分表打在丝杠螺母上测量丝杠与导轨是否平行，用橡胶锤调整轴承座，使丝杠与导轨平行。

四、小结

在本任务中，要理解数控机床进给系统的作用、进给系统机械传动装置的要求，掌握数控机床进给传动系统的分类、进给运动传动部件，熟练运用基本知识完成数控车床滚珠丝杠螺母副的装配与调整。

【思考题】

1）数控机床进给传动系统的作用是什么？一般由哪几部分装置组成？

2）对数控机床进给系统机械传动装置的要求有哪些？

3）数控机床进给传动系统如何分类？各应用于哪些场合？

4）数控机床进给运动传动部件由哪些零部件组成？

5）什么是滚珠丝杠螺母副？其特点是什么？其结构有哪两种？

6）滚珠丝杠的轴承支承有哪四种形式？各适用于哪些场合？

7）消除间隙的齿轮传动结构有哪些？

8）数控机床导轨滑块副按接触面的摩擦性质可以分为哪三种？

9）如何装配滚珠丝杠副？

任务5　典型数控机床自动换刀装置的装配与调整

数控机床自动换刀装置应能满足换刀时间短、刀具重复定位精度高、刀具储存量足够、刀库占地面积小以及安全可靠等基本要求。

 技能目标

◎了解自动换刀装置的基本形式。

◎熟悉典型数控机床刀库结构、刀具选择方法。

◎掌握数控车床四方刀架结构、动作原理和分析常见故障。

一、基础知识

1. 自动换刀装置的形式

各类数控机床的自动换刀装置的结构取决于机床的形式、工艺范围及其刀具的种类和数量，其基本形式有以下几种：

（1）回转刀架换刀　回转刀架是数控车床上常见的、最简单的自动换刀装置，一般设计成四方刀架、六角刀架或圆盘式轴向装刀刀架等形式，刀架上分别安装四把、六把或更多的刀具，并按数控装置的指令换刀。

回转刀架在结构上具有良好的强度和刚度，以承受粗加工时的切削抗力。在数控车床上，加工过程中刀具位置是不进行人工调整的，车削加工精度取决于刀尖位置，所以应选择可靠的定位方案和合理的定位结构，以保证回转刀架在每次转位之后，具有尽可能高的重复定位精度，一般精度要求为 0.001～0.005mm。

回转刀架的换刀动作包括刀架抬起、刀架转位及刀架压紧等。

（2）更换主轴头换刀　更换主轴头换刀是数控机床上带有旋转刀具的一种比较简单的换刀方式。这种主轴头实际上就是一个转塔刀库，如图 4-72 所示。

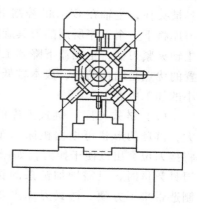

图 4-72　更换主轴头换刀

主轴头有卧式和立式两种，通过转塔的转位来更换主轴头，实现自动换刀。在转塔的各个主轴上，预先安装有各工序所需要的旋转刀具，当机床发出换刀指令时，各主轴头依次转到加工位置，并接通主运动，使相应的主轴带动刀具旋转。其他不是加工位置上的主轴与主运动脱开。

更换主轴头换刀装置没有自动松刀、夹刀、卸刀、装刀以及刀具搬运等一系列的复杂操作，缩短了换刀时间，提高了换刀的可靠性；更换主轴头换刀装置受空间位置的限制，主轴部件结构尺寸不能太大，会降低主轴系统的刚性，必须限制主轴的数目。因此，转塔主轴头通常只适用于精度要求不太高、工序较少的机床，例如数控钻床、数控铣床等。

（3）带刀库的自动换刀系统　带刀库的自动换刀系统由刀库、选刀机构、刀具交换机构及刀具在主轴上的自动装卸机构四部分组成，换刀过程较为复杂，但应用最广泛。

换刀过程是先把加工过程中使用的全部刀具分别安装在标准刀柄上，在机床外进行尺寸预调整后，按一定的方式放入刀库；换刀时，先在刀库中选刀，再由换刀机构从刀库或主轴上取出刀具进行交换，将新刀装入主轴，旧刀放回刀库；刀库具有较大的容量，安装在主轴箱的侧面或上方。

带刀库的自动换刀系统需要增加刀具的自动夹紧、放松机构、刀库运动及定位机构，有清洁刀柄及刀孔、刀座的装置，结构较复杂。其换刀过程动作多、换刀时间长。刀库内刀具数量较多，能够进行复杂零件的多工序加工，大大提高了机床的适应性和加工效率。带刀库的自动换刀系统适用于数控钻削中心和加工中心。

2. 刀库

刀库是自动换刀装置中最主要的部件之一，是用来储存加工刀具及辅助工具的地方。根据刀库的容量和取刀的方式，典型数控机床的刀库有盘式刀库、链式刀库等多种形式。

（1）盘式刀库　如图 4-73 所示，刀具的方向与主轴同

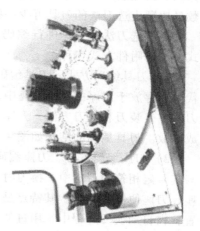

图 4-73　盘式刀库

向，换刀时主轴箱上升到一定的位置，使主轴上的刀具正好对准刀库最下面的那个位置，刀具被夹住，主轴在 CNC 的控制下松开刀柄，盘式刀库向前运动，拔出主轴上的刀具，然后刀库将下一个工序所用的刀具旋转至与主轴对准的位置，刀库后退将新刀具插入主轴孔中，主轴夹紧刀柄，主轴箱下降到工作位置，完成了换刀任务，进行下道工序的加工。此换刀装置的优点是结构简单，成本较低，换刀可靠性较好；缺点是换刀时间长，适用于刀库容量较小的加工中心。

（2）链式刀库　链式刀库的结构紧凑，刀库容量较大，链环的形状可根据机床的布局制成各种形状，也可将换刀位突出以便于换刀，如图 4-74 所示。当需要增加刀具数量时，只需增加链条的长度即可，给刀库设计与制造带来了方便。链式刀库主要用于刀库容量需要较大的加工中心。

3. 刀具的选择方式

自动换刀装置中常用的选刀方法有顺序选刀法和任意选刀法两种。

（1）顺序选刀法　在零件加工之前，将刀具按加工工序的顺序，依次放入刀库的每一个刀座内。每次换刀时，刀库按顺序转动一个刀座的位置，并取出所需要的刀具。加工不同的工件时必须重新调整刀库中的刀具顺

图 4-74　链式刀库

序。其优点是刀库的驱动和控制都比较简单。它适合加工批量较大、工件品种数量较少的中、小型数控机床的自动换刀。

（2）任意选刀法　任意选刀法是根据程序指令的要求来选择所需要的刀具，这种自动换刀系统中带有刀具识别装置。刀具任意存放在刀库中，每把刀具（或刀座）都编上代码，自动换刀时，刀库旋转，每把刀具（或刀座）都经过刀具识别装置接受识别。当某把刀具的代码与数控指令的代码相符时，该刀具就被选中，并将刀具送到换刀位置，等待机械手来抓取。其优点是刀库中刀具的排列顺序与工件加工顺序无关，相同的刀具可重复使用，刀具数量比顺序选刀法的刀具可少一些，刀库也相应地小一些。

任意选刀法对刀具进行编码，以便识别。编码方式主要有刀具编码方式、刀座编码方式、编码附件方式三种。

1）刀具编码方式。刀具编码方式采用特殊的刀柄结构进行编码。每把刀具都有自己的代码，存放于刀库的任一刀座中，刀具在不同的工序中可重复使用，用过的刀具不用放回原刀座中，装刀和选刀方便，刀库容量相应减少，避免由于刀具存放在刀库中的顺序差错而造成事故。刀具编码的结构如图 4-75 所示。

2）刀座编码方式。刀座编码方式是对刀库中的每个刀座、刀具均编码，并将刀具放到与其号码相符的刀座中。换刀时，刀库旋转使各个刀座依次经过识刀器，直至找到规定的刀座，刀座便停止旋转。其特点是刀具识别装置的结构不受刀柄尺寸的限制，放在较适当的位置；在自动换刀过程中，用过的刀具应放回原来的刀座中，增加了换刀动作；刀具在加工过程中可以重复使用。刀座编码的结构如图 4-76 所示。

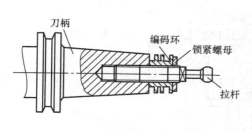

图 4-75 刀具编码的结构

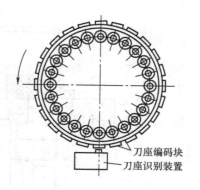

图 4-76 刀座编码的结构

3）编码附件方式。编码附件方式分为编码钥匙、编码卡片、编码杆和编码盘等，其中编码钥匙应用最多，如图 4-77 所示。这种方式是先给各刀具都缚上一把表示该刀具号的编码钥匙，当把各刀具存放到刀库中时，将编码钥匙插进刀座旁边的钥匙孔中，这样就把钥匙的号码转记到刀座中，给刀座编上了号码。识别装置可以通过识别钥匙上的号码来选取该钥匙旁边刀座中的刀具。采用该方式时用过的刀具必须放回原来的刀座中。

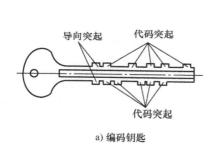

a) 编码钥匙

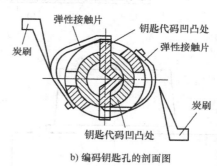

b) 编码钥匙孔的剖面图

图 4-77 编码附件方式

二、任务实施

【任务要求】 数控车床方刀架有四个刀位，能装夹四把不同功能的刀具。方刀架回转时，刀具交换一个刀位，方刀架的回转和刀位号的选择是由加工程序指令控制的。换刀时方刀架的动作顺序是：刀架抬起、刀架转位、刀架定位和夹紧刀架。为完成上述动作要求，要有相应的机构来实现，现根据方刀架图说明其具体结构、拆装过程及常见故障。

【实施方案】 根据任务要求，首先分析数控车床方刀架图，弄清刀架由多少部件、组件或零件组成，每一部分的连接关系如何；其次分析数控车床方刀架的拆卸、安装及调试过程；最后分析其常见故障及排除方法。

【操作步骤】

操作一 分析数控车床方刀架图

数控车床方刀架结构图如图 4-78 所示，该刀架图共有 28 种主要零件组成。图中有键连接、蜗杆传动、蜗轮丝杠内孔与刀架中心轴配合、定位销固定、螺栓连接等。

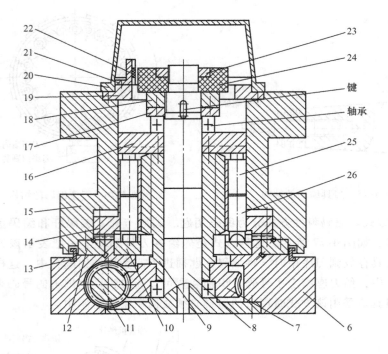

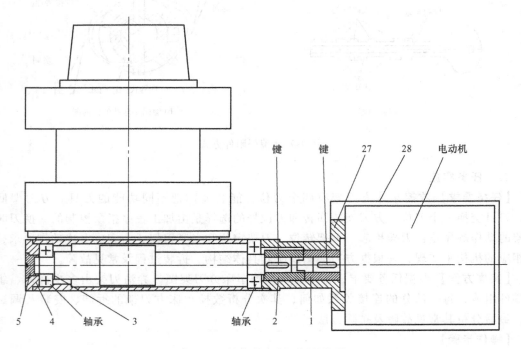

图 4-78　数控车床方刀架结构图

1—右半联轴器　2—左半联轴器　3—调整垫　4—轴承盖　5—闷头　6—下刀体　7—蜗轮　8—定轴
9—螺杆　10—反靠盘　11—蜗杆　12—外齿圈　13—防护圈　14—夹紧轮　15—上刀体
16—离合器　17—止退圈　18—大螺母　19—罩座　20—铝盖　21—发信支座　22—磁铁
23—小螺母　24—发信盘　25—离合销　26—反靠销　27—连接座　28—电动机罩

操作二 分析数控车床方刀架的拆卸、安装及调试过程

1. *刀架拆装顺序*（参见刀架内部结构图）

1）用一字槽螺钉旋具拧下闷头 5，看到带内六角孔的蜗杆 11 头部，用 6mm 内六角扳手逆时针方向旋转蜗杆 11 不少于 10 圈，使刀架处于松开状态。

2）用螺钉旋具拆下铝盖 20，用 4mm 内六角扳手拆下罩座 19，再用螺钉旋具拆下发信盘上的信号线（白、蓝、黄、橙分别为 1 号、2 号、3 号、4 号刀位线）及 24V 电源线（红线 24V、黄线 0V），然后把小螺母 23 松开并取出，取下发信盘 24。

3）用十字槽螺钉旋具取出大螺母 18 与止退圈 17 之间的固定螺钉，退出大螺母 18，取出止退圈 17 及键、轴承、离合器 16、两只离合销 25。

4）夹住反靠销 26 逆时针方向旋转上刀体 15 并取出，取出两只反靠销 26 及弹簧，取出蜗轮 7 和螺杆 9 组件。

5）用 5mm 内六角扳手拆下电动机罩 28、电动机、连接座 27，用螺钉旋具拆下轴承盖 4，然后用工具从有内六角孔的一端向电动机端敲出蜗杆 11，取出调整垫 3，反方向敲出另一端的轴承。

6）从刀架底面拆下定轴 8，抽出电线。

2. *刀架的安装及调试*

1）在中滑板上钻好相应螺钉孔，然后把刀架置于中滑板上，拧下刀架下刀体轴承盖闷头，用内六角扳手顺时针方向转动蜗杆，使上刀体旋转 45°，即可露出刀架安装孔，用螺钉将刀架固定，并调整刀尖与车床主轴中心一致。

2）首次通电时，如发现电动机堵转，有闷声，应立即关闭电源，调换三相线相序。

① 选择刀架时应确认各种参数、安装尺寸，并根据零件加工的程序和复杂程度选择工位数。

② 更换离合销及反靠销时，必须修磨到与换下来的销长度相等。

③ 磁铁不要取下，因为霍尔元件对磁铁的感应有极性关系，反过一面则无感应，刀架转不停，产生发信盘烧坏的误判断。

④ 第一次通电时注意，当通电 3s 后刀架不转动，应立即关闭电源，调换三相线相序后再试。

⑤ 使用后要定期加注润滑油，加油时把铝盖拆下，然后在发信盘和罩座的空隙处加油，每次 30mL，每周一次。

⑥ 刀具伸出上刀体不能太长，一般不大于上刀体单边尺寸的 1/2。

操作三 刀架常见故障及排除方法

刀架常见故障现象有刀架不转、刀架转不停、刀架换刀不到位或过冲太大、刀架不能正常夹紧等。

（1）刀架不转 主要原因有三相线相序不对或缺相；电动机烧坏、跳闸、机械卡死。排除方法有调整电动机相位；测量电动机三相电阻不平衡或更换电动机；检查线路；机械故障通知本厂检修。

（2）刀架转不停 主要原因有发信盘霍尔元件烧坏；信号方式不符；磁铁极性不对。排除方法有调换发信盘；检查系统的信号方式使其相符。

（3）刀架换刀不到位或过冲太大 主要原因是磁铁位置在圆周方向相对霍尔元件太前

或太后。排除方法为调整磁铁与霍尔元件的相对位置。

三、小结

在本任务中，要认识数控机床自动换刀装置的形式，熟悉典型数控机床的刀库结构、刀具选择方法，掌握数控车床方刀架的结构、动作原理，会分析刀架常见故障及排除方法。

【思考题】

1）自动换刀装置的基本形式有哪几种？

2）根据刀库的容量和取刀的方式，典型数控机床刀库有哪几种形式？

3）盘式刀库的工作原理是什么？其特点如何？

4）链式刀库的特点如何？

5）自动换刀装置中常用的选刀方法有哪两种？

6）什么是顺序选刀法？其特点是什么？它适用于什么场合？

7）什么是任意选刀法？任意选刀法对刀具进行编码方式主要有哪三种？

8）根据数控车床方刀架图说明其具体结构、拆装过程及常见故障。

任务6 典型数控机床的精度检测与验收

数控机床在到达用户工作场地后，不能直接使用，否则达不到零件加工要求，所以需要对机床进行安装、精度检测和验收。

 技能目标

◎了解数控机床安装的三个阶段和步骤。

◎掌握数控机床验收的要求和内容。

◎熟练掌握数控车床几何精度的测量。

一、基础知识

1. 数控机床的安装

数控机床的安装经过机床主体初就位和组装、数控系统的连接和调试、通电试机三个环节。

（1）机床主体初就位和组装　在机床到达场地之前应按机床制造商提供的机床基础图做好机床基础，在安装地脚螺栓的部位做好预留孔。当机床运到场地后，按说明书中的介绍把组成机床的各大部件分别在地基上就位。就位时，垫铁、调整垫块和地脚螺栓等相应对号入座，然后把机床各部件组装成整机部件，组装完成后就进行电缆、油管和气管的连接。机床说明书中有电气接线图和气压、液压管路图，应据此把有关电缆和管道按标记一一对号接好。

此环节的注意事项如下：

1）机床拆箱后首先找到随机的文件资料，找出机床装箱单，按照装箱单清点各包装箱内零部件、电缆、资料等是否齐全。

2）机床各部件组装前，首先去除安装连接面、导轨和各运动面上的防锈涂料，做好各部件外表清洁工作。

3）连接时特别要注意清洁工作和可靠的接触及密封，并检查有无松动和损坏。电缆插上后一定要拧紧紧固螺钉，保证接触可靠。油管、气管连接中要特别防止异物从接口中进入管路，造成整个液压系统故障，管路连接时每个接头都要拧紧。电缆和油管连接完毕后，要做好各管线的就位固定、防护罩壳的安装，保证整洁的外观。

（2）数控系统的连接和调试　数控系统的连接按以下步骤进行：

1）数控系统的开箱检查。无论是单个购入的数控系统还是与机床配套整机购入的数控系统，到货开箱后都应进行仔细检查。检查包括系统本体和与之配套的进给速度控制单元和伺服电动机、主轴控制单元和主轴电动机。

2）外部电缆的连接。外部电缆连接是指数控装置与外部 MDI/CRT 单元、强电柜、机床操作面板、进给伺服电动机动力线与反馈线、主轴电动机动力线与反馈信号线的连接及与手摇脉冲发生器等的连接。应使这些符合随机提供的连接手册的规定。最后还应进行地线连接。

3）数控系统电源线的连接。应在切断数控柜电源开关的情况下，连接数控柜电源变压器原边的输入电缆。

4）设定的确认。数控系统内的印制电路板上有许多用跨接线短路的设定点，需要对其适当设定，以适应各种型号机床的不同要求。

5）输入电源电压、频率及相序的确认。各种数控系统内部都有直流稳压电源，为系统提供所需的 $\pm 5V$、$+24V$ 等直流电压。因此，在系统通电前，应检查这些电源的负载是否有对地短路现象。可用万用表来确认。

6）确认直流电源单元的电压输出端是否对地短路。

7）接通数控柜电源，检查各输出电压。在接通电源之前，为了确保安全，可先将电动机动力线断开。接通电源之后，首先检查数控柜中各个风扇是否旋转，就可确认电源是否已接通。

8）确认数控系统各参数的设定。

9）确认数控系统与机床侧的接口。

完成上述步骤后，数控系统已经安装调整完毕，具备了与机床联机通电试车的条件。此时，可切断数控系统的电源，连接电动机的动力线，恢复报警设定。

（3）通电试机　通电前按机床说明书要求给机床润滑、润滑点灌注规定的润滑油和润滑脂，清洗液压油箱及过滤器，注入规定标号的液压油。液压油事先要经过过滤。接通外界输入的气源。机床通电操作可以是一次各部分全面供电，或各部件分别供电，然后再做总供电试验。分别供电比较安全，时间较长。通电后操作步骤如下：

1）观察有无报警故障，然后用手动方式陆续起动各部件。检查安全装置是否起作用，能否正常工作，能否达到额定的工作指标。总之，根据机床说明书资料粗略检查机床主要部件，功能是否正常、齐全，使机床各环节都能操作运动起来。

2）调整机床的床身水平，粗调机床的主要几何精度，再调整重新组装的主要运动部件与主机的相对位置，用快干水泥灌注主机和各附件的地脚螺栓，把各个预留孔灌平，等水泥完全干固。

3）在数控系统与机床联机通电试车时，应在接通电源的同时，做好按压急停按钮的预备工作，以备随时切断电源。

4）在检查机床各轴的运转情况时，应用手动连续进给移动各轴，通过 CRT（阴极射线管）或 DPL（数字显示器）的显示值检查机床部件移动方向是否正确。然后检查各轴移动距离是否与移动指令相符。如不符，应检查有关指令、反馈参数，以及位置控制环增益等参数设定是否正确。

5）用手动进给以低速移动各轴，并使它们碰到超程开关，用以检查超程限位是否有效，数控系统是否在超程时发出报警。

6）进行一次返回基准点动作。机床的基准点是以机床进行加工的程序基准位置，因此，必须检查有无基准点功能及每次返回基准点的位置是否完全一致。

7）机床试运行。编制考机程序，使机床每天运行 8h，连续运行 2～3 天，或连续 24h 运行 1～2 天，期间除操作失误引起的故障外，不允许机床有其他故障出现。

2. 数控机床的精度检测

（1）精度检测用量具、工具　主要有铸铁方箱、直角尺、各种规格的镀铬圆柱角尺、各种规格角度燕尾角尺、平直度检测可调桥板、0～6#各种规格锥柄检验棒、高低规、千斤顶、镗铣床刀杆、百分表、精密水平仪等，如图 4-79 所示。

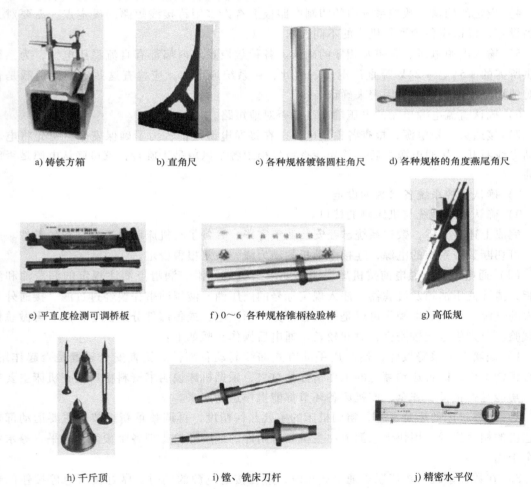

a）铸铁方箱　　　b）直角尺　　　c）各种规格镀铬圆柱角尺　　　d）各种规格的角度燕尾角尺

e）平直度检测可调桥板　　　f）0～6 各种规格锥柄检验棒　　　g）高低规

h）千斤顶　　　i）镗、铣床刀杆　　　j）精密水平仪

图 4-79　数控机床精度检测用工、量具

（2）精度检测内容　包括几何精度、定位精度、切削精度三大类。

1）几何精度。几何精度综合反映机床关键零部件经组装后的综合几何形状误差，规定了决定加工精度的各主要零、部件间以及这些零、部件的运动轨迹之间的相对位置公差；几何精度检测需在地基完全稳定、地脚螺栓处于压紧状态下和机床各坐标轴往复运动多次、主轴按中等的转速运转超过 10min 后进行。

几何精度检查内容有床身导轨的直线度、工作台面的平面度、主轴的回转精度、刀架溜板移动方向与主轴轴线的平行度等。在机床加工的工件表面形状是由刀具和工件之间的相对运动轨迹决定的，而刀具和工件是由机床的执行件直接带动的，所以机床的几何精度是保证加工精度最基本的条件。

2）定位精度。定位精度是测量机床各坐标轴在数控系统控制下所能达到的位置精度。定位精度主要检查内容有直线运动定位精度（包括 X、Y、Z、U、V、W 轴）、直线运动重复定位精度、直线运动坐标轴机械原点的返回精度、直线运动失动量的测定、回转运动定位精度（转台 A、B、C 轴）、回转运动的重复定位精度、回转轴原点的返回精度、回转运动失动量测定。

3）切削精度。数控机床切削精度检验，是在切削加工条件下，对机床几何精度和定位精度的一项综合考核，又称动态精度检验。切削精度检验可分单项加工精度检验和加工一个标准的综合性试件精度检验两种。国内多以单项加工为主。

对于加工中心，切削精度主要单项精度有镗孔精度、面铣刀铣削平面的精度（X—Y 平面）、镗孔的孔距精度和孔径分散度、直线铣削精度、斜线铣削精度、圆弧铣削精度、箱体掉头镗孔同心度（对卧式机床）、水平转台回转 90°铣四方加工精度（对卧式机床）。

3. 数控机床的验收

数控机床的验收大致分为两大类，一类是对于新型数控机床样机的验收，由国家指定的机床检测中心进行；另一类是一般的数控机床用户验收其购置的数控设备。

对于新型数控机床样机的验收，需要进行全方位的试验检测。它需要使用各种高精度仪器来对机床的机、电、液、气等各部分及整机进行综合性能及单项性能的检测，包括进行刚度和热变形等一系列机床试验，最后得出对该机床的综合评价。

对于一般的数控机床用户，其验收工作主要根据机床出厂检验合格证上规定的验收条件及实际能提供的检测手段来部分或全部测定机床合格证上的各项技术指标。合格后将作为日后维修时的技术指标依据。主要工作有机床外观检查、机床性能验收、数控功能试验、连续无载荷运转、机床精度检查。

（1）机床外观检查　在对数控机床做具体检查验收以前，应对数控柜的外观进行检查验收，包括下述几个方面：

1）外表检查。用肉眼检查数控柜中的各单元是否有破损、污染，连接电缆捆绑是否有破损、屏蔽层是否有剥落现象。

2）数控柜内部件紧固情况检查。包括螺钉紧固检查、连接器紧固检查、印制电路板的紧固检查。

3）伺服电动机的外表检查。对带有脉冲编码器的伺服电动机的外壳应做认真检查，尤其是后端。

（2）机床性能验收　以立式加工中心为例，机床性能的一些主要项目如下：

1）主轴系统性能：手动操作、手动数据输入方式（MDI）、主轴准停。

2）进给系统性能：手动操作、手动数据输入方式（MDI）、软硬限位、回原点。

3）自动换刀系统：手动和自动操作、刀具交换时间。

4）机床噪声：机床空运转时的总噪声不得超过标准（80dB）。

除了上述性能外，还有电气装置、数控装置、安全装置、润滑装置、气液装置、附属装置的性能验收。

（3）数控功能试验　主要有运动指令功能、准备指令功能、操作功能、CRT 显示功能试验等。

（4）连续无载荷运转　机床长时间连续运行（如 8h、16h 和 24h 等），是综合检查整台机床自动实现各种功能可靠性的最好办法。

（5）机床精度检查　见本任务"2. 数控机床的精度检测"。

二、任务实施

【任务要求】以卧式数控车床为例，检验其几何精度。

【实施方案】根据数控车床的结构及工作原理，首先要查看数控车床说明书内容，确定几何精度项目和要求公差，其次根据几何精度项目和要求，确定检验用工、量具，最后确定检验方法。

【操作步骤】

操作一　确定几何精度项目和公差要求

数控车床几何精度项目和公差要求有以下几项：

1. 导轨精度

导轨精度分纵向、横向两种，纵向是指导轨垂直平面内的直线度，横向是指导轨的平行度，斜导轨公差值为 0.03mm/1000mm，水平导轨公差值为 0.04mm/1000mm。

2. 溜板移动在水平面内的直线度

只适用于有尾座的数控机床，长度在 500mm 以内的公差为 0.015mm，长度在 500 ~ 1000mm 的公差为 0.02mm，最大不超过 0.03mm。

3. 尾座移动对溜板移动的平行度

在水平面或垂直平面内测量，主轴有锥孔和有尾座数控车床的水平导轨只在水平面内检验。水平面内，长度在 500mm 以内的公差为 0.015mm，长度在 500 ~ 1000mm 的公差为 0.02mm；垂直平面内，尾座高度公差为 0.04mm。

4. 主轴端部跳动

主要测量主轴的轴向窜动和轴肩跳动。主轴轴向窜动公差为 0.01mm，主轴轴肩跳动公差为 0.015mm。

5. 主轴定心轴颈的径向圆跳动

其公差值为 0.01mm。

6. 主轴定位孔的径向圆跳动

该项目只适用于主轴有定位孔的数控车床。其公差为 0.01mm。

7. 主轴锥孔轴线的径向圆跳动

该项目测两个点，即靠近主轴端面的 a 点和距 a 点 300mm 处的 b 点。在 a 点的径向圆跳动公差为 0.01mm，b 点的径向圆跳动公差为 0.02mm。

8. 主轴顶尖跳动

该项目只适用于有锥孔的数控车床。其跳动公差为 0.013mm。

9. 滑板横向移动对主轴轴线的垂直度

其公差值为 0.01mm/100mm。

10. 溜板移动对主轴轴线的平行度

在水平面或垂直平面内测量，水平面内相距 $L = 300$mm 取两点测量，平行度公差为 0.015mm；垂直平面内相距 $L = 300$mm 取两点测量，平行度公差为 0.02mm。

操作二　确定检验用工量具

针对操作一各测量项目，确定检验用工、量具需要精密水平仪、专用支架、专用桥板、专用顶尖、杠杆百分表、检验棒、平盘、平尺等。

操作三　确定检验方法

针对操作一各测量项目，检验方法如下：

1. 导轨精度

1）纵向导轨调平后，床身导轨在垂直平面内的直线度：如图 4-80 所示，水平仪沿 Z 轴方向放在溜板上，沿导轨全长等距离地在各位置上检验，记录水平仪的示值，并用作图法计算出床身导轨在垂直平面内的直线度误差。

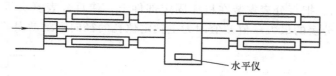

图 4-80　导轨在垂直平面内的直线度测量

2）横向导轨调平后，床身导轨的平行度：如图 4-81 所示，水平仪沿 X 轴方向放在溜板上，在导轨上移动溜板，记录水平仪读数，其示值最大值即为床身导轨的平行度误差。

2. 溜板在水平面内移动的直线度

如图 4-82 所示，将检验棒顶在主轴和尾座顶尖上；再将百分表固定在溜板上，百分表水平触及检验棒母线；全程移动溜板，调整尾座，使百分表在行程两端示值相等，检测溜板移动在水平面内的直线度误差。

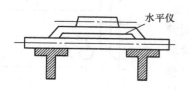 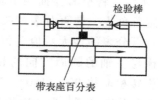

图 4-81　导轨平行度误差测量　　　　图 4-82　溜板在水平面内移动的直线度测量

3. 尾座移动对溜板移动的平行度

将尾座套筒伸出后，按正常工作状态锁紧，同时使尾座尽可能地靠近溜板，把安装在溜板上的第二个百分表相对于尾座套筒的端面调整为零；溜板移动时也要手动移动尾座直至第二个百分表的示值为零，使尾座与溜板相对距离保持不变，如图 4-83 所示。按此法使溜板和尾座全行程移动，只要第二个百分表的示值始终为零，则第一个百分表相应地指示出平行度误差。或沿行程在每隔 300mm 处记录第一个百分表示值，百分表示值的最大差值即为平行度误差。第一个指示器分别在图4-83中 a、b 位置测量，误差单独计算。

4. 主轴端部跳动

用专用装置在主轴线上加力 F（F 的值为消除轴向间隙的最小值），把百分表安装在机床固定部件上，然后使百分表测头沿主轴轴线分别触及专用装置的钢球和主轴轴肩支承面；旋转主轴，百分表示值的最大差值即为主轴的轴向窜动误差和主轴轴肩支承面的跳动误差，如图4-84所示。

5. 主轴定心轴颈的径向圆跳动

如图4-85所示，把百分表安装在机床固定部件上，使百分表测头垂直于主轴定心轴颈并触及主轴定心轴颈；旋转主轴，百分表示值的最大差值即为主轴定心轴颈的径向圆跳动误差。

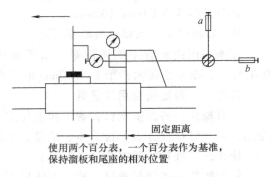

使用两个百分表，一个百分表作为基准，保持溜板和尾座的相对位置

图4-83　尾座移动对溜板移动的平行度测量

6. 主轴定位孔的径向圆跳动

如图4-86所示，把百分表安装在机床固定部件上，使百分表测头垂直触及定位孔内表面，旋转主轴，百分表的最大示值差值即为主轴定位孔的径向圆跳动误差。

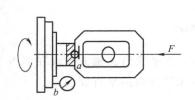

图4-84　主轴端部跳动测量

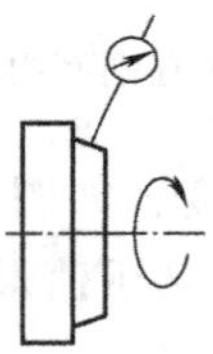

图4-85　主轴定心轴颈的径向圆跳动测量

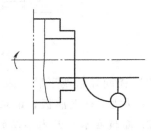

图4-86　主轴定位孔的径向圆跳动测量

7. 主轴锥孔轴线的径向圆跳动

如图4-87所示，将检验棒插在主轴锥孔内，把百分表安装在机床固定部件上，使百分表测头垂直触及被测表面，旋转主轴，记录百分表的最大示值差值，在 a、b 处分别测量。标记检验棒与主轴的圆周方向的相对位置，取下检验棒，同向分别旋转检验棒90°、180°、270°后重新插入主轴锥孔，在每个位置分别检测。取4次检测的平均值即为主轴锥孔轴线的径向圆跳动误差。

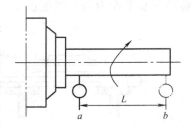

图4-87　主轴锥孔轴线的径向圆跳动测量

8. 主轴顶尖跳动

如图4-88所示，将专用顶尖插在主轴锥孔内，把百分表安装在机床固定部件上，使百分表测头垂直触及被测表面，旋转主轴，记录百分表的最大示值差值。

9. 滑板横向移动对主轴轴线的垂直度

如图4-89所示，将圆盘安装在主轴锥孔内，百分表安装在刀架上，使百分表测头在水平平面内垂直触及被测表面（圆盘），再沿 X 轴方向移动刀架，记录百分表的最大示值差值及方向；将圆盘旋转180°，重新测量一次，取两次示值的算术平均值作为横刀架横向移动对主轴轴线的垂直度误差。

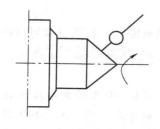

图 4-88　主轴顶尖跳动测量

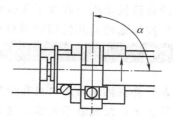

图 4-89　滑板横向移动对主轴
轴线的垂直度测量

10. 溜板移动对主轴轴线的平行度

将检验棒插在主轴锥孔内，把百分表安装在溜板（或刀架）上，分别在水平面和垂直平面内测量，如图4-90所示。

1）使百分表测头在水平面内垂直触及检验棒，移动溜板，记录百分表的最大示值差值及方向；旋转主轴180°，重复测量一次，取两次示值的算术平均值作为在水平面内主轴轴线对溜板移动的平行度误差。

2）使百分表测头在垂直平面内垂直触及检验棒，按上述1）的方法重复测量一次，即得垂直平面内主轴轴线对溜板移动的平行度误差。

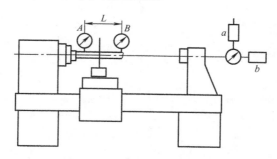

图 4-90　溜板移动对主轴轴线的平行度测量

三、小结

在本任务中，要了解数控机床安装的三个环节及每个环节的详细步骤，以及需要注意的事项；掌握数控机床验收的内容，会熟练测量数控车床的几何精度。

【思考题】

1）数控机床的安装须经过哪三个环节？

2）数控机床主体初就位和组装时，需注意哪些事项？

3）数控系统的连接和调试步骤有哪些？

4）数控机床通电后的操作步骤有哪些？

5）数控机床的精度检测用量具、工具有哪些？

6）数控机床精度检测内容有哪三大类？

7）数控机床几何精度检查的内容有哪些？

8）数控机床定位精度的主要检查内容有哪些？

9）数控机床的验收大致分为哪两大类？

10）一般的数控机床用户验收工作有哪些？

11）卧式数控车床检验几何精度项目和公差要求有哪些？各项目如何检验？

模块总结

本模块以各种典型机床的装配内容为例，介绍了 CA6140 型卧式车床和典型数控机床机械部件的装配等具体的装配教学内容。通过对本模块的学习，明确 CA6140 型卧式车床和典型数控机床机械部件的特点、作用及组成，学会卧式车床和典型数控机床机械部件的装配与调整，以及精度检测与验收方法。

附录 A　钳工实训标准化操作规范

一、适用范围

第1条　本操作规范适用于机电专业学生钳工实训。

二、实训目标（上岗条件）

第2条　必须经过理论知识和实际操作训练，考试合格，持证上岗。

第3条　必须熟知《钳工安全生产规程》有关内容、《机电设备完好标准》、《机电设备检修质量标准》及有关规定和要求。

第4条　必须熟悉所装配（修理）设备的结构性能、工作原理和装配（修理）工艺及设备的维护保养要求。

三、安全规定

第5条　上班不做与本职无关的事情，严格遵守本操作规程及各项规章制度。

第6条　在实训区内作业时，必须按规定穿戴劳动防护用品，进行起吊作业或高空作业时必须戴安全帽。

第7条　两人及两人以上或多工种配合作业时，必须指定专人统一指挥，并做好手口示意、安全确认。

第8条　操作前必须做好如下工作：

1. 检查作业现场周围的安全情况。

2. 对工具进行检查，确认无问题后方可使用。

3. 用电动工具前必须仔细检查是否漏电和有无接地。

第9条　操作中必须做到以下要求：

1. 划线时，严禁在顶持的工件上打样冲眼。

2. 使用大锤时，严禁戴手套。

3. 在台虎钳上作业时，工件应夹持牢稳；超长、超重的工件应采取安全防护措施。

4. 锉削时，不得用锉刀锉削带有氧化铁皮的毛坯及淬火的工件表面。

5. 刮削时，在工件边缘处要轻刮，以防碰伤，禁止以自身重量压向刮刀。刮削研合时，手指不得伸到研件的错动面或孔、槽内。

6. 錾削时，錾削铸、锻件的毛刺严禁用手触摸。

7. 高空作业时，必须戴安全带，随手使用的工具要放牢靠，严禁上下抛扔物品。

8. 加工过程中的切屑应用毛刷清理，禁止用嘴吹。

第10条　操作后必须完成下列工作：

1. 操作结束后，必须将作业现场清理干净。

2. 所用量具用完后，必须擦拭干净，按要求存放。

3. 电动工具使用结束后要及时将电源切断，并将工具收回。

4. 高空作业后，必须将作业现场的工具及多余的零件清理干净，以防坠落伤人。

四、操作准备

第11条　明确当班的实训工作内容，检修或安装设备时，了解所修或所装设备的结构，准备齐全所需材料、配件、工器具，按工作规定要求穿戴好工作服和防护用品。

第12条　对作业现场进行安全检查，并制订必要的安全措施。使用起重工具时应先检查起重工具的完好情况，要求起重工具必须完好、符合要求。

五、操作顺序

第13条　准备检修工具→对作业现场进行检查确认→对设备进行拆卸→清洗、检修→装配→试运转→整理现场→填写记录。

六、正常操作

第14条　划线操作必须符合如下要求：

1. 保证划线平台牢靠、无障碍物、保持水平状态，其平面度不低于规定精度；所有划线工具完好并擦拭干净、摆放整齐。

2. 查看毛坯（和半成品）形状、尺寸是否与图样、工艺要求相符，是否存在明显的外观缺陷。

3. 对划线部位涂色。

4. 工件放置。工件要轻放，禁止撞击台面。工件放置应避免上重下轻，如不可避免时，必须有防止倾倒的措施。用千斤顶支撑较大工件时，工件与平台间应放置垫木，不准将手伸到工件下。对支撑面较小的高大工件，应用起重机吊扶，在垫平支稳后，应用小锤轻敲检查，确认稳定后方可稍松吊绳，但不准摘钩。

5. 划线基准的选择。已有加工面的工件，应优选加工面为基准；没有加工面的，首先选择最主要的不加工面为基准。平面划线应以两条相垂直的基准线或其中一条为中心线做基准线，立体划线应以三个互相垂直的基准中心平面的基准或其中两个为基准中心面做基准或以一个基准中心平面做基准。

6. 毛坯的找正与借料。毛坯划线一般应使各面的加工余量分布均匀，对有局部缺陷的毛坯划线时可用借料的方法予以补救。

7. 划线。对铸件、锻件等毛坯划线时，使用硬质合金划针；对已加工面划线时，使用弹簧钢划针或高速钢划针。毛坯和半成品划线所用的划针、划规、划针盘不能混用。

8. 打样冲眼。加工线打样冲眼要分布均匀，直线部分间距大些，曲线部分间距小些。样冲眼应打在线宽的中心或孔中心的交点上。

9. 检查。对照加工要求，对划线进行检查，以确保划线准确无误。

第15条　台虎钳作业符合如下要求：

1. 台虎钳安装必须稳固，钳口应完整，螺杆与螺母不得松旷。台虎钳上不得有浮放件。

2. 夹持工件时，钳口开度不超过最大开度的2/3。工件必须夹紧，手柄应朝下方。不准用增加手柄的长度或锤击手柄的方法来夹紧工件。

3. 工件的一半应夹持在钳口的中部，如需在一端夹持时，另一端需夹上等厚的垫片（块）。

4. 工件超出钳口太长时，必须另加支撑，防止坠落。

5. 夹持已加工面，需垫铜、铝等软料的垫板；夹持非铁金属工件时，需加木板、橡胶垫；夹持圆形薄壁件，需用 V 形或弧形垫铁块。

6. 工作后台虎钳必须擦拭干净，并加润滑油，且把钳口松开 5～10mm。

第 16 条　锯切操作必须遵守如下规定：

1. 锯切时，工件装夹的部位应尽量靠近钳口，防止振动。

2. 锯条安装的松紧程度要适当，锯切时不可用力过大，以防折断伤人。

3. 不准用无柄和无箍的直柄手锯，以防锯断伤人。

4. 锯切工件接近断开时，应及时用手扶持或设立支撑，以防工件落下伤人。

5. 锯切薄壁管件，必须选用细齿锯条；锯切薄板件，除用细齿锯条外，板两侧需加木板。在锯切时，锯条相对工件的倾角应小于或等于 45°。

第 17 条　锉削操作必须遵守以下规定：

1. 锉刀木柄不得有裂纹、松动，且应装有金属箍，以防伤手。

2. 锉削的金属末不得用嘴吹，以防伤眼。

3. 锉刀及工件的锉削面不得有油污，以防打滑伤人。

4. 锉削时不得用力过猛，尤其是小锉刀，防止锉刀断裂伤人。

5. 根据工件材质选用锉刀。非铁金属件应选用单齿纹锉刀，钢铁件应选用双齿纹锉刀，不得混用。

6. 根据工件加工余量、精度或表面粗糙度值，选择锉刀（粗齿锉、中齿锉、细齿锉）。

7. 新锉刀常有飞翅，应先锉削软金属后再加工硬金属，以免锉齿碎裂。

8. 工作完成后，要保持锉刀齿面清洁，经常用钢丝刷清理，锉刀有油渍，可在煤油或清洗剂中洗刷干净。

第 18 条　刮削操作必须遵守如下规定：

1. 刮削时先检查刮刀木柄是否完好，刮刀杆是否有裂纹，刮削件是否安放稳定，刮削面是否有油，刮削显示剂是否稀释适当。使用时应将显示剂涂得薄而均匀。

2. 被刮削的工件必须放置稳妥，以防刮削时活动。

3. 工件锐边、锐角、毛刺应在刮削前清除掉，防止刮削或研合时伤手。

4. 研合时，手不得伸到错动面或孔、槽内，以防挤伤。

5. 刮削末禁止用嘴吹，以防伤眼。

6. 刮削时，人的站位要稳妥，用力要均匀，刮边缘时动作要轻，禁止以身体重量压向刮刀。

7. 平面刮削。粗刮：刮削最大的部位用长刮法，方向一般顺着工件长度方向，在 25mm×25mm 内应有 3～4 个点。细刮：采用短刮法刮削，每遍刮削方向应相同，并与前一遍刮削方向相交错，在 25mm×25mm 内应有 12～15 个点。精刮：采用点刮法刮削，每个研点只刮一刀不重复，大的研点全刮去，中等研点刮去一部分，小的研点不刮。

8. 曲面刮削。刮削圆孔时，一般使用三角刮刀；刮削圆弧面时，使用蛇头剖面刀或半圆弧刮刀；刮削轴瓦时，靠近两端接触点数比中间的点数多，圆周方向、工作中受力的接触角部位的点应比其余部位的点密集，最后一遍刀迹应与轴瓦线成 45°交叉角。

第 19 条　錾削操作必须遵守如下规定：

1. 錾子头部不允许淬火和有油污，出现飞边、毛刺要及时磨去。

2. 錾子刃部淬火应适宜，不准用脆性钢材（如高速钢）制作。

3. 錾削时要戴防护眼镜，铲凿的对方应有防护网。

4. 錾削时錾子的位置要适当，后角以保持 5°~8° 为宜，防止过小而打滑。

5. 錾削脆性材料的工件，应从两端向中间錾，以防断屑飞溅伤人。

6. 錾削时要检查锤子是否安装牢靠，錾刀是否保持锋利。

7. 选择錾刃楔角应根据被錾削材料而定。低碳钢材料，錾刃楔角选定为 50°~60°；中碳钢材料，錾刃楔角选定为 60°~70°；非铁金属材料，錾刃楔角选定为 30°~50°。

第 20 条　攻螺纹和套螺纹操作必须遵守如下规定：

1. 根据工件领取合适的丝锥、扳手、铰刀和润滑剂，工作前检查工件是否固定牢固。

2. 丝锥切入工件时，要保持丝锥轴线与孔端面垂直。攻螺纹时丝锥应勤倒转，必要时退出丝锥，清除切屑。

3. 手动铰孔时用力要均衡，铰刀退出须正转，不得反转。

第 21 条　研磨操作必须遵守如下规定：

1. 研磨前根据工件材料及加工要求，选好磨料种类及粒度。研磨剂要干稀适度。

2. 选择研磨工具。粗研平面使用研磨平板；研磨外圆柱面选用研磨套，研磨套长度大于工件长度 1~2 倍，孔径大于工件直径 0.025~0.05mm；研磨圆锥面选用研磨棒，研磨棒长度为工件研磨长度的 1.5 倍，直径小于工件孔径 0.01~0.025mm。

3. 研磨过程中，用力要均匀、平稳，速度不宜太快。研磨平面时，要采用 8 字形旋转与直线运动相结合的形式。

4. 研磨外圆和内孔时，研出的网纹应与轴线成 45°。研磨过程中，要注意调整研磨棒（套）与工件的松紧程度，以免产生椭圆或棱圆，且在研孔过程中应注意及时排除孔端多余的研磨剂，以免产生喇叭口。

5. 研磨薄形工件时，要注意温升的影响，研磨时不断变向。

6. 研磨圆锥面时，每旋转 4~5 圈要将研磨棒拔出一些，然后推入继续研磨。

7. 研磨后要及时将工件清洗干净，并采取防锈措施。

第 22 条　检修必须遵守如下规定：

1. 检修前应切断或关闭与所修设备相关的电源、水源、气源等，对检修场地进行检查并采取安全措施。

2. 使用起重机配合拆、装大件时，必须进行检查，保证起吊设备完好可靠，并有专人指挥。对悬空或不稳定的机件，拆卸时要捆绑挂牢，再松开连接螺栓；安装时要先拧好连接螺栓，再松绳摘钩。

3. 在设备上进行焊接、切割时，要避开易燃易爆物，或提前做好防护措施。

4. 高空作业时，应佩戴安全带和安全帽，安全带应高挂并挂牢，作业时精力要集中。

5. 检修排放的油、水等要妥善处理，不得污损地面。用后的废棉纱、破布等，要放置在指定器皿内。

6. 拆卸设备。拆卸时必须了解设备的性能及连接方法，对于大型多人共同拆卸的设备，拆卸地点要有专人指挥。对有相对固定位置或对号入座的零部件，拆卸时要做好标记。拆不开的部件要研究措施，严禁硬打、硬拆。拆卸有弹性、偏重或易滚动的机件，要有安全防护措施。拆卸机件时，不准用铸铁、铸铜等脆性材料或比机件硬度大的材料锤击或作为顶压垫。拆下的机件要放在指定的位置，不得有碍作业和通行，物件放置要稳妥。

第23条 装配必须遵守如下规定：

1. 所有零件装配前必须将切屑、毛刺、油污等杂物清理干净，将零件有顺序地放置在货架或装配地点。装配时，按装配工艺顺序进行。

2. 螺栓、螺钉头部或螺母的端面必须与被紧固件的零件平面均匀接触，不许用锤子矫正螺栓的歪斜。销和销孔接触良好，用涂色法检查时，实际接触面积不少于总接合面的70%，销在连接件中的接触长度不小于销直径的10% ~ 20%。圆锥销打入后，两端露出的长度不低于倒角或圆弧的高度。平键、半圆键与键槽的工作面间应紧密接合，接触均匀，钩头楔键打入后，其钩头与轮毂间应留出约等于键高的长度。

3. 刚性凸缘联轴器装配时，保证端面紧密贴合。十字滑块及挠性联轴器装配时，两端的同轴度偏差不超过标准规定。齿轮联轴器两轴的同轴度极限偏差、两排齿轴套间的端面间隙必须符合标准规定。弹性圆柱销联轴器装配时，两个半联轴器连接后，两轴做相对转动，任何两个螺栓孔对准时，圆柱销应能自由穿入各孔，两端面间隙及同轴度极限偏差必须符合标准规定。

4. 滑动轴承摩擦面不允许有伤痕、气孔、砂眼、黑皮、裂纹等缺陷；放置在轴承盖、座间的垫片不得有毛刺；两边垫片厚度均匀，不得与轴接触；轴颈和轴瓦的间隙符合标准规定时，方可进行装配。滚动轴承装配时，检查与轴承配合的表面必须清洁，几何形状偏差在允许范围内。轴承内圈与轴过渡配合时，加热的油温不得超过100℃，不允许轴承与油箱底或壁接触。

5. 齿轮副、蜗杆副装配完成后，用人力转动检查，要求转动平稳灵活、无不正常声响。装在滑动花键轴上的齿轮或沿轴线滑动的齿轮应能在轴上灵活平稳地滑动。

第24条 试验与试运转必须达到如下规定和要求：

1. 装配完后，要对机器进行详细检查，以防工具或小零件留在机腔内。

2. 试车前必须加油，设防护装置，排除运动部位障碍物。工作者应站在反转方向，以防机件飞脱伤人。如有条件，试车前用手空转几转，然后再正式开车。

3. 大型设备的试运转必须由专人指挥，主要转动部位和电源处要设专人监护。

4. 试运转前必须移去设备上的物件。

5. 各往复运动部位和行走部位，在正常负荷下试运转，滑动部位的温度不超过60℃，且不得有振动。试运转时，对安全装置要做数次试验，确保其可靠灵敏。

七、特殊操作

第25条 在参加大型检修工作时，必须学习检修安全技术措施后，方可施工，在多人施工的作业过程中必须听从专人指挥。

第26条 在要害场所施工时，严格遵守其要害作业场所的相关管理规定。

八、收尾工作

第27条 将检修完好的设备吊入完好设备区。

第28条 将工具、材料及换下的零部件等进行清点，搞好现场环境卫生，将检修清洗零部件的废液倒入指定容器内，切断所有用电设备电源。

第29条 认真填写实训记录，向班组及任课老师汇报后下班。

附 录 B 钳工工作流程图及其说明

钳工工作流程图见表 B-1；钳工工作流程图说明见表 B-2。

表 B-1 钳工工作流程图

流程编号	×××		流程名称	钳工工作流程
层次	×××		概 要	钳工检修管理
单位	质检员	班组长		钳工
节点	A	B		C

节点	质检员（A）	班组长（B）	钳工（C）
1			开始
2		接受任务	
3			准备检修工具
4			检查作业现场
5	拆检验收情况，签批拆检单	拆检验收情况	设备拆检，通知班组长、质检员验收
6			按拆检单领取配件材料
7	不合格		按检修标准检修、装配
8	验收情况（合格）	不合格／合格　验收情况	设备试运转，申请验收
9	入完好区（合格）		
10			填写检修记录，搞好文明卫生

单位名称：		编制人：	×××	密　级	机密
编制单位：		签发人：	×××	签发日期	×年×月×日

表 B-2　钳工工作流程图说明

任务名称	节点	任务程序、重点和标准	完成时间	支持性文件
上岗准备		程序化		《安全规程》
	C1	休息好，上班精力充沛，具备上班基本条件		
	B2	开进班会时，明确检修内容，注意事项、准备工作		
	C3	准备检修工、器具并认真检查工、器具安全状况，确保完好使用		
		任务重点		
		明确检修内容，注意事项；确保作业现场及工、器具的安全		
		标准		
		按照《安全规程》中的相关规定		
上岗操作		程序化		
	C4	检查作业现场，做好检修期间危险预知，多人或多工种配合作业时还要做好手口示意，安全确认		
	C4	切断或关闭待修设备相关的电源、水源、气源等		
	C5	检查所修设备状况，判断故障部位，按规程要求进行拆检，并通知班组长、质检员验收		
	C6	根据拆检结果维修受损部件或领取新件更换		
	C7	按《机电设备检修质量标准》要求检修、装配		
	C8	对检修完成设备按规定和要求试验和试运转并申请验收		
		任务重点		
		对设备检修和试验		
		标准		
		按《机电设备检修质量标准》检修、试验		
收尾工作		程序化		
	C9	将完好设备吊入完好区分类码放整齐		
	C10	对验收合格设备进行登记并让质检员签字认可		
	C10	将检修用工、器具擦干净后按要求分类放入工具箱，将检修清洗用废液倒入指定容器，搞好作业现场文明卫生；及时切断用电设备电源		
	A9	验收合格后将设备吊入完好区等		
		任务重点		
		填写检修记录，将检修更好配件、材料及试运转情况进行登记		
		标准		
		记录清晰、完整无遗漏		

附录 C 钳工实操考核评分表

单位：＿＿＿＿＿＿＿＿　　姓名：＿＿＿＿＿＿＿　　成绩：＿＿＿＿

项目	考核内容	考核方式	考核场地或工器具	标准分	操作标准	考核要求	扣分原因	实得分
操作准备	1.穿戴劳动保护用品	实操或口述	钳工培训基地	5分	1.是否穿工作服和劳保鞋，是否戴工作帽，袖口是否扎紧，衬衫是否掖入库内（3分） 2.高空作业是否佩戴安全帽、安全带，安全带是否高系在牢固可靠的物体上（2分）	按小项分值扣分，扣完小项分为止		
	2.检修用工器具检查	实操或口述	锤子、锯弓、扳手等	5分	1.各种检修用工器具是否完好（3分） 2.使用电动工具检查是否漏电和有无接地（2分）	按小项分值扣分，扣完小项分为止		
	3.作业环境安全检查	实操或口述	钳工培训基地	7分	1.待修设备放置是否牢稳（3分） 2.是否切断或关闭所修设备的电源、水源、气源等，是否悬挂"有人作业，严禁送电（水）"警示牌（4分）	按小项分值扣分，扣完小项分为止		
正常操作	4.划线操作	实操	钳工培训基地	8分	1.划线基准选择是否正确：有加工面的，应优选加工面为基准；无加工面的，应优选最主要的不加工面为基准（4分，否决项错误扣4分） 2.划线操作方法是否正确：包括工件放置、划线工具选择、打样冲眼等（4分）	按小项分值扣分，扣完小项分为止。划线基准作为否决项		
	5.台虎钳操作	实操	钳工培训基地	8分	1.工件夹持是否正确：夹持应稳妥牢固，超长或超重件应采取防坠落措施，夹持已加工面应衬垫软物等（4分） 2.台虎钳使用和维护：开口不超台虎钳开口最大行程的2/3，不得以锤击或加长扳柄的方式夹紧工件，不得偏心夹持，不得在钳身上进行敲击作业，台虎钳使用后应清扫其上碎屑等（4分）	按小项分值扣分，扣完小项分为止		
	6.锯切操作	实操	钳工培训基地	10分	1.锯条装夹是否正确：锯齿应朝向前方；松紧是否合适；不得过紧或过松（3分） 2.锯条选择是否正确：锯薄壁管应选细齿锯条，锯薄板时除选锯条外，板两侧还应加木板（3分） 3.握锯方法和站位姿势是否正确（4分）	按小项分值扣分，扣完小项分为止		
	7.锉削操作	实操	钳工培训基地	8分	1.锉刀选用是否正确：锉削非铁金属件应选用单齿纹锉刀，锉削钢铁件应选用双齿纹锉刀，不得混用；根据加工余量、精度等选择合适的锉刀（4分） 2.锉刀使用和保养：新锉刀应先锉软金属后锉硬金属；使用完毕应用钢丝刷清理锉刀表面（4分）	按小项分值扣分，扣完小项分为止		

（续）

项目	考核内容	考核方式	考核场地或工器具	标准分	操作标准	考核要求	扣分原因	实得分
正常操作	8. 刮削操作	实操	钳工培训基地	8分	1. 检查刮刀是否完好：木柄是否完好，刮刀杆是否有裂纹（4分） 2. 刮削操作方法是否正确：操作者站位要稳妥，用力要均匀，刮边缘时要轻，禁止以身体重量压向刮刀（4分）	按小项分值扣分，扣完小项分为止		
	9. 錾削操作	实操	钳工培训基地	8分	1. 錾削作业前检查：锤子是否安装牢靠，錾刀是否保持锋利（4分） 2. 錾刃楔角选择：低碳钢材料，錾刃楔角选定为50°～60°；中碳钢材料，錾刃楔角选定为60°～70°；非铁金属材料，錾刃楔角选定为30°～50°（4分）	按小项分值扣分，扣完小项分为止		
	10. 攻螺纹和套螺纹操作	实操	钳工培训基地	8分	1. 丝锥切入工件时，要保持丝锥轴线与孔端面垂直。攻螺纹时丝锥应勤倒转，必要时退出丝锥，清除切屑（4分） 2. 手动铰孔时用力要均衡，铰刀退出须正转，不得反转（4分）	按小项分值扣分，扣完小项分为止		
	11. 设备检修操作	实操	钳工培训基地	12分	1. 检修前：对作业现场和工器具安全检查，消除隐患（4分） 2. 检修中：按设备检修工艺检修、装配，检修质量符合《机电设备检修质量标准》（4分，否决项错误扣4分） 3. 检修后：切断用电设备电源，收存工具，清扫作业现场（4分）	按小项分值扣分，扣完小项分为止。检修、装配质量作为否决项		
作业时常见故障排除		口述	钳工培训基地	9分	1. 锯切作业时易断锯条：锯条装夹过紧或过松，或锯切时用力过猛等，调整合适（3分） 2. 锉削时效率较低：锉刀选择不对，重选；锉刀齿面附着金属碎屑过多，用钢丝刷清理；锉刀面有油渍，洗刷干净（3分） 3. 深孔攻螺纹时旋进阻力较大：丝锥轴线与孔端面不垂直，调整重攻；孔内切屑较多，丝锥应勤倒转，必要时退出丝锥，清除切削（3分）	按小项分值扣分，扣完小项分为止		
常用量具的维护保养		口述	量具	4分	1. 测量前将量具的测量面和工件的被测量表面擦干净，防止脏物存在影响测量精度和使量具磨损失去精度（1分） 2. 量具在使用过程中，不要和工具等堆放在一起，以免碰伤量具（1分） 3. 量具是测量工具，不能作为其他工具的代用品（1分） 4. 量具使用完毕应擦拭后上油装入盒内，注意防尘，精密量具在不使用时要注意妥善保管（1分）	按小项分值扣分，扣完小项分为止		

考核人员：＿＿＿＿＿＿＿＿＿　　考核日期：＿＿＿＿＿年＿＿月＿＿日

附 录 D 钳工实操常见故障与处理方法

单位：＿＿＿＿＿＿＿＿＿　　姓名：＿＿＿＿＿＿　　成绩：＿＿＿＿

项目	实操内容	场地或工器具	常见故障	原因分析	处理方法	备注
实操故障与处理方法	1. 量具故障与处理	钳工培训基地	1. 量具损坏	1. 使用过程中乱丢乱放或与锤子等工具堆放一起 2. 使用方法不当	1. 不要乱丢乱放或与锤子等工件堆放在一起，避免碰伤量具 2. 按规定方法使用	
			2. 量具锈蚀	使用后未清除表面油渍	量具使用完毕应擦拭后上油装入盒内妥善保管	
			3. 测量精度低	1. 测量前未将测量面和工件被测量面擦拭干净，脏物夹在其中 2. 测量方法不正确	1. 测量前将测量面擦拭干净，保持测量面清洁 2. 正确进行测量	
	2. 操作故障与处理	钳工培训基地	1. 锯切时断锯条	1. 锯条装夹过紧或过松 2. 锯切时用力过猛	1. 锯条的装夹松紧应适度 2. 锯切时用力应均匀，锯切件接近断开时用力应轻	
			2. 锉削效率明显降低	1. 锉刀表面附着较多切屑 2. 锉刀表面沾有油渍	1. 用钢丝刷清除锉屑，保持锉刀面清洁 2. 用柴油或清洗剂清洗掉锉刀面上的油渍	
			3. 攻螺纹时阻力增大攻不动	1. 丝锥轴线与孔端面不垂直 2. 孔内切屑较多	1. 丝锥轴线要与孔端面始终保持垂直 2. 丝锥应勤倒转，必要时退出丝锥，清除切屑	
			4. 设备试运转时轴承温升较高	1. 轴承室内有杂物 2. 轴承室注油量过多或过少	1. 清除杂物 2 一般注油量以填充轴承室40%为宜	
			5. 设备运转时腔内异响较大，运转阻力大	腔体内有杂物	在装配闭盖前应仔细检查腔体内是否遗留工具或杂物，必须将杂物清除	
实操故障引发事故与预防方法	锯割操作人身伤害事故	钳工培训基地	1. 锯割作业时锯条突然崩断引发人身伤害事故	锯割时操作者用力过猛，锯条崩断后重心不稳撞伤	锯削作业站立重心要稳，用力要均匀	
			2. 锯割作业时工件坠落引发人身伤害事故	1. 工件夹持不牢 2. 工件将锯断时下锯较重且未采取必要的防范措施	1. 锯削前必须将工件夹紧，锯割过程中要经常检查其松紧情况 2. 工件将近断开时，下锯应轻缓，超长或较重工件还应采取有效的防范措施	

考核人员：＿＿＿＿＿＿＿＿＿　　考核日期：＿＿＿＿年＿＿月＿＿日

附 录 E　钳工违章操作事故案例分析

一、概述

钳工是重要的检修工种之一，担负着机械设备的检修维护重任，保障机械设备的检修质量和正常运转是钳工的基本责任，遵章操作和正确操作是钳工的基本岗位职责。如责任心不强，检修的设备不合格，轻则造成设备损坏影响生产，重则造成重大安全生产事故。如违章操作，不按规定进行检修作业，会造成检修人员人身伤害事故。

二、违章操作事故案例分析

案例一：手动葫芦断链伤人事故

1. 事故经过

2005 年 10 月 12 日早班，某矿某开拓队在井下拆换绞车，当绞车被提升至平板车上方时，由于手动葫芦检修质量不过关：锈蚀的链条没有更换，使用时突然崩断，手动葫芦的钩头突然反弹，从顶板上掉落下来，砸到了正在托运链条的职工刘某手上，致使刘某右手拇指被砸骨折。

2. 事故原因分析

1）检修人员责任心不强，未按标准检修，致使检修的吊具质量不过关是造成事故的直接原因。

2）施工人员未提前对使用的手动葫芦进行检查，在手动葫芦链条锈蚀的情况下仍继续使用，是造成事故的直接原因。

3）受害人刘某在托运链条时，没能预想可能发生的伤害，安全意识差，是造成事故的间接原因。

3. 事故防范措施

1）在使用手动葫芦前要进行全面细致的检查，必须在完好的状态下使用，任何人都不准改变厂家的出厂状态使用。

2）使用手动葫芦要合理选配，不准超载起吊，任何情况下不准使用单链起吊物体。

3）起吊点、起吊捆绑用具要牢固、可靠，较大物体起吊不要使用铁丝，应使用钢丝绳扣进行。

4）起吊重物时，人体任何部位不准在物体下方，物体侧向移动的前方也不准有人，托运链条人员要站在斜侧位，不准垂直于起吊用具之下，防止砸伤、挤伤。

5）对使用的手动葫芦每年至少要检查一次，检修过的手动葫芦要按规定进行动载荷性能试验和制动性能试验，符合要求后方可继续使用。

4. 事故点评

作为矿井，有大量的安装、拆除、搬迁工作，需要使用起吊工具作业，因此正确使用起吊用具是十分必要的，所有施工人员要认真做好起吊的安全工作。

案例二：违章检修伤手事故

1. 事故经过

赵某是一名机电检修工，一天他在更换工作面一部刮板运输机销，其余的销都顺利卸掉，其中一个销不好卸。于是赵某就用手指去捅销，这时被另一名工人耿某看到，耿某说：

"不行啊，别用手捅销，那样做太危险了！"而赵某却说："不要紧，一会就好了！"说着还继续干他的活，不大一会只听见"哎哟"一声，赵某的手指被挤断，造成事故。

2. 事故原因分析

1）赵某的安全意识淡薄，不听劝阻，违章作业用手指捅电机销，是事故造成的直接原因。

2）工人耿某没有强行制止赵某危险作业的行为，致使事故发生，是造成事故的间接原因。

3）跟班队长现场安全管理不到位，没有在现场指导此项工作，是造成事故的间接原因。

4）本队队长、书记负有安全教育不到位责任，是造成事故的间接原因。

3. 事故防范措施

1）加强从业人员安全教育，提高从业人员的安全防范意识，违反"三违"，杜绝冒险作业的现象，防范类似事故再次发生。

2）工友之间要相互关心和爱护，发现工友冒险作业，要本着对他人负责，对其家庭负责的态度，必须强制其停止冒险作业，保证他人不受伤害。

3）队领导要加强职工管理，规范井下作业行为，严格落实互保联保制度，加大奖罚力度，明确责任划分，增强工人自主安保意识。

4. 事故点评

通过这起事故，我们深刻认识到机电检修工赵某换电机销时，思想麻痹，安全防范意识不强，不听劝阻，违章作业，用手指捅销而造成伤害后果。在以后的工作中，希望每一位员工都要从中吸取教训，引以为戒，避免类似现象再次发生。同时也要求我们在作业过程中，要严格遵守劳动纪律，遵章守纪，规范上岗，确保安全生产，杜绝事故再次发生。

案例三：违章磨削伤人未遂事故

1. 事故经过

某日，某班组长黄某安排徒弟郑某将一工件的圆弧头在砂轮机上打磨，由于工件太小，无法用手直接拿着在砂轮机上磨削，郑某就找了一把钳子夹住工件，到砂轮机处进行磨削，由于打磨的部位为圆弧面，需要不停地转动工件，郑某操作不熟练，工件不慎从钳口飞出，甩向郑某的头部，幸亏郑某躲闪及时，才避免了人身伤害事故的发生。

2. 事故原因分析

1）组长黄某既是本班组安全生产的第一责任人，又是徒弟郑某当班的安全生产监护人，在郑某不具备独立作业的条件下，安排其打磨有较大磨削难度的工件，既没有向徒弟讲解如何正确操作，也没有在现场进行指导监督，是导致事故发生的直接原因。

2）郑某在自己不具备独立操作的条件下，听从师傅的违章指挥进行违章冒险蛮干，是导致事故发生的直接原因。

3）厂部领导对职工管理不严，教育不到位，"导师带徒"活动开展的效果不好，安全管理方面存在漏洞，是导致事故发生的间接原因。

3. 事故防范措施

1）对职工加强安全生产培训，增强员工的安全责任感和安全生产意识，做事尽职尽责，确保安全生产。

2）做好新员工的"导师带徒"工作，严禁新员工在实习期间独立操作。

3）在砂轮机上磨削时，一定要按规定穿戴劳动防护用品，戴防护眼镜，站在侧面操作，磨削小工件时，要采用专用夹具夹紧。

4）对参加"导师带徒"活动的师徒双方定期进行考核，并将安全生产作为一项重要指标，考核结果与工资挂钩。

5）各级领导干部要坚持现场巡查，及时发现和制止违章指挥和违章作业现象，及时处理隐患，确保安全生产。

4. 事故点评

砂轮机属高速旋转且具有较大危险性的机械，如操作不当就会引发事故。在这例事故中，师傅不尽责，在徒弟不具备独立操作资格的条件下，违章指挥，让徒弟独自去磨削工件，徒弟冒险蛮干引发事故。为了杜绝类似事故的再次发生，我们一定要进一步加强"导师带徒"活动的管理，强化师傅的安全管理责任，在带徒过程中，师傅要用心教，并根据徒弟的实际工作能力，适当安排工作，并做好现场安全指导监督工作；徒弟要刻苦学习，牢记师傅的教导，师徒平时要多交流，多沟通，尽到各自应尽的义务，工作中做到不强干，不蛮干，安全生产。

案例四：掐接链条时出现伤人事故

1. 事故经过

某矿一天中班，由班长田某负责在2721轨顺拆运三部40T刮板运输机，在田某和程某两人掐接链条时，运输机突然起动后机头左甩把掐接链条的程某击伤。

2. 事故原因分析

班长田某负责拆运三部40T刮板运输机，在与程某掐接链条前，没有对运输机机头使用牢固的压柱。另外，刮板运输机机头向右侧弯曲，是导致刮板运输机机头突然左甩的直接原因。

3. 事故防范措施

1）在检修或掐接链条前要对刮板运输机的机头、机尾进行牢固固定，防止移动或翘起伤人。

2）使用刮板运输机要保证平直。

3）掐接链条要由班长安排有经验的老工人进行操作，操作时精力要集中。

4）掐接链条人员要与操作按钮人员密切配合，做好手口示意，安全确认，在掐接链条前要认真检查电气设备的控制是否灵敏可靠，如存在问题需先进行处理后再进行掐接链条工作。

4. 事故点评

各使用刮板运输机的单位，要对掐接链条的安全工作引起高度重视，如果对掐接链条工作的危险性认识不够，不采取可靠措施，就容易发生人身伤害事故，望相关区队引起高度重视，掐接链条作业时使用标准的掐链器，严格按标准进行操作，并结合现场实际制订可行的安全技术措施。

附录 F ×××公司"7S"管理规章制度

一、目的

为创造一个清爽、舒适的工作及生活环境，改善产品、环境、品质并养成良好习惯，增进工作效率，节约资源，特制订本办法。

二、适应范围

本公司（学校）7S 检查及评比，悉依照本办法所规范的体制管理之。

三、管理单位

车间（实训处）为本办法管理单位，相关部门协助。

四、策划

1. 成立"7S"推行组织

"7S"推行采用委员会制，主任委员为×××，负责"7S"推行的策划及推行实务指导，"7S"推行委员会下设干事 1 人、推行委员若干人。其中推行干事由主任委员指派，负责组织"7S"推行的实务开展及协调，推行委员会原则为各部门主管或其指定人选，负责本部门"7S"的推行及参与"7S"的检查与评比。

2. 拟定推行方针及目标

（1）"7S"要素 整理（SEIRI）、整顿（SEITON）、清扫（SEISO）、清洁（SEIKETSU）、素养（SHITSUKE）、安全（SAFETY）、节约（SAVE）。

（2）方针 自主管理，全员参与。

（3）目标 各部门活动期望的目标应先予设定，以作为活动努力的方向及执行过程的成果。

3. "7S"活动宣传

1）"7S"推行手册。

2）早会宣传。

3）标语、征文活动。

4）漫画板报活动等。

五、内容

1. "7S"检查评比小组成员

1）"7S"检查评比小组由行政部 1 人、工程部 1 人、生产部 2 人、资材部 1 人、品保部 1 人、业务部 1 人，共计 7 人组成，检查评比工作采取轮流互评的方式，以体现公平公正及调动各部门推行"7S"的积极性。

2）以上小组人员由各部门提出，小组人员相对固定，因小组成员须具备"7S"检查的相当资格，故必要时由行政部组织培训。

2. "7S"自查

各部门依"7S"检查评分标准确定本部门"7S"执行情况，每日安排人员检查本单位的"7S"执行情况。

3. "7S"检查及评比时间

1）"7S"检查与评比小组每周不定时依《生产区（实训区）"7S"检查评分标准》检

查各单位的"7S"实施情况，检查前"7S"执行干事召集"7S"检查评比小组成员，说明检查的重点及上次检查发现的问题，各小组成员须妥善安排本身的工作。

2）"7S"检查与评比小组组长负责汇总"7S"检查结果并进行"7S"评比，评比结果记录于《"7S"评比排名表》内并于本周五下班前发出。

3）评比项目及适用单位

"7S"检查与评比时以《生产区（实训区）"7S"检查评分标准》所列项目及配分为标准。

4. 相关规定

1）"7S"检查与评比小组在检查与评比时，标准须保持统一，如有不统一的情形，小组组长须进行协调以确保统一的标准。

2）"7S"检查与评比小组将检查发现的问题点以《"7S"缺失改善通知单》要求责任单位限期改善，被核查单位主管须确认相应问题点，单位主管不在时，由其职务代理人确认，问题有争议时由当次"7S"检查总经理室最终裁定。

3）评比小组各成员每次检查及评比时，须首先确认上次检查的问题是否已改善，如无改善，则对该单位主管进行告诫处分，并对该检查项目加倍扣分，直至该项目改善后方对该项目进行正常检查。

4）当本周出现重大安全事故时扣 20 分并列为最后一名。

5. 评比结果公布与奖惩

1）公司每月第一周早会公布上月"7S"评比第一名与最后一名的单位。

2）"7S"评比小组每月总结"7S"评比结果，如一月内有两次第一名且无最后一名则给该单位主管、领班、组长及"7S"表现优秀的员工各奖励××元，如一月内两次评为最后一名则对该单位主管、领班、组长予申诫一次处分（如平均分高于 90 不予处分）。

6. 注意事项

1）"7S"检查时对重大不符合项目使用数码相机进行拍照，以作为证据。

2）"7S"评比人员须保持公正公平的立场，不得徇私。

参 考 文 献

[1] 高永伟. 钳工工艺与技能训练 [M]. 北京：人民邮电出版社，2009.

[2] 冯刚，滕朝晖. 钳工实训指导书 [M]. 北京：机械工业出版社，2014.

[3] 姜波. 钳工工艺学 [M]. 4版. 北京：中国劳动社会保障出版社，2005.

[4] 邵刚. 机械设计基础 [M]. 3版. 北京：电子工业出版社，2013.

[5] 胥宏. 机械基础 [M]. 成都：电子科技大学出版社，2007.

[6] 徐冬元. 钳工工艺与技能训练 [M]. 3版. 北京：高等教育出版社，2014.

[7] 张仲民. 机修钳工工艺与技能训练 [M]. 北京：机械工业出版社，2004.